建筑设计与建设工程管理

安利宁　张习清　姬　寓　著

吉林科学技术出版社

图书在版编目（CIP）数据

建筑设计与建设工程管理 / 安利宁，张习清，姬寓著. -- 长春：吉林科学技术出版社，2024.3
ISBN 978-7-5744-1121-0

Ⅰ. ①建… Ⅱ. ①安… ②张… ③姬… Ⅲ. ①建筑设计②建筑工程—工程管理 Ⅳ. ① TU2 ② TU71

中国国家版本馆 CIP 数据核字 (2024) 第 061264 号

建筑设计与建设工程管理

著　安利宁　张习清　姬　寓
出 版 人　宛　霞
责任编辑　郝沛龙
封面设计　周书意
制　　版　周书意
幅面尺寸　185mm × 260mm
开　　本　16
字　　数　292 千字
印　　张　15.125
印　　数　1~1500 册
版　　次　2024 年 3 月第 1 版
印　　次　2024 年10月第 1 次印刷

出　　版　吉林科学技术出版社
发　　行　吉林科学技术出版社
地　　址　长春市福祉大路5788 号出版大厦A 座
邮　　编　130118
发行部电话/传真　0431-81629529 81629530 81629531
81629532 81629533 81629534
储运部电话　0431-86059116
编辑部电话　0431-81629510
印　　刷　廊坊市印艺阁数字科技有限公司

书　　号　ISBN 978-7-5744-1121-0
定　　价　78.00元

前言

| PREFACE |

随着国内城市化与城镇化建设的有序推进，建筑工程领域的整体发展得到了进一步提升。特别是建筑工程的类型与功能变得更加多样化，这在无形中增加了相关建筑企业项目运作的压力。为了实现稳定发展，建筑工程企业需要在内部管理层面进行有效创新，不断改进管控模式，以提升建筑项目的整体建设品质。

我国建筑行业正朝着健康的方向发展。在这个过程中，相关工作人员需要对建筑设计和管理形式进行不断的创新，结合整体发展趋势提出新的发展观念。不论是在设计还是在管理方面，都需要不断优化，提高整体发展水平。在建筑行业持续发展的过程中，社会经济效益与企业的经济效益相互关联，质量和价格在其中起着导向作用。建筑行业在进行工程设计与管理时需要重视建筑的质量和安全，因为建筑的质量直接影响企业的信誉。为了提高企业在市场中的份额，工程管理人员需要加大工程管理工作力度。为了满足现代社会对建筑工程管理工作的要求，相关工作人员需要与时代接轨，不断对管理形式进行创新和改革，为企业创造良好的发展空间，促进企业健康、稳定发展。

本书在写作过程中参考了相关领域诸多著作、论文、教材等，引用了国内外部分文献和相关资料，在此一并对相关作者表示诚挚的谢意。由于建筑设计与建设工程管理等工作涉及的范畴比较广，需要探索的层面比较深，作者在写作的过程中难免会存在一定的不足，对一些相关问题的研究不透彻，有一定的局限性，恳请广大读者批评指正。

目 录

| CONTENTS |

第一章　建筑设计基础

第一节　中国建筑的起源与设计理念

一、中国建筑起源与发展

“上古穴居而野处，后世圣人易之以宫室，上栋下宇，以待风雨”（《易经》），描述了人类建筑的发展历程。人类初始，便开始了对人造环境的追求。建筑源于实际需要，在生产力极其低下的原始社会初期，人类对生存空间的需求仅仅是遮风避雨、抵御猛兽侵袭。随着生产力的发展及社会文明的形成，建筑开始逐渐完善，并成为社会思想观念的一种表现方式和物化形态，开始具有艺术性，并能体现当时的建筑技术，反映社会、政治、经济、文化等的发展。

（一）中国建筑的起源

中国建筑是独立的结构系统，历史源远流长，分布区域辽阔。原始社会建筑的发展极其缓慢，从建造穴居和巢居开始，天然洞穴及人工洞穴是干燥地区较普遍的居住方式。最早的如北京市房山区周口店发现的北京人居住的洞穴。随着原始人建造经验的积累和技术的提高，洞穴从竖穴逐步发展到半穴居，最后又被地面建筑所代替。

“上古之世，人民少而禽兽众，人民不胜禽兽虫蛇。有圣人作，构木为巢以避群害。”（《韩非子·五蠹》）南方湿热多雨的气候特点和多山密林的自然地理条件孕育出“构木为巢”的居住模式，其后“巢居”又演进为初期的干阑式建筑，如长江下游河姆渡遗址中就发现了许多干阑建筑构件。《礼记》中曾记载“昔者先王，未有宫室，冬则居营窟，夏则居橧巢”“橧聚薪材，而居其上”，可见“穴居”与“巢居”并非完全由地域决定。

（二）中国古代建筑的发展

中国古代建筑随着历史发展有几次大的飞跃。夏、商、周及春秋时期，青铜器的发明令商代建筑技术显著提高。实行分封制度后，筑城和宫室的制度日趋完善，如1983年在河南偃师二里头遗址以东发现的早商城址，陕西岐山凤雏村西周遗址及秦国都城雍城（遗址在陕西省凤翔区南郊）的宗庙遗址等。

秦始皇在咸阳修筑都城、宫殿、陵墓等，历史上著名的阿房宫、骊山墓等规模空前；汉朝（公元前202—公元220年）的砖石建筑和拱券结构有了很大发展。从东汉末年经三国、两晋到南北朝，最突出的建筑类型是石窟，如云冈石窟。北魏孝文帝迁都洛阳后，又在洛阳伊阙开凿龙门石窟。隋朝（公元581—618年）建筑上主要是兴建都城——大兴城和东都洛阳城以及大规模的宫殿和苑囿，并开凿南北大运河、修长城。大兴城是中国古代规模最大的城市，隋代留下的建筑物有著名的河北赵县安济桥，又称赵州桥，是世界上最早出现的敞肩石拱桥，大拱由28道拱券并列而成，跨度达37米，在技术上、造型上达到了很高的水平，是我国古代建筑的瑰宝，负责建造此桥的人是李春。

唐朝（公元618—907年）建筑规模宏大，规划严整，建筑群技术日趋成熟，设计与施工水平提高，砖石建筑得到进一步发展。唐代建筑注重艺术加工和结构的统一。斗拱的结构、柱子的形象、梁的加工等达到了力与美的统一。唐代建筑风格特点是气魄宏伟、严整开朗，而色调简洁明快，屋顶舒展平远，门窗朴实无华，给人庄重、大方的印象，这是在宋、元、明、清等建筑上不易找到的特色。

宋代科学技术有了很大进步，产生了指南针、活字印刷术和火药等伟大发明，建筑业也有了巨大发展，都城汴梁已完全是一副商业城市的面貌了。城市消防、交通运输、商店、桥梁等有了新发展。北宋时政府颁布的《营造法式》是第一个用文字确定下来的政府颁布令，是中国第一部关于建筑设计及技术经验总结的完整巨著，主要记录官家大式、大木等做法，系统反映出官式建筑的发展水平。这一时期，建筑开始重视装修和色彩，砖石建筑的水平达到新的高度。这时的砖石建筑首先是佛塔，其次是桥梁。河北定州的开元寺料敌塔，高达80米以上，是当时最高的砖塔。

元、明、清是中国封建社会晚期，建筑发展缓慢，元代内地也出现了寺院，如北京妙应寺白塔，系由尼泊尔工匠阿尼哥设计建造。在金中都的东北部建立了宏大的都城，即元大都，道路规整，呈方格形布局，轴线分明。明、清的北京城是利用元大都原有城市改建的。

明、清时期建筑特点主要有以下几方面：砖已普遍用于民居砌墙；琉璃面砖、琉璃瓦的质量更高，色彩更丰富，应用面更加广泛；木结构方面，经过元代的简化，到明代形成了新定型的木构架；建筑群的布置更为成熟，大地主的私家园林日趋发达成熟；简化单体设计、群体与装修设计水平有很大提高，在清代建筑群实例中，群体布置已达到相当成熟的水平，尤其是园囿建筑，在结合地形、空间处理、造型变化等方面都有很高的水平；玻璃的引进与使用及砖石建筑等也有一定进步。

（三）中国近代建筑的发展

中国近代建筑史是指从1840年至1949年新中国成立这段时期的建筑史。这一时期的建筑特点为传统与近代并存，西方建筑与东方本土建筑并存。根据其发展历程大约可分为以下几个阶段。

第一阶段：1840年后国内通商口岸打开，外国人开始在国内建教堂、银行、领事馆、学校等。这些建筑基本上都是西方建筑风格。罗马式、哥特式、巴洛克式等风格盛行，罗马柱风行一时，清朝末期建造的颐和园是这一时期的典型建筑。

第二阶段：1894年到1919年。这一时期现代化进程加速，苏州工业专科学校设立建筑科，是中国建筑教育的开始。另外，从欧美日归来的留学生组成中国首批建筑师队伍，当时也创作了一些中西合璧的建筑，如1894年美国圣工会在上海圣约翰大学建立的怀施堂，美国建筑师规划的燕京大学、金陵大学校园等，颇具影响。

第三阶段：1919年到1937年。经济迅速发展期，中国近代建筑的发展也达到了高峰，这时期与国际潮流一致，折中主义成为建筑主流，从中西合璧的建筑形式转变到以装饰为特征的中国建筑向西方近现代建筑发展，出现了砖混结构、钢混结构的建筑体系，如赣闽中央苏区建筑。

第四阶段：1937年到中华人民共和国成立。随着历史经济的发展，建筑活动几乎停滞，仅有一些临时建筑产生。

（四）中国现代建筑浅析

中国现代建筑经历了国民经济复苏期，第一个五年计划时期、“大跃进”国民经济调整时期、社会主义时期等。随着新中国改革开放，经济飞速发展，国家开始为追求“富有”而不知疲倦地发展经济，建筑业也得到了空前发展。高楼大厦在大城市层出不穷，大面积、大体量、超高层的建筑群不断刷新纪录。大量的国外建筑师、事务所涌入中国。社会环境给了中国建筑师空前的发展机会，新时期新问题，节能减排、保护环境、减少土地资源浪费、绿色建筑、生态建筑、有机建筑等在建筑设计领域被提到了新的高度。

二、现代建筑设计新理念

进入21世纪，建筑设计行业将会发生怎样的变化呢？在回答这一问题的时候，首先要考虑的是各地区人群的生活状况及社会需求发生了怎样的变化。21世纪可以说是“人口剧增”的世纪，工业的发展及人类过多的物质追求等令环境恶化。在这样一个时代，建筑人所担负的艰巨责任是构筑与自然共存，同时能承载丰富多彩的现代社会、文化、生活的建筑、城市、人居空间环境。

（一）可持续发展设计理念

与地球的历史相比，人类的历史只是一瞬间。但人类的行为却使地球环境与人类自身生存陷入危险的境地。由于经济发展及人口剧增，两者相互作用，引发了臭氧层破坏、气候变暖、酸雨、热带雨林减少、土地荒漠化、生物种类减少、水源污染、废弃物增多、资源过度开发等问题。这些问题对地球环境产生了破坏性的影响。

建筑可持续性的概念是为解决全球范围的环境问题而提出的，那么怎样进行可持续发展呢？首先是能源的有效利用。积极利用自然环境如风、光、水、植被等，降低建筑对环境的负荷，把环境的可持续性作为设计目标，如直接利用太阳能、风能、水能等发电供给建筑物消耗使用，利用太阳能提供热水，建筑屋面夏季利用植被隔热冬季蓄热，以及合理利用冬夏季不同风向给建筑物内通风隔热等。

其次是建筑材料及设备的有效利用。建筑设计中减少对不可再生能源的使用，如限制建筑外墙材料实心砖的使用，代之以烧结页岩砖、加气混凝土砌块、陶粒砼（工业废料）等外墙保温系统，提高门窗材料的密封性能，在建筑材料上节约能耗；降低空调设备、电器设备的能耗比，以及各种能源的回收利用；使用节水设备，设置中水净化回收系统用于冲厕、浇水灌溉等。

最后是减少对环境的影响。对环境的影响不仅包括建筑对周边区域、社会环境和建筑物的室内环境的影响，还包括其对地区文化的影响。

建筑与环境共生，即建筑外形应与周边环境协调，具有地域特点，不应产生视觉及噪声等污染，对大面积建筑群要作专项的“环境评估报告”，分析其与周边环境的关系后选址，建筑内部要有较好的通风采光条件，符合使用者的行为习惯。

在实践活动中运用以上三个层面的要求，分析设计、施工的条件，了解使用者的要求以及相关法规，采用相应的设计手法和技术手段，使生态环境和文化的可持续性发展达到平衡，并与建筑基地环境相融合。

（二）生态建筑设计理念

绿色建筑生态设计包括：绿色建筑选址，绿色建筑系统节能设计，绿色建筑植物系统，绿色建筑水系统，绿色建筑风环境、光环境、声环境设计及建筑生态交通道路系统等。

建筑选址应遵循以下原则：避开生态敏感区域，即污染区、交通干线控制区、农田水利矿产资源区、地热区、自然保护区等；选择生态安全区，满足生存需要的生态环境等；符合城市规划、容量规模、限高等要求；远离建筑辐射与人为辐射，留有足够的防护距离区；远离水、气、声、固体废物等污染源。

场地规划阶段应考虑建筑群体及植物布局影响的热工环境，考虑小区内的风环境、住宅群体间日照间距、外部地面的热岛效应等，路面材料尽可能使用草皮而少用沥青混凝土等表面材料。

单体设计阶段包括建筑布局，满足不同区域的最佳朝向与间距，建筑围护结构满足规范要求的体型系数、窗墙比要求，使用明度较高的表面材料（白色材料有90%的反射率，红砖、混凝土只有10%～50%的反射率），使用吸热或金属涂膜反射玻璃。屋面采用空气隔热层或设铝箔高反射材料、屋顶绿化等。选择适当的空调系统，照明电器设备、卫生设备等进行节能设计。

绿色空调植物系统可遮挡夏季太阳光直射，减少辐射，通过蒸发吸热、过滤冷却自然风等手段，成为自然环境和室内环境的调节器。植物是构成景观不可缺少的要素，植物的点缀使环境焕发勃勃生机，植物的"姿态色彩、芳香、光影、声响等使建筑室内外空间千变万化，别具风味"，在闹市区树木能起到降低噪声、净化空气等作用。

水环境设计是生态设计的重要内容之一。生活中给水系统要考虑分质供水，可采用3条不同管道：一条洁净的饮用水管道，即直饮水系统；一条以输送为目的的自来水管道，用于洗涤；一条中水管道，用于绿化灌溉、环境卫生、清洗公厕等。同时还要考虑雨水的收集与再利用，雨水管直接排入下水管道，通过储存净化后利用；洗浴废水、洗涤污水、厨厕污水等通过处理达到生活杂用水标准，供室外绿化、景观、洗车、浇洒路面等，以最大限度地利用水资源。另外，绿色建筑风环境、光环境、声环境等设计也是生态建筑设计的重要环节。

第二节　建筑设计基本问题

一、建筑的构成要素和建筑方针

（一）建筑的构成要素

建筑的构成要素主要包括建筑功能、物质技术条件、建筑形象等。

1.建筑功能

建筑功能是人们建造房屋的目的和使用要求的综合体现。它在建筑中起决定性作用，对建筑平面布局组合、结构形式、建筑体型等方面都有极大的影响。人们建筑房屋不仅要满足生产、生活、居住等要求，也要适应社会的需求。各类房屋的建筑功能并不是一成不变的，随着科学技术的发展、经济的繁荣以及物质和文化生活水平的提高，人们对建筑功能的要求也将日益提高。

2.物质技术条件

物质技术条件是实现建筑的手段，包括建筑材料、结构与构造、设备、施工技术等有关方面的内容。建筑水平的提高离不开物质技术条件的发展，而物质技术的发展又与社会生产力水平的提高、科学技术的进步等有关。建筑技术的进步、建筑设备的完善、新材料的出现和新结构体系的不断产生，有效地促进了建筑朝着大空间、大高度、新结构的方向发展。

3.建筑形象

建筑形象是建筑内、外感观的具体体现，因此必须符合美学的一般规律。它包含建筑形体、空间、线条、色彩、材料质感、细部的处理及装修等方面。由于时代、民族、地域、文化、风土人情等的不同，人们对建筑形象的理解各不相同，于是出现了不同风格且具有不同使用要求的建筑，如庄严雄伟的执法机构建筑、古朴大方的学校建筑、简洁明快的居住建筑等。成功的建筑应当反映时代特征、民族特点、地方特色和文化色彩，应有一定的文化底蕴，并与周围的建筑和环境有机融合与协调。

建筑的构成三要素是密不可分的，建筑功能是建筑目的，居于首要地位；建筑技术是建筑的物质基础，是实现建筑功能的手段；建筑形象是建筑的结果。它们相互制约、相互依存，彼此之间是辩证统一的关系。

（二）建筑方针

我国的建筑方针是“适用、安全、经济、美观”，适用是指确定恰当的建筑面积，合理的布局，必需的技术设备，良好的设施以及保温、隔热、隔声的环境；安全是指结构的安全系数、建筑物耐火及防火设计、建筑物的耐久年限等；经济主要是指经济效益，它包括节约建筑造价，降低能源消耗，缩短建设周期，降低运行、维修和管理费用等，既要注意建筑本身的经济，又要注意建筑物的社会和环境的综合效益；美观是指在适用、安全、经济的前提下，将建筑美和环境美列入设计的重要内容。

二、建筑的分类和分级

（一）建筑的分类

1.按建筑的使用功能分类

建筑按使用功能通常可分为民用建筑、工业建筑和农业建筑。

（1）民用建筑

民用建筑是指供人们居住和进行公共活动的建筑。民用建筑又可分为居住建筑和公共建筑。

居住建筑：居住建筑是供人们居住使用的建筑，包括住宅、公寓、宿舍等。

公共建筑：公共建筑是供人们进行社会活动的建筑，包括行政办公建筑、文教建筑、科研建筑、托幼建筑、医疗福利建筑、商业建筑、旅馆建筑、体育建筑、展览建筑、文艺表演建筑、邮电通信建筑、园林建筑、纪念建筑、娱乐建筑等。

（2）工业建筑

工业建筑是指供人们进行工业生产的建筑，包括生产用建筑及生产辅助用建筑，如动力配备间、机修车间、锅炉房、车库、仓库等。

（3）农业建筑

农业建筑是指供人们进行农牧业种植、养殖、储存等用途的建筑，以及农业机械用建筑，如种植用温室大棚、养殖用的鱼塘和畜舍、储存用的粮仓等。

2.按层数和高度分类

建筑层数是房屋建筑的一项非常重要的控制指标，但必须结合建筑总高度综合考虑。《民用建筑设计统一标准》规定，民用建筑按地上层数或高度分别有如下分类规定。

（1）住宅建筑

建筑高度不大于27.0m的住宅建筑、建筑高度不大于24.0m的公共建筑及建筑高度大于24.0m的单层公共建筑为低层或多层民用建筑。

建筑高度大于27.0m的住宅建筑和建筑高度大于24.0m的非单层公共建筑，且高度不高于100.0m的为高层民用建筑。

建筑高度大于100.0m的为超高层建筑。

（2）其他民用建筑

根据《建筑设计防火规范》的规定，民用建筑根据其建筑高度和层数可分为单层民用建筑、多层民用建筑、高层民用建筑和超高层民用建筑。

单层民用建筑：指建筑层数为1层的。

多层民用建筑：指建筑高度不大于24m的非单层建筑，一般为2～6层。

高层民用建筑：指建筑高度大于24m的非单层建筑。

超高层民用建筑：指建筑高度大于100m的高层建筑。

3.按建筑规模和数量分类

建筑按建筑规模和数量可分为大量性建筑和大型性建筑。

（1）大量性建筑

大量性建筑是指量大面广，与人民生活、生产密切相关的建筑，如住宅、幼儿园、学校、商店、医院、中小型厂房等。这些建筑在城市和乡村都是不可缺少的，修建数量很多，故称为大量性建筑。

（2）大型性建筑

大型性建筑是指规模宏大、耗资较多的建筑，如大型体育馆、大型影剧院、大型车站、航空港、展览馆、博物馆等。这类建筑与大量性建筑相比，虽然修建数量有限，但对城市的景观和面貌影响较大。

4.按承重结构材料分类

建筑的承重结构是指由水平承重构件和垂直承重构件组成的承重骨架。建筑按承重结构材料可分为砖木结构建筑、砖混结构建筑、钢筋混凝土结构建筑和钢结构建筑。

砖木结构建筑：由砖墙、木屋架等组成承重结构的建筑。

砖混结构建筑：由钢筋混凝土梁、楼板、屋面板等作为水平承重构件，砖墙（柱）作为垂直承重构件的建筑，适用于多层以下的民用建筑。

钢筋混凝土结构建筑：水平承重构件和垂直承重构件都由钢筋混凝土组成的建筑。

钢结构建筑：水平承重构件和垂直承重构件全部采用钢材的建筑。钢结构具有质量轻、强度高的特点，但耐火能力较差。

5.按承重结构形式分类

建筑按其承重结构形式可分为砖墙承重结构、框架结构、框架—剪力墙结构、筒体结构、空间结构、混合结构等。

（1）砖墙承重结构

砖墙承重结构是指由砖墙承受建筑的全部荷载，并把荷载传递给基础的承重结构。这种承重结构形式适用于开间较小、建筑高度较小的低层和多层建筑。

（2）框架结构

框架结构是指由钢筋混凝土或型钢组成的梁柱体系承受建筑的全部荷载，墙体只起围护和分隔作用的承重结构。框架结构适用于跨度大、荷载大、高度大的建筑。

（3）框架—剪力墙结构

框架—剪力墙结构是由钢筋混凝土梁柱组成的承重体系承受建筑的荷载时，由于建筑荷载分布及地基的不均匀性，在建筑物的某些部位产生不均匀剪力，为抵抗不均匀剪力且保证建筑物的整体性，在建筑物不均匀剪力足够大的部位之间设钢筋混凝土剪力墙。

（4）筒体结构

筒体结构是由于剪力墙在建筑物的中心形成了筒体而得名。

（5）空间结构

空间结构是由钢筋混凝土或型钢组成，承受建筑的全部荷载，如网架、悬索、壳体等。空间结构适用于大空间建筑，如大型体育场馆、展览馆等。

（6）混合结构

混合结构是指同时具备上述两种或两种以上承重结构的结构，如建筑内部采用框架承重结构，而四周采用外墙承重结构。

（二）建筑的分级

民用建筑的等级主要是从建筑物的使用耐久年限、耐火等级两个方面划分的。

1.按建筑的使用耐久年限分类

建筑物耐久等级的指标是使用耐久年限。使用耐久年限的长短是由建筑物的性质决定的。《民用建筑设计统一标准》对建筑物的使用耐久年限做了规定。

2.按建筑的耐火等级分类

建筑物的耐火等级是衡量建筑物耐火程度的标准。《建筑设计防火规范》根据建筑材料和构件的燃烧性能及耐火极限，将建筑的耐火等级分为四级。

（1）燃烧性能

燃烧性能是指建筑构件在明火或高温辐射情况下能否燃烧，以及燃烧的难易程度。建筑构件按燃烧性能可分为不燃性、难燃性和可燃性三级。

（2）耐火极限

建筑构件的耐火极限是指对任一建筑构件按“时间温度”标准曲线进行耐火试验，从受到火的作用时起，到失去支持能力或完整性被破坏或失去隔火作用时为止的时间，用小时（h）计算。

《建筑设计防火规范》规定，通常具有代表性的、性质重要的或规模宏大的建筑按一、二级耐火等级进行设计；大量性或一般建筑按二、三级耐火等级进行设计；很次要的或临时建筑按四级耐火等级进行设计。

三、建筑设计的内容、程序和原则

（一）建筑设计的内容

建筑工程设计的内容包括建筑设计、结构设计、设备设计等几个方面的内容。各专业设计既要明确分工，又需密切配合。

1.建筑设计

建筑设计是根据设计任务书，在满足总体规划的前提下，对基地环境、建筑功能、结构施工、建筑设备、建筑经济和建筑美观等方面做全面的分析，完善建筑物内部各种使用功能和使用空间的合理安排，建筑物与周围环境、与各种外部条件的协调配合，内部和外部的艺术效果，各个细部的构造方式，以及建筑物与结构、设备等相关技术的综合协调等问题，最终使所设计的建筑物满足适用、经济、美观的要求。建筑设计在整个建筑工程设计中起着主导和先行的作用，一般由建筑师来完成。

2.结构设计

结构设计是结合建筑设计选择结构方案，进行结构布置、结构计算和构件设计等，最后绘制出结构施工图，一般由结构工程师来完成。

3.设备设计

设备设计包括给水排水、采暖通风、电气照明、通信、燃气、动力等专业的设计，通常由各专业工程师来完成。

（二）建筑设计的程序

建筑设计的程序根据工程复杂程度、规模大小及审批要求，通常可分为初步设计和施工图设计两个阶段。对于技术复杂的大型工程，可增加技术设计阶段。

1.设计前的准备工作

为了保证设计质量，设计前必须做好充分的准备。准备工作包括查阅必要的批文、熟悉设计任务书、收集必要的设计资料、设计前的调研等几个方面的内容。

（1）查阅必要的批文

必要的批文包括主管部门的批文和城市建设部门同意设计的批文。建设单位必须具有以上两种批文才可向设计单位办理委托设计手续。

（2）熟悉设计任务书

设计任务书是经上级主管部门批准提供给设计单位进行建筑设计的依据性文件，一般包括下列内容。

建设项目的总要求、用途、规模及一般说明。

建设项目的组成、单项工程的面积、房间组成和面积分配及使用要求。

建设项目的投资及单项工程造价、土建设备与室外工程的投资分配。

建设场地大小、形状、地形，原有建筑及道路现状，并附地形测量图。

供电、给水排水、采暖及空调等设备方面的要求，并附有水源、电源的使用许可文件。

设计期限及项目建设进度计划安排要求。

（3）收集必要的设计资料

必要的设计资料主要包括气象资料、场地地形及地质水文资料、水电等设备管线资料、设计项目的国家有关定额等资料。

（4）设计前的调研

设计前调研的内容包括对建筑物的使用要求、建筑材料供应和施工等技术条件、场地、踏勘及当地传统的风俗习惯等的调研。

2.初步设计阶段

按照我国现行的制度，在建设项目设计招标投标过程中中标的设计单位，与建设方签订委托设计合同，并随之进入正式的设计程序。初步设计是建筑设计的第一阶段，它的任务是综合考虑建筑功能、技术条件、建筑形象等因素并进行方案的比较和优化，确定较为理想的方案，征得建设单位同意后报有关建设监督和管理部门批准。初步设计的内容一般包括设计说明书、设计图纸、主要设备材料表和工程概算四部分。

3.技术设计阶段

技术设计阶段主要任务是在初步设计的基础上协调、解决各专业之间的技术问题，经批准后的技术设计图纸和说明书即为编制施工图、主要材料设备订货及工程拨款的依据文件。技术设计的图纸和文件与初步设计大致相同，但更详细些。要求在各专业工种之间提供资料、提出要求的前提下，共同研究和协调编制拟建工程各工种的图纸和说明书，为各工种编制施工图打下基础。

对于不太复杂的工程，技术设计阶段可以省略，将这个阶段的一部分工作纳入初步设计阶段，称为“扩大初步设计”，另一部分工作则留待施工图设计阶段进行。

4.施工图设计阶段

施工图设计是建筑设计的最后阶段，施工图是提交施工单位进行施工的设计文件。只有在初步设计文件和建筑概算得到上级主管部门审批同意后，方可进行施工图设计。施工图设计的原则是满足施工要求，解决施工中的技术措施、用料及具体做法，其任务是编制满足施工要求的整套图纸。

施工图设计的内容包括建筑、结构、水、电、采暖和空调通风等专业的设计图纸，工程说明书，结构及设备计算书和工程预算书。具体图纸和文件如下。

设计说明书：包括施工图设计依据、设计规模、面积、标高定位、用料说明等。

建筑总平面图：比例可选用1∶500、1∶1000、1∶2000等。应标明建筑用地范围，建筑物及室外工程（道路、围墙、大门、挡土墙等）位置、尺寸、标高、绿化及环境设施等的布置，并附必要的说明、详图及技术经济指标，地形及工程复杂时应绘制竖向设计图。

建筑物各层平面图、剖面图、立面图，比例可选用1∶50、1∶100、1∶200等。除表述初步设计或技术设计内容，还应详细标出门窗洞口、墙段尺寸及必要的细部尺寸、详图索引等。

建筑构造详图：包括平面节点、檐口、墙身、门窗、室内装修、立面装修等详图。应详细标示各部分构件关系、材料尺寸及做法、必要的文字说明等。根据节点需要，比例可分别选用1∶20、1∶10、1∶5、1∶2、1∶1等。

各专业相应配套的施工图纸：如基础平面图，结构布置图，水、暖、电平面图及系统图等。

工程预算书：在施工图文件完成后，设计单位应将其经由建设单位报送有关施工图审查机构，进行强制性标准、规范执行情况等内容的审查。经由审查单位认可或按照其意见修改并通过复审且提交规定的建设工程质量监督部门备案后，施工图设计阶段完成。若建设单位要求设计单位提供施工图预算，设计单位应给予配合。

（三）建筑设计的原则

1.国家的基本方针政策

早在1953年，我国第一个五年计划提出的时候就制定了“适用、经济，在可能条件下注意美观”的建筑方针以及一系列政策，这对当时的建筑工作起到了巨大的指导作用。随着社会的发展与进步，1986年由中华人民共和国住房和城乡建设部制定并颁发的《中国建筑技术政策》中，明确指出了“建筑业的主要任务是全面贯彻适用、安全、经济、美观的方针”。“适用、安全、经济、美观”与构成建筑的三大要素“功能、技术、艺术”是一致的，它反映了建筑的本质，同时也结合了我国的具体情况。所以说，它不但是建筑业的指导方针，也是评价建筑优劣的基本准则。

2.建筑设计的基本原则

建筑设计是一项政策性很强而且内容非常广泛的综合性工作，同时也是一项艺术性较强的创造。因此，建筑设计必须遵循以下基本原则：

①坚持贯彻国家的方针政策，遵守有关法律、规范、条例等。

②结合地势与环境，满足城市规划要求。

③结合建筑功能，创造良好的环境，满足使用要求。

④充分考虑防水、防震、防空、防洪要求，保障人民的生命财产安全，并做好无障碍设计，创造便利条件。

⑤保障使用要求的同时，创造良好的建筑形象，满足人们的审美需求。

⑥考虑经济条件，创造良好的经济效益、社会效益、环境效益和节能减排的环保效益。

⑦结合施工技术，为施工创造有利条件，促进建筑工业化。

3.建筑设计的“3W”原则

尽管当代设计范畴在不断扩展，设计内涵也在不断延伸，但是撇开个性与差异性，从整体角度探究建筑设计的一般性，仍然可以将建筑设计关注的焦点概括为“3W”，即“Where”——建筑的地域性与环境性、“What”——建筑的性格与内在性、“When”——建筑的时代性。

身处主观价值体系与客观价值体系之间，建筑师将意向抽象还原的过程势必与具体的物质要素相碰撞，并在建筑内容的独立性、形态的自律性特质与开放性环境的摩擦中不断创造新的价值。建筑始终持续地影响着周围环境的功能与使用者的生活，贯穿着历史、现在与未来。密斯·凡·德罗在《谈建筑》中说道："建筑是表现空间的时代意志……在我们的建筑中使用以往的形式是无出路的。"但这并非意味着割断历史，历史沉淀建筑的普遍性如何在当下得以再现与重新表达、如何在传统的重复中产生新创造，以及如何将历史中某些鼓舞人心的想法作为驱动现代建筑的活力，这些都需要从动态，发展、前瞻的角度来思考。很多具有实践精神的先锋设计师所构思的可持续生长建筑看似科幻，却为未来的建筑趋势勾画了蓝图。

四、建筑设计的要求和依据

（一）建筑设计的要求

建筑设计除应满足相关的建筑标准、规范等要求，原则上还应满足下列要求。

1.满足建筑功能的要求

建筑功能是建筑的第一大要素。建筑设计的首要任务是为人们的生产和生活创造良好的环境。如学校，首先要满足教学活动的需要，教室设置应做到合理布局，教学区应有便利的交通和良好的采光及通风条件，同时，还要合理安排学生的课外和体育活动空间以及教师的办公室、卫生设备、储藏空间等；又如工业厂房，首先应该适应生产流程的安排，合理布置各类生产和生活、办公及仓储等用房，同时，还要达到安全、节能等各项标准。

2.符合所在地规划发展的要求

设计规划是有效控制城市发展的重要手段，设计规划对建筑提出形式、高度、色彩感染力等多方面的要求，所有建筑物的建造都应该纳入所在地规划控制的范围。

3.采用合理的技术措施

采用合理的技术措施是建筑物安全、有效地建造和使用的基本保证。随着人类社会物质文明的不断发展和生产技术水平的不断提高，可以运用在建筑工程领域的新材料、新技术越来越多。根据所设计项目的特点，正确地选用相关的材料和技术，采纳合理的构造方式以及可行的施工方案，可以降低能耗、提高效率并达到可持续发展的目的。

4.符合经济性要求

工程项目的总投资一般在项目立项的初始阶段就已经确定了。作为建设项目设计人员，应当具有建筑经济方面的相关知识。例如，熟悉建筑材料的近期价格以及一般的工程造价。在设计过程中，应当根据实际情况选用合适的建筑材料及建造方法，合理利用资金，避免人力和物力浪费。这样才是对建设单位负责，同时，也是对国家和人民的利益负责。为了保证项目投资控制在规定的投资范围内，在设计阶段应当进行项目投资估算、概算和预算。

5.满足对建筑美观的要求

建筑与人们的生活息息相关，人们的生活起居、工作都离不开它，因此，其在满足使用功能的同时还应该兼顾审美要求。

（二）建筑设计的依据

1.人体尺度及人体活动所需的空间尺度

人体尺度及人体活动所需的空间尺度直接决定着建筑物中家具、设备的尺寸，踏步、阳台、栏杆等的高度，门洞、走廊、楼梯等的宽度和高度及各类房间高度和面积大小，是确定建筑空间的基本依据之一。我国成年男子和成年女子平均高度分别为1670mm和1560mm。

2.家具设备尺寸及使用它们所需的空间尺寸

各类房间内部通常都要布置家具，家具设备的尺寸及人们使用家具设备时所需的活动空间尺度是确定房间面积和大小的主要依据。

3.气象条件

建设地区的温度、湿度、日照、雨雪、风向、风速等对建筑物的设计有较大的影响，也是建筑设计的重要依据。例如，湿热地区的房屋设计要很好地考虑隔热、通风和遮阳等问题，建筑处理较为开敞；干冷地区则要考虑防寒保温，建筑处理较为紧凑、封闭；雨量较大的地区要特别注意屋顶样式、屋面排水方案的选择以及屋面防水构造的处理等。另外，日照情况和主导风向通常是确定房屋朝向和间距的主要因素，风速是高层建筑、电视塔等高耸建筑物设计中考虑结构布置和建筑体型的重要因素。

4.地形、水文地质及地震烈度的影响

场地的地形、地质构造、土壤特性和地基承受力的大小，对建筑物的平面组合、结构布置、建筑构造处理和建筑体型等都有明显的影响。坡度陡的地形，常使房屋结合地形采用错层、吊层或依山就势等较为自由的组合方式。复杂的地质条件，要求房屋的构成和基础的设置采取相应的结构与构造措施。

水文地质条件是指地下水水位的高低及地下水的性质，直接影响到建筑物的基础及地下室。一般应根据地下水水位的高低及地下水的性质确定是否在该地区建造房屋或采用相应的防水和防腐蚀措施。

地震烈度表示当地震发生时，地面及建筑物遭受破坏的程度。烈度在6度及以下时，地震对建筑物影响较小，一般可不考虑抗震措施。9度以上的地区，地震破坏力很大，一般应尽量避免在该地区建筑房屋。房屋抗震设防的重点是7～9度地震烈度的地区。

（三）建筑模数协调标准

为了实现工业化大规模生产，使不同材料、不同形式和不同制造方法的建筑构配件、组合件符合模数并具有较大的通用性和互换性，以加快设计速度，提高施工质量和效率，降低建筑造价，我国制定了《建筑模数协调标准》。

1.建筑模数

建筑模数是指选定的标准尺寸单位，作为尺度协调中的增值单位，也是建筑设计、建筑施工、建筑材料与制品、建筑设备、建筑组合件等各部门进行尺度协调的基础，其目的是使构配件安装吻合，并有互换性，包括基本模数和导出模数两种。

（1）基本模数

基本模数是模数协调中选用的基本尺寸单位，其数值为100mm，符号为M，即1M=100mm。整个建筑物及其一部分或建筑组合构件的模数化尺寸应为基本模数的倍数。

（2）导出模数

导出模数是在基本模数的基础上发展出来的、相互之间存在某种内在联系的模数，其包括扩大模数和分模数两种。

扩大模数：扩大模数是基本模数的整数倍数。水平扩大模数基数为2M、3M、6M、9M、12M，其相应的尺寸分别是200mm、300mm、600mm、900mm、1200mm。

分模数：分模数是整数除基本模数的数值。分模数基数为M/10、M/5、M/2，其相应的尺寸分别是10mm、20mm、50mm。

2.模数数列

模数数列是以选定的模数基数为基础而展开的模数系统。它可以保证不同建筑及其组成部分之间尺度的统一协调，有效地减少建筑尺寸的种类，确保尺寸合理并有一定的灵活性。建筑物的所有尺寸除特殊情况外，均应满足模数数列的以下要求：

模数数列应根据功能和经济性原则确定。

建筑物的开间或柱距，进深或跨度，梁、板、隔墙和门窗洞口宽度等分部件截面尺寸宜采用水平基础模数和水平扩大模数数列，且水平扩大模数数列宜采用2nM、2nM（n）（n为自然数）。

建筑物的高度、层高和门窗洞口宽度等宜采用竖向基本模数和竖向扩大模数数列，且竖向扩大模数数列宜采用nM。

构造节点和分部件的接口尺寸等宜采用分模数数列，且分模数数列宜采用M/10、M/5、M/2等。

第三节　设计图纸内容表达与施工图设计

一、房屋施工图概述

（一）房屋的基本构配件和建造过程

房屋是为满足人们不同的生活和工作需要而建造的。图1–1所示为一幢住宅，其他还有如学校教学楼、工厂车间、农村的粮仓等各种不同功能的房屋。尽管它们在使用要求、空间组合、外形处理、结构形式、构造方式以及规模的大小等方面各有不同，但是，其基本构配件通常都有：基础、墙（柱、梁）、楼板层和地面、屋顶、楼梯和门、窗等。此外，尚有台阶或坡道、雨篷、阳台、壁橱、雨水管、明沟或散水等其他构配件以及装饰物。

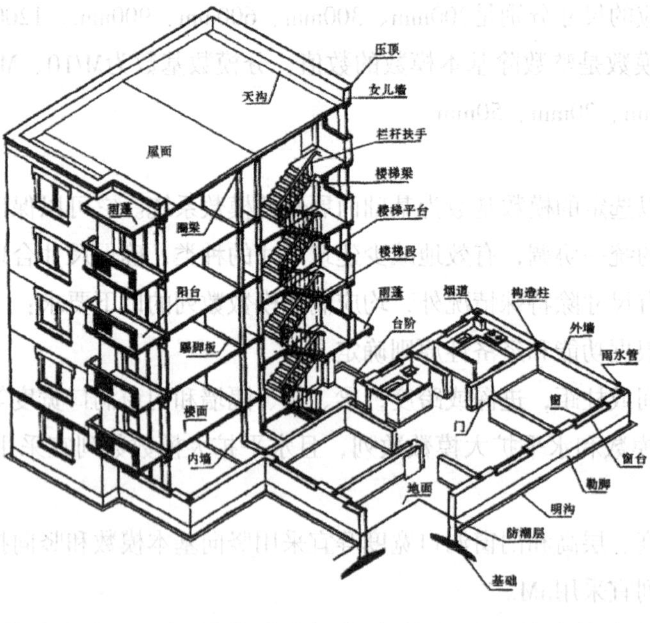

图1–1　住宅的基本结构配件示意图

最下面与地基相接触的承重构件是基础，它起支撑房屋的作用，并将房屋的全部荷载传递给地基。图1–1所示的住宅基础，采用的是混凝土条形基础。

墙是房屋的垂直构件，起抵御风、霜、雨、雪和分隔房屋内部空间的作用。按受力情况有承重墙和非承重墙之分。

楼板层是房屋水平的承重构件，将楼板上的各种荷载传递到墙或梁上。

屋顶是房屋顶部的维护和承重构件。

楼梯是房屋各楼层之间的垂直交通设施。

门主要是联系房间的内外交通通道，窗则是用于采光、通风和眺望。门窗在房屋中都起维护和分隔作用。

建造一幢房屋，要经过设计与施工两个阶段。设计阶段：设计人员把想象中的房屋造型和构造状况，经过合理的布局、计算，使各个工种之间互相配合，画出全套施工图。施工阶段：施工人员按施工图建造房屋。

（二）房屋施工图的内容和用途

房屋施工图是直接用来为施工服务的图样，其内容按专业的分工不同，有建筑施工图、结构施工图、设备施工图。各专业施工图，既有各自的特点，又要相互配合、协调，做到整套图纸完整统一、尺寸齐全，明确无误地反映出拟建房屋的内外形状、大小、结构形式、构造方式、装饰、设备等各方面的内容，以及构配件的做法和用料。

一套房屋施工图的图纸编排顺序一般为：图纸目录、施工总说明、建筑施工图、结构施工图、设备施工图等。图纸目录是施工图的首页图，它说明本套图纸有几类，各类图纸分别有几张，每张图纸的图纸编号、图名、图幅大小。

建筑施工图包括建筑施工图的图纸目录、施工总说明、总平面图、建筑平面图、建筑立面图、建筑剖面图、门窗表和建筑详图的图纸。

结构施工图包括结构施工图图纸目录、结构施工说明、基础图、上层结构的布置图、结构构件详图等。本章以图1–1所示的住宅为例，概括地叙述建筑施工图和结构施工图所表达的内容和画法。

（三）建筑施工图的有关规定

我国制定了《房屋建筑制图统一标准》（GB/T 50001—2017）、《建筑制图标准》（GB/T 50104—2010）、《总图制图标准》（GB/T 50103—2010）等国家标准，在绘制、阅读建筑施工图时，应严格遵守国家标准的规定。对于图纸的图幅、标题栏、图纸、字体、尺寸标注、比例、常用的建筑材料图例等，都已经在制图基础部分有所介绍，现在再补充说明建筑施工图中常用的几项规定和表示方法。

1.定位轴线及其编号

建筑施工图中的定位轴线是建造房屋时砌筑墙身、浇筑柱梁、安装构配件等施工定位的重要依据。凡是墙、柱、梁等主要承重构件，都要画出定位轴线，并编注轴线号来确定其位置。对于非承重的分隔墙、次要的承重构件等，可编绘附加轴线，有时也可以不编绘附加轴线，而直接注明其与附近的定位轴线之间的尺寸。

定位轴线用细点画线表示，在定位轴线延长线端部或延长线的折线端部画直径8 mm的细实线圆（详图上的圆直径为10 mm），在圆中写出轴线编号。平面图上定位轴线的编号，应标注在图样的下方与左侧，横向编号应用阿拉伯数字，按照从左至右顺序编写；顺向编号应用大写拉丁字母（除I，O，Z以外），按照自下而上顺序编写。

附加轴线的编号应用分数表示，分母表示前一轴线的编号，分子表示附加轴线的编号，编号宜用阿拉伯数字顺序编写，中间用45°方向的直径细线分隔。例如：1/2表示2号轴线后附加的第一根轴线，3/C表示C号轴线后附加的第三根轴线。1号轴线或A轴线之前的附加轴线应以01，0A为分母，分别表示位于1号轴线或A轴线之前的轴线。例如：1/01表示1号轴线之前附加的第一根轴线；3/0A表示A号轴线之前附加的第三根轴线。

2.标高

标高是标注建筑物高度的一种尺寸形式，它有绝对标高和相对标高之分。绝对标高是以我国青岛附近黄海的平均海平面为零点测出的高度尺寸；相对标高是以建筑物室内主要地面为零点测出的高度尺寸。房屋各部位的标高还有建筑标高和构造标高的区别。建筑标高是指包括粉刷层在内的、装修完成后的标高；结构标高则是不包括构件表面粉刷层厚度的构件表面的标高。

3.索引符号和详图符号

在施工图中，有时会因所用比例较小而无法表示清楚某一局部某一构件，需要另画详图，用引出线引出索引符号给以索引，并在所画的详图上编注详图符号。索引符号和详图编号与图纸编号两者必须对应一致，以便看图时查找与之有关的图纸。索引符号的圆和水平直径均应以细实线绘制，圆的直径为10 mm；详图符号应用粗实线绘制，圆的直径为14 mm。详图与被索引的图样不在同一张图纸内的详图符号，水平直径是细实线。标处的详图采用标准图册的编号。索引符号如用于索引剖视详图，应在被削切的部位绘制剖切位置线，并应以引出线引出索引符号，引出线所在的一侧应为剖视方向。

二、绘制建筑施工图的步骤与方法

一套完整的房屋建筑施工图，其数量和选用比例取决于房屋外形、层数、每层的平面布置、细部构造以及内外装饰的复杂程度。

一套完整的房屋建筑施工图，绘制顺序一般是从平面图开始，然后根据投影关系再画立面图或者剖面图，从整体到局部，逐步深入，直至整套图纸完整统一，尺寸齐全，明确无误。

图1-1所示是一幢砖墙承重的混合结构住宅，现以这幢住宅为实例，说明建筑施工图

的内容、识读与画法。

（一）总平面图和施工总说明

1.总平面图

建筑总平面图是关于新建房屋在基地范围内的地形、地貌、道路、建筑物、构筑物等的水平投影。建筑总平面图是新建房屋施工定位和规划布置场地的依据，也是其他专业（如水、暖、电等）的管线总平面规划布置的依据。

建筑总平面图的图示内容主要有：

（1）图例与名称。

（2）基地范围内的总体布局。

（3）确定新建筑房屋和拟建房屋的定位尺寸或坐标。

（4）标高。

（5）指北针或风玫瑰图。

2.施工总说明

施工总说明和总平面图反映新建房屋的总体施工要求和布局。一般中小型房屋的施工总说明放在建筑施工图内。

（二）建筑平面图

1.建筑平面图的形成、表达内容与用途

建筑平面图是用一个假想水平剖切面，在房屋的窗台上方剖开整幢建筑，移去剖切面上方部分，将留下部分向水平投影面作正投影所得的水平剖面图，但习惯称为平面图。建筑平面图除了表示本层内部情况，尚需要反映下一层平面图未反映的可见建筑构配件，如雨篷等。

2.建筑平面图的图示内容

（1）图名、比例。从图名了解这个建筑平面图是表示房屋的哪一层平面，比例应视房屋的大小和复杂程度而定。建筑平面图的比例宜采用1：50，1：100，1：200。由于绘制建筑平面的比例较小，所以平面内的一些构件要用特定的图例来表示。

（2）定位轴线。根据定位轴线了解各承重构件的定位与布置。

（3）房间的位置、形状、数量。

（4）门、窗的布置与编号。

（5）其他建筑构配件的设置。从图中所示的室内、室外的细节部分可以了解其他可见的或剖切到的固定设施及位置。

（6）尺寸和标高。通常注有定位尺寸、定型尺寸及总尺寸。外墙注三道尺寸：最外面一道是外包尺寸；中间一道是轴线的间距尺寸；最里面一道是门窗洞口等细部尺寸。

标高注明的是相对于室内底层主要地面为正负零点的各个楼地面、阳台、楼梯平台等装饰后的相对标高（建筑标高）。

（7）详图索引、剖切符号、指北针和文字说明等。

（8）屋顶形状及其上构配件。用屋顶平面图表示，屋顶平面图上注有屋面排水坡度与方向。

3.绘制建筑平面图的步骤

（1）绘制建筑平面图铅笔图稿。

①画定位轴线。

②画墙、柱断面和门窗、主要构配件。

③画其余构配件和细部、画出符号和标注尺寸、编号、说明。

（2）画图框和标题栏。

（3）画剖切到墙身断面、门窗图例，画可见的窗台、楼梯踏步、室外平台台阶、花坛等。

楼梯踏步画法是利用等分两平行线间的距离作平行分隔线的方法绘制的。

需要注意的是，梯段的水平长度=（级数−1）×踏步宽度，这是因为梯段的最后一级踏面与平台面或楼面重合。

（4）画地面的高差分界线、室外的雨水管、明沟等余下的构配件，画尺寸界线、尺寸线、尺寸起止符号、标高符号、详图索引符号、指北针。

（5）铅笔底稿完成后，描图上墨。图纸上墨要求和顺序如下：

上墨顺序一般是先整体，后细部，最后画材料图例或在图纸反面分别用红铅笔涂红、用墨水涂黑墙与柱的断面，在经复核无误后，便完成这张图纸的全部画图工作。

（三）建筑立面图

1.建筑立面图的形成、命名和用途

建筑立面图是房屋各个方向的外墙面以及按投影方向可见的构配件的正投影图，简称立面图。有定位轴线的建筑物，宜根据两端定位轴线号编注立面图名称。无定位轴线的建筑物，可按平面图各面的方向确定名称。

2.建筑立面图的图示内容

（1）图名、比例及立面两端的定位轴线和编号。

（2）屋顶外形和外墙面的大体轮廓。

（3）门窗的形状、位置与开启方向。

（4）外墙面上的其他构配件、装饰物的形状、位置、用料和做法。

（5）标高及必须标注的局部尺寸。

（6）详图索引符号和文字说明。

3.绘制建筑立面图的步骤

绘制建筑立面图铅笔图稿：

①画图框和标题栏，均匀布置图面，然后画定位轴线、室外地平线、楼面线和房屋的外轮廓线。

②画墙体的转角线、屋面、门窗洞、阳台、台阶等较大构配件的轮廓。

③画窗台、雨水管、水斗、雨篷、花架等较小构配件，门窗框和门扇、贴面等构配件的细部，画标高符号，标注尺寸、轴线编号、详图索引符号、说明，标高的定点宜尽量排列在一条铅垂线上，标高数字的小数点也按铅垂方向对齐，这样，不但便于看图，而且图面也更加清晰、美观。

④上墨：建筑立面图上墨的图线线宽应遵照建筑立面图的要求。

（四）建筑剖视图

1.建筑剖视图的剖切位置和形成

建筑剖面图是假想用一个垂直于横向或纵向轴线的竖直平面剖切房屋所得到的竖直剖视图。它主要用于反映房屋内部垂直方向的尺寸、分层情况与层高、门窗洞与窗台的高度，以及简要的结构形式和构造方式等情况。因此，剖视图的剖切位置，应选择在能反映房屋全貌、构造特征以及有代表性的部位，并在底层平面图中标明。

剖切的部位常常选择在通过门厅和楼梯、门窗洞口以及高低变化较多的地方。底层平面图上标明的剖视方向宜向左、向上。如果用一个剖切平面不能满足要求时，则常用两个或两个以上平行的剖切面剖切后绘制阶梯剖视图。

2.建筑剖视图的图示内容

（1）图名、比例及剖切到的外墙的定位轴线和编号。图名、剖切到的外墙定位轴线和编号，应与底层平面图中标明的剖切位置编号、轴线编号一一对应。比例宜采用1∶50、1∶100、1∶200，通常与平面图相同或相对较大一些，视房屋的复杂程度而定。

（2）剖切到的构配件及构造。例如：剖切到的室内外地面、楼面层、屋顶；剖切到的内外墙及其墙身内的构造；剖切到的各种梁、楼梯梯段及楼梯平台、阳台等的位置和形状；除了地下室外，一般不画出地面以下的基础。

（3）未剖切到的可见的构配件。例如：看到的墙面、梁、柱、阳台、雨篷、门、窗，未剖切到的楼梯段和各种装饰线、装饰物等的位置和形状。

（4）竖直方向的尺寸和标高。

（5）详图索引符号与某些用料、施工方法的文字注释。

3.绘制建筑剖视图的步骤

（1）绘制建筑剖视图铅笔图稿。

①画图框和标题栏，均匀布置图面，然后画定位轴线、室内外地面线、楼面线、休息平台面、屋面板顶面、楼梯踏步的起止点。

②画主要的构配件：剖切到的墙身、楼板、屋面板、平台板及其面层线、楼梯、梁，以及可见墙面上的门洞轮廓等。各个楼梯段是利用等分两平行线间的距离画平行分隔线的方法绘制的。应注意：楼梯段的水平投影长度＝（级数-1）×踏步宽度，梯段的水平方向分格只能是级数-1格，梯段垂直方向画踏步分格等于踏步数。

③画门窗图例、楼梯的栏杆扶手，室内墙面靠近地面的踢脚板等细小构配件，画标高符号，标注尺寸、轴线编号、详图索引符号、说明。

（2）上墨。建筑剖视图上墨的图线线宽应遵照建筑剖视图的要求，其他各种符号的图线应符合前面所述各项规定，最后在图纸反面分别用红铅笔涂红砖墙断面，用墨水涂黑钢筋混凝土梁等的断面。

第四节　建筑表现图的绘制

一、建筑表现图概述

建筑施工图是直接指示施工的技术图样，但其只能反映建筑物在某个确定观赏点的特定效果，而不能全面地反映出建筑与环境之间、建筑物的内外部之间、建筑物的局部与整体之间的错综复杂的关系处理，因而它们都有一定的局限性。能够最准确地反映建筑整体及各部分之间的比例、尺度关系的不是透视图，而是建筑物的立面投影图。要绘制立体图来推测建筑物的体量组合、外轮廓线、虚实关系以及每一个细部处理。内部空间及其相互之间的关系主要是通过剖面图来反映的。一个表现得充分的剖面图常常可以极好地反映出内部空间序列的起伏变化和节奏感。另外，通过剖面图还可以有效地表现出建筑物的内檐装修。

二、建筑表现图绘制方法

在一般情况下，一张建筑表现图是由总平面、平面、立面、剖面以及透视图等组成的。图面组合通常可以采用两种方法：一是按一定比例把多个图纸缩小，然后勾画出几种不同图面组合的草图进行比较，并从中选择一个比较理想构图加以修改，直到满意为止；二是把方案设计过程中的草图剪开，直接在图板上做各种形式的排列组合，直到满意为止。

（一）主与从的关系

当选择其中的某个表现图作为重点加以突出时，应用其他表现图作为陪衬，起烘托重点的作用。作为重点的表现图在画面中所处的位置也应尽可能地突出，一般都使之占据画面的一个角。为了有效地突出重点，该部分在色彩或明暗的处理上都应较其他部分更丰富，对比更强烈。只有这样，才能在画面中形成一个引人注目的焦点。

（二）疏与密的关系

对于建筑表现图来讲，都希望它能够在有限的画面内尽可能多地表现一些内容，所以不宜大面积地留出空白。但这却不意味着要把画面的每一个部分都均匀地填满内容，而应使某些内容相对集中于画面的某个部分，其他部分则予以稀疏，以期求得疏密的对比与变化。

（三）黑、白、灰的关系

在一张表现图中为了求得色调的统一与变化，既不可以没有黑白对比，也不可以使这种对比过分强烈以至于失调。为此，在画面中黑、白、灰都应分别占有适当的比重，并互相穿插、交织、叠合。

三、平面表现图的绘制

设计方案的平面图，特别是首层平面图连同其外部环境的平面图，在整个表现图中占有特殊重要的地位，在一般情况下都是被当作画面构图的重点而予以充分表现的。首层平面连同其外部环境不仅内容丰富，而且在画面中所占的面积一般都比较大，因而对于整个画面所产生的影响也是决定性的。

对于首层平面来讲，外部环境的表现也是十分重要的。一个表现得充分的首层平面必须包括以下三方面内容：一是房间划分、墙的位置及厚度、门窗开口的位置及宽度；二是内部家具陈设、楼（电）梯及地面处理；三是外部庭园、绿化、道路、铺面等设施。

平面表现图的制作大体上也是按照以上程序进行的。即第一步画出房间划分（开间、进深或柱网排列）的轴线，并用极轻、极细的导线来表示，然后表示出墙的厚度，最后表示出门窗开口的位置及宽窄度。在这一阶段最关键的是墙的厚度。此外，由于层高、荷载不同，墙体本身也是有厚薄之分的，这种厚薄之间也可构成对比、变化和韵律感。

在这一阶段，还需要注意的一点是对于窗口的表现。一定要按设计明确地区分出窗口是偏里、偏外或居中。此外，还必须按设计正确地表示出窗台的投影线。

接着应当表示出地面的处理，主要就是指对于各种铺面材料的表现。也应当抓住两点：一是划分格子的大小要适当，要与所使用的材料性能相一致。二是分格的图案既要有变化，又要与整体和谐统一。

对于楼层平面来讲，完成上述表现后大体上就可以。但是不要忘记，还应当把下一层凸出部分构件的投影（如雨篷）用细线表示出来，把上一层凸出部分的投影（如挑檐）用细的虚线表示出来，这样才能真正交代清楚而使人一目了然。

然而，对于首层平面来讲，单是表现出室内家具陈设以及地面处理，还不能看出它和周围环境的联系，为此，还必须把室外的道路、绿化、铺面等设施也一并表现出来。室外环境和建筑物的功能性质以及地段条件有密切的联系，它的范围既可以大，也可以小；内容可以很丰富，也可以很简单。

室外设施大体上包括道路、铺面、露台、山石、草坪、树木、花台、水池以及各种形式的建筑小品。

除了道路、绿化，还有一些硬地面如广场、露台以及各种供人休息、活动、停车等场地，均需用铺面的形式表现。这种铺面的表现方法与室内相似，但一般面积要大一些。此外，格子划分的形式也更富有变化。

四、总平面表现图的绘制

总平面表现图因所表现的建筑所处的环境不同而可分成两种类型：一种是处于自然环境之中，另一种是处于城市或人工环境之中。前者的表现重点在于建筑物与自然环境之间的有机联系，它的范围可能很大，地形变化也可能很复杂；后者的表现重点主要是新、老建筑之间的有机联系，其范围可能稍小一点，所涉及的内容主要是已经建成的建筑物或街道、广场、道路、绿化等人工设施。除了以上两种类型，还有一种总平面主要是表现群体组合关系。

为了使总平面图中的内容主次分明，可以采取以下一些方法：首先，应使它的轮廓线明显地粗于其他线条，这种方法特别适用于用线条来表现的总平面图。还可借助于阴影而在总平面图中表现出三度空间的立体感，具体就是按照建筑物各部的高度不同而分别画出它们的阴影。至于光源，其投射角的水平投影一般仍按45° 考虑，其垂直投影却不一定限于45° ，为防止阴影区过大，一般均小于45° ，并且，建筑物越高，其投射的角度则越平缓。另外，水平投射角也不一定像画立面表现图那样，必须限定从左上方投射，而可以根据建筑物的体形变化特点任意选择，以求得最充分地表现出它的凹凸关系和立体感。但应当注意的是，光源角一经选定，图面中所有的阴影关系都应与光源保持一致。

除了上述的方法，还可以借色调的对比来突出主体建筑，这种方法一般适合于用水墨、水彩渲染的方法来表现的总平面图。

在较大范围内表现自然环境，首先必须把水、陆两部分用明、暗色调明确地区分出来。就一般情况而言，陆地宜呈浅色调，而水面则宜呈深色调。陆地的灰色调一般代表绿化，可以分成两个层次：一是草地，二是树木、森林，后者叠加于前者之上，一般也较前者为深。在大范围内表现绿化，特别是林木，必须时刻注意整体效果的统一。具体地讲就是要使之既连成一片又有适当的疏密对比与变化。此外，还必须认真地推敲其外轮廓线，切不可七零八落，致使画面支离破碎。

五、立面表现图的绘制

立面表现图的效果主要取决于凹凸层次、光影虚实关系、材料的色彩与质感的表现。从我国当前的建筑实践来看，也可以分为两大类：一类建筑较多地考虑到吸取民族传统的形式与风格，不仅形体组合及外轮廓线较富有变化，而且也很注重于细节处理；另一类建筑，较多地吸取了国外建筑的处理手法，其特点是：体形及外轮廓线较简洁，但虚实对比极强烈，见棱见角，各种线条很挺拔，凹凸变化的层次虽不丰富，但穿插组织得十分巧妙，偶尔也运用色彩或质感的强烈对比以强化其效果。

用水墨或水彩作渲染，也必须认真地用铅笔笼统画出立面图的内外轮廓，由于水墨或水彩均具透明特性，因而这些线条也都显露于画面。还可以把线条和渲染这两种手段结合起来，取长补短，这样，既可表现出丰富的层次变化，又不失强烈、结实、挺拔所独具的力度美。

采用线条与渲染相结合的方法来表现建筑立面，应当充分发挥线条的作用，而不必过多地依靠一遍又一遍的渲染来追求细微的层次变化。此外，为了保持线条的清晰、流畅、挺拔，应当先进行渲染，后用墨线加重线条。线条加重后如果发现部分渲染的分量不足，尚可再叠加一遍，但切忌反复渲染致使线条模糊不清。采用这种方法表现立面，一般可以不画天空，或仅用极浅的色调平涂一块底色作为立面图的衬底或背景。其他配景如树、山、人等也必须相应进行图案化，以期求得整体的统一。

六、剖面表现图的绘制

与施工图不同，建筑剖面表现图主要是表现建筑内部空间处理——各主要空间相互之间的分隔与联系、空间序列组织、高程变化、室内装修以及内、外空间相互关系等的状况的。因而，对于那些不显露于外的内部结构或构造做法一般均不予以表现。

在剖面图中，剖断线起着界定空间的范围与周界的作用，必须给予足够的强调。通常都是用最粗的线条来表示。在比例尺较小的情况下，这样的线条本身有时就代表着楼板的厚度或墙的厚度，因而其两侧都起着界定空间的作用，所以都必须按照设计意图表示出极细微的凹凸转折变化。有的剖断线仅一侧起着界定空间的作用，其另一侧可能面向结构所占据的空间，面向结构空间的一侧可适当放松，但界定空间的一侧必须见棱见角，正确地反映出各种细微的凹凸转折。所谓细微的凹凸转折一般系指踢脚板、护墙板、窗台线、挂镜线等。这些部分的起伏转折虽然很不显著，但对于室内空间的影响却不容忽视，在剖面图中如果得不到适当的表现，必然会影响效果。当然，这也要看比例尺的大小，如果比例尺很小也可以忽略不计。

门窗及凹凸转折主要是通过投影线来表现的，这些线条也应有粗细之分。门窗开口及明显转折关系应当用稍粗一点的线来画；其内部分割则应当用细线来表示：关于材料质感如木纹、马赛克、大理石、水磨石等的分块线及其纹理变化，则应当用最细的线来表示。只有这样才能获得清晰的层次感。为了表现出内檐装修的色彩变化，也可以用水彩或水粉来绘制剖面表现图。用水彩表现的剖面表现图色彩较含蓄淡雅，并富有清晰的层次变化。用水粉绘制剖面图色彩较富丽凝重，并具有某种装饰性效果。

七、建筑画的构图

（一）饱满适中、完整平稳

建筑画的构图应力求饱满适中，完整平稳，一切从属物象应错落有致，关联呼应，使观者对其有主从明确的良好感受。

建筑虽在画面所占部位突出，且面积较大，但并非指建筑总处在一种“特写”的景况中，可依建筑体量的大小和不同的造型等，在构思中索求应有的艺术趣味。为此，建筑在画面所占的面积以适量为宜，若体积过大，则周围环境诸物也会随之加大，画面会拥挤闭塞，缺乏纵深开阔的视野；若体积过小，则天地增大，景物增多，建筑与景物主次不明，画面显得庞杂分散。另外，建筑在画面所处部位过高或过低，都会造成分量不匀、轻重不稳的视觉印象。所以，只有使建筑与四周景物比例协调，所处部位适中，才能主次分明，求得一个合适完整的构图。

（二）尺度合理、透视统一

在安置配景时，既要安置其合理的尺度，又要使其与主体建筑统一透视，这样才能使构图中的主次物象协调匀称，形象逼真。

确定建筑物与配景（车辆、人物）之间合理尺度较有效的方法，是以建筑底层或底层入口的高度为基础，定出近处人的高度或树的高度，以人或树的顶端和底部画透视虚线与视平线上相应的灭点相连，这样可以求得远近各处的人和树的高度（因为底层或底层入口处的高度，都有基本概念的尺度，不会超乎常规盲目增高或降低）。依此类推，在远近各处，以贴近的人或树为基础，求得合乎比例的车辆或其他景物。若灯杆、树木等都为等距离设置，则应以等分的透视原理求得等分点。只凭粗略的感觉徒手划分，绝不能得到准确的效果。

（三）高、低视平线，各展其长

同一幅建筑画，若采用的视平线高低不同，所取得的效果也不一样。

（1）高视平线地广天仄，前后阻挡少，层次清晰，群体建筑及小区规划常采用此法。

（2）低视平线天广地仄，建筑物经透视后的效果或显得高大挺拔，或显得深邃辽阔。

（3）住宅别墅等小型建筑，为追求其宁静典雅的情调，也常用偏低的视平线，使建筑安置在一个平坦幽深的特定环境中。

建议在建筑图中，对建筑的层高免去其透视变化，自上至下等分，把高层建筑两侧外墙轮廓逐渐向上向内略做倾斜，而靠近外缘轮廓的窗格等竖向等分线也不要绝对垂直，应由外向内略做倾斜。若高层建筑的外墙不向内倾斜，则越往高处会显得越大，使建筑有不稳定感。同样，与主体建筑靠拢的毗邻建筑，也顺势向左右略做倾斜，使画面统一。

（四）重点刻画，制造中心

画面视平线的高低及灭点所起的透视消失作用，常能突出建筑的造型特征。

精描细绘某些建筑的局部精华，着意表现建筑师的创作构思，或润饰建筑的结构、构造特色，也是创造趣味中心的内容之一。

画面光线的布局，建筑画中可随意运用，不受任何限制，有时可采用类似舞台追灯的集中光束，也借以表达建筑的局部精到之处，在光束集中处明亮细腻，四围相应减弱，这是以光线的明暗对比制造的趣味中心。

第五节　建筑类别等级划分和各阶段设计深度

一、建筑类别的等级划分

在建筑设计中，根据建筑物的使用年限、规模大小、重要程度等，除了常常将它们分门别类，还常常划等分级，以便设计者掌握它的标准和相应的要求。按照规定，我国目前将各类民用建筑工程按复杂程度划分为：特、一、二、三、四、五共六个等级。

按照规定，一级注册建筑师可以设计各个等级的民用建筑，二级注册建筑师只能设计三级以下的民用建筑。

民用建设等级划分的具体标准：

（1）特级工程：

①列为国家重点项目或以国际活动为主的大型公建以及有全国性历史意义或技术要求特别复杂的中小型公建。如国宾馆，国家大会堂，国际会议中心，国际大型航空港，国际综合俱乐部，重要历史纪念建筑，国家级图书馆、博物馆、美术馆，三级以上的人防工程等。

②高大空间，有声、光等特殊要求的建筑，如剧院、音乐厅等。

③30层以上建筑。

（2）一级工程：

①高级大型公建以及有地区性历史意义或技术要求复杂的中小型公建。如高级宾馆、旅游宾馆、高级招待所、别墅，省级展览馆、博物馆、图书馆、高级会堂、俱乐部，科研试验楼（含高校），300床以上的医院、疗养院、医技楼、大型门诊楼，大中型体育馆、室内游泳馆、室内滑冰馆、大城市火车站、航运站、候机楼、摄影棚、邮电通信楼，综合商业大楼、高级餐厅，四级人防、五级平战结合人防等。

②16～29层或高度超过50 m的公建。

（3）二级工程：

①中高级的大型公建以及技术要求较高的中小型公建。如大专院校教学楼、档案楼，礼堂、电影院，省部级机关办公楼，300床以下医院、疗养院，地市级图书馆、文化馆、少年宫，俱乐部、排演厅、报告厅、风雨操场，大中城市汽车客运站，中等城市火车站、邮电局、多层综合商场、风味餐厅，高级小住宅等。

②16 ~ 29层住宅。

（4）三级工程：

①中级、中型公建。如重点中学及中专的教学楼、实验楼、电教楼，社会旅馆、饭馆、招待所、浴室、邮电所、门诊所、百货楼、托儿所、幼儿园、综合服务楼、2层以下商场、多层食堂，小型车站等。

②7 ~ 15层有电梯的住宅或框架结构建筑。

（5）四级工程：

①一般中小型公建。如一般办公楼、中小学教学楼、单层食堂、单层汽车库、消防车库、消防站、蔬菜门市部、粮库、杂货店、阅览室、理发室、水冲式公厕等。

②7层以下无电梯住宅、宿舍及砖混建筑。

（6）五级工程：

一二层、单功能、一般小跨度结构建筑。

说明：以上分级标准中，大型工程一般系指10 000 m^2以上的建筑；中型工程指3 000 ~ 10 000 m^2的建筑；小型工程指3 000 m^2以下的建筑。

（一）以主体结构确定的建筑使用年限划分

一类使用年限5年，临时性建筑；

二类使用年限25年，易于替换结构构件的建筑；

三类使用年限50年，普通建筑和构筑物；

四类使用年限100年，纪念性建筑和特别重要的建筑。

（二）按住宅建筑按层数划分

1 ~ 3层为低层；

4 ~ 6层为多层；

7 ~ 9层为中高层；

10层 ~ 100 m为高层；

100 m以上一般称超高层。

（三）按公共建筑按高度划分

公共建筑及综合性建筑总高度超过24 m者为高层建筑，高度虽超过24 m，但是为单层者不属高层建筑。

建筑物高度超过100 m时，不论住宅或公共建筑均为超高层。

（四）按气温全国划分为下列四个地区

（1）严寒地区（I区）：累年最冷月平均温度≤-10 ℃的地区。

（2）寒冷地区（Ⅱ区）：累年最冷月平均温度>-10 ℃，≤0 ℃的地区。

（3）温暖地区（Ⅲ区）：累年最冷月平均温度>0 ℃，最热月平均温度≤28 ℃的地区。

（4）炎热地区（Ⅳ区），累年最热月平均温度≥28 ℃的地区。

（五）电影院等级

观众厅容量：特大型为1 201座以上，大型为801～1 200座，中型为501～800座，小型为500座以下。

（六）剧场等级

剧场建筑的质量标准分特、甲、乙、丙四个等级。特等剧场的技术要求根据具体情况确定；甲、乙、丙等剧场应符合下列规定。

（1）主体结构耐久年限：甲等100年以上，乙等50～100年，丙等25～50年。

（2）耐火等级：甲、乙等剧场不应低于二级，丙等剧场不应低于三级。

剧场规模依观众容量来定，特大型为1 600座以上，大型为1 201～1 600座，中型为801～1 200座，小型为300～800座。

（七）旅馆等级

我国旅馆分为涉外与不涉外的两大类，前者称“国家旅游涉外饭店”，属国家旅游系统，其等级划分与国际大体接轨，按星级划分，有五、四、三、二、一（星）级五个档次；不涉外的旅馆属商业部系统，分为一、二、三、四、五、六（级）六个档次（国家旅游局又有四级划分的规定），其客房净面积、客房卫生设备以及各种公共活动、辅助服务、设备容量、防火分类各种设施等，各级都有其相应的要求。

（八）铁路旅客站

（1）特大型：旅客最高聚集人数1万～2万人。

（2）大型：旅客最高聚集人数2 000～10 000人。

（3）中型：旅客最高聚集人数600～2 000人。

（4）小型：旅客最高聚集人数50～600人。

建筑设计中，经常遇到划等分级问题，这里不可能一一列举，可查阅相应的规范和资料。

二、各阶段设计文件的要求和深度

以下就是建筑工程设计文件编制深度规定有关总图和建筑部分的条文。

（一）总则

（1）本规定适用于民用建筑工程设计；对于一般工业建筑（房屋部分）工程设计，设计文件编制深度除了应满足本规定适用的要求，还应符合有关行业标准的规定。

（2）民用建筑工程一般应分为方案设计、初步设计和施工图设计三个阶段；对于技术要求简单的民用建筑工程，经有关主管部门同意，并且合同中有不做初步设计的约定，可在方案设计审批后直接进入施工图设计。

条文说明民用建筑工程的方案设计文件用于办理工程建设的有关手续，施工图设计文件用于施工，都是必不可少的。初步设计文件用于审批（包括政府和/或建设方对初步设计文件的审批）；若无审批需求，初步设计文件也无出图的必要。因此，对于无审批需求的建筑工程，经有关主管部门同意，并且合同中有不做初步设计的约定，可在方案设计审批后直接进入施工图设计。

（3）各阶段设计文件编制深度应按以下原则进行。

①方案设计文件，应满足编制初步设计文件的需要；

注：对于投标方案，设计文件深度应满足标书要求；若标书无明确要求，设计文件深度可参照本规定的有关条款。

②初步设计文件，应满足编制施工图设计文件的需要；

③施工图设计文件，应满足设备材料采购、非标准设备制作和施工的需要。对于将项目分别发包给几个设计单位或实施设计分包的情况，设计文件相互关联处的深度应当满足各承包或分包单位设计的需要。

条文说明：将项目分别发包给几个设计单位或实施设计分包，通常包括建筑主体由一个单位设计，而幕墙、室内装修、局部钢结构构件、某项设备系统等内容由其他单位承担设计的情况。在这种情况下，一方的施工图设计文件将成为另一方施工图设计的依据，且各方的设计文件可能存在相互关联之处。作为设计依据，相关内容的设计文件编制深度应满足有关承包或分包单位设计的需要。

（4）在设计中宜因地制宜正确选用国家、行业和地方建筑标准设计，并在设计文件的图纸目录或施工图设计说明中注明被应用图集的名称。

重复利用其他工程的图纸时，应详细了解原图利用的条件和内容，并作必要的核算和修改，以满足新设计项目的需要。

（5）当设计合同对设计文件编制深度另有要求时，设计文件编制深度应同时满足本规定和设计合同的要求。

（6）本规定对设计文件编制深度的要求具有通用性。对于具体的工程项目设计而言，执行本规定时应根据项目的内容和设计范围对本规定的条文进行合理的取舍。

（7）本规定不作为各专业设计分工的依据。本规定某一专业的某项设计内容可由其他专业承担设计，但设计文件的深度应符合本规定要求。

（二）方案设计

1.一般要求

（1）方案设计文件

①设计说明书，包括各专业设计说明以及投资估算等内容；

②总平面图以及建筑设计图纸（若为城市区域供热或区域煤气调压站，应提供供热能动力专业的设计图纸）；

③设计委托或设计合同中规定的透视图、鸟瞰图、模型等。

（2）方案设计文件的编排顺序

①封面：写明项目名称、编制单位、编制年月；

②扉页：写明编制单位法定代表人、技术总负责人、项目总负责人的姓名，并经上述人员签署或授权盖章；

③设计文件目录；

④设计说明书；

⑤设计图纸。

2.设计说明书

（1）设计依据、设计要求及主要技术经济指标

①列出与工程设计有关的依据性文件的名称和文号，如选址及环境评价报告、地形图、项目的可行性研究报告、政府有关主管部门对立项报告的批文、设计任务书或协议书等。

②设计所采用的主要法规和标准。

③设计基础资料，如气象、地形地貌、水文地质、地震、区域位置等。

④简述建设方和政府有关主管部门对项目设计的要求，如对总平面布置、建筑立面造型等。当城市规划对建筑高度有限制时，应说明建筑、构筑物的控制高度（包括最高和最低高度限值）。

⑤委托设计的内容和范围，包括功能项目和设备设施的配套情况。

⑥工程规模（如总建筑面积、总投资、容纳人数等）和设计标准（包括工程等级、结

构的设计使用年限、耐火等级、装修标准等）。

⑦列出主要技术经济指标，如总用地面积、总建筑面积及各分项建筑面积（还要分别列出地上部分和地下部分建筑面积）、建筑基底总面积、绿地总面积、容积率、建筑密度、绿地率、停车泊位数（分室内外和地上、地下），以及主要建筑或核心建筑的层数、层高和总高度等项指标；根据不同的建筑功能，还应表述能反映工程规模的主要技术经济指标，如住宅的套型、套数及每套的建筑面积、使用面积，旅馆建筑中的客房数和床位数，医院建筑中的门诊人次和病床数等指标。当工程项目（如城市居住区规划）另有相应的设计规范或标准时，技术经济指标还应按其规定执行。

（2）总平面设计说明

①概述场地现状特点和周边环境情况，详尽阐述总体方案的构思意图和布局特点，以及在竖向设计、交通组织、景观绿化、环境保护等方面所采取的具体措施。

②关于一次规划、分期建设，以及原有建筑和古树名木保留、利用、改造（改建）方面的总体设想。

（3）建筑设计说明

建筑方案的设计构思和特点：

①建筑的平面和竖向构成，包括建筑群体和单体的空间处理、立面造型和环境营造、环境分析（如日照、通风、采光）等；

②建筑的功能布局和各种出入口、垂直交通运输设施（包括楼梯、电梯、自动扶梯）的布置；

③建筑内部交通组织、防火设计和安全疏散设计；

④关于无障碍、节能和智能化设计方面的简要说明；

⑤在建筑声学、热工、建筑防护、电磁波屏蔽以及人防地下室等方面有特殊要求时，应做相应说明。

3.设计图纸

（1）总平面设计图纸

①场地的区域位置。

②场地的范围（用地和建筑物各角点的坐标或定位尺寸、道路红线）。

③场地内及四邻环境的反映（四邻原有未规划的城市道路和建筑物，场地内需保留的建筑物、古树名木、历史文化遗存、现有地形与标高、水体、不良地质情况等）。

④场地内拟建道路、停车场、广场、绿地及建筑物的布置，并标示出主要建筑物与用地界线（或道路红线、建筑红线）及相邻建筑物之间的距离。

⑤拟建主要建筑物的名称、出入口位置、层数与设计标高，以及地形复杂时主要道路、广场的控制标高。

⑥指北针或风玫瑰图、比例。

⑦根据需要绘制下列反映方案特性的分析图：

功能分区、空间组合及景观分析、交通分析（人流及车流的组织、停车场的布置及停车泊位数量等）、地形分析、绿地布置、日照分析、分期建设等。

（2）建筑设计图纸

①平面图应表示的内容：

a.平面的总尺寸、开间、进深尺寸或柱网尺寸（也可用比例尺表示）；

b.各主要使用房间的名称；

c.结构受力体系中的柱网、承重墙位置；

d.各楼层地面标高、屋面标高；

e.室内停车库的停车位和行车线路；

f.底层平面图应标明剖切线位置和编号，并应标示指北针；

g.必要时绘制主要用房的放大平面和室内布置；

h.图纸名称、比例或比例尺。

②立面图应表示的内容：

a.体现建筑造型的特点，选择绘制一两个有代表性的立面；

b.各主要部位和最高点的标高或主体建筑的总高度；

c.当与相邻建筑（或原有建筑）有直接关系时，应绘制相邻或原有建筑的局部立面图；

d.图纸名称、比例或比例尺。

③剖面图应表示的内容：

a.剖面应剖切在高度和层数不同、空间关系比较复杂的部位；

b.各层标高及室外地面标高，室外地面至建筑檐口（女儿墙）的总高度；

c.若遇有高度控制时，还应标明最高点的标高；

d.剖面编号、比例或比例尺。

④表现图（透视图或鸟瞰图）：方案设计应根据合同约定提供外立面表现图或建筑造型的透视图或鸟瞰图。

（3）热能动力设计图纸（当项目为城市区域供热或区域煤气调压站时提供）

①主要设备平面布置图及主要设备表。

②工艺系统图。

③工艺管网平面布置图。

（三）初步设计

1.一般要求

（1）初步设计文件

①设计说明书，包括设计总说明、各专业设计说明。

②有关专业的设计图纸。

③工程概算书。

注：初步设计文件应包括主要设备或材料表，主要设备或材料表可附在说明书中，或附在设计图纸中，或单独成册。

（2）初步设计文件的编排顺序

①封面：写明项目名称、编制单位、编制年月。

②扉页：写明编制单位法定代表人、技术总负责人、项目总负责人和各专业负责人的姓名并经上述人员签署或授权盖章。

③设计文件目录。

④设计说明书。

⑤设计图纸（可另单独成册）。

⑥概算书（可另单独成册）。

2.设计总说明

（1）工程设计的主要依据

①设计中贯彻的国家政策、法规。

②政府有关主管部门批准的批文、可行性研究报告、立项书、方案文件等的文号或名称。

③工程所在地区的气象、地理条件、建设场地的工程地质条件。

④公用设施和交通运输条件。

⑤规划、用地、环保、卫生、绿化、消防、人防、抗震等要求和依据资料。

⑥建设单位提供的有关使用要求或生产工艺等资料。

（2）工程建设的规模和设计范围

①工程的设计规模及项目组成。

②分期建设（应说明近期、远期的工程）的情况。

③承担的设计范围与分工。

（3）设计指导思想和设计特点

①采用新技术、新材料、新设备和新结构的情况。

②环境保护、防火安全、交通组织、用地分配、节能、安保、人防设置以及抗震设防

等主要设计原则。

③根据使用功能要求，对总体布局和选用标准的综合叙述。

（4）总指标

①总用地面积、总建筑面积等指标。

②其他相关技术经济指标。

（5）提请在设计审批时需解决或确定的主要问题

①有关城市规划、红线、拆迁和水、电、蒸汽、燃料等能源供应的协作问题。

②总建筑面积、总概算（投资）存在的问题。

③设计选用标准方面的问题。

④影响主要设计基础资料和施工条件落实等情况设计进度和设计文件批复时间的因素。

第二章　单体建筑节能设计

第一节　建筑体型调整与墙体节能设计

一、建筑体型调整

（一）建筑平面形状与节能的关系

建筑物的平面形状主要取决于建筑的功能和用地地块的形状，但从建筑热工的角度来看，一般来说，过于复杂的平面形状必然会增加建筑物的外表面积，导致采暖能耗大幅增加。因此，在考虑建筑节能的角度时，平面设计应注意在满足建筑功能要求的前提下，使外围护结构表面积与建筑体积之比尽可能小，以减少散热面积和散热量（在室内散热量较小的前提下，体形系数越小，夏季空调房间的得热量越小）。当然，对于空调房间，应对其散热状况进行具体分析。

（二）建筑长度与节能的关系

在高度和宽度一定的条件下，对南北朝向的建筑而言，增加居住建筑物的长度是有利于节能的。在长度小于100米的情况下，能耗增加较为显著。例如，将长度从100米减少至50米，能耗增加8%至10%。将长度从100米减少至25米，5层住宅的能耗增加25%，而9层住宅的能耗增加17%至20%。

（三）建筑平面布局与节能的关系

合理的建筑平面布局会在使用上给建筑带来极大的方便，同时也可有效地改善室内的热舒适度并有利于建筑节能。在节能建筑设计中，主要应从合理的热环境分区及设置温度阻尼区两个方面来考虑建筑平面的布局。

建筑平面布局的合理性会给建筑使用带来显著便利，同时也有效改善室内的热舒适度，有利于建筑节能。在进行节能建筑设计时，需要主要考虑建筑平面布局的两个方面，即合理的热环境分区和设置温度阻尼区。由于不同房间可能有不同的使用要求，因此它们对室内热环境的需求也可能各异。在设计中，应根据房间对热环境的要求合理进行分区，将对温度要求相近的房间相对集中布置。例如，将冬季室温要求稍高、夏季室温要求稍低的房间设置于核心区；将冬季室温要求稍低、夏季室温要求稍高的房间布置在平面中紧邻外围护结构的区域，作为核心区和室外空间的温度缓冲区（或称温度阻尼区），以降低供热能耗；将夏季温湿度要求相同（或接近）的房间相邻布置。

为了确保主要使用房间的室内热环境质量，可以根据使用情况在该类房间与室外空间之间设置各种类型的温度阻尼区。这些阻尼区就像是一种“热闸”，不仅可以减少房间外墙的传热（传冷）损失，而且显著降低了房间的冷风渗透，从而减少了建筑的渗透热（冷）损失。在冬季，封闭日光间和阳台、外门（或门厅）设置门斗（夏季还可添加适当的遮阳、通风设施）等，都具有温度阻尼区的作用，是在冬季（夏季）减少能耗的有效措施。

二、建筑物墙体节能设计

（一）建筑物外墙保温设计

1.EPS板薄抹灰外墙外保温系统

EPS板薄抹灰外墙外保温系统（简称EPS板薄抹灰系统）由EPS板保温层、薄抹面层和饰面涂层组成。EPS板通过黏合剂固定在基层上，而薄抹面层中则铺设有抗碱玻璃纤维网。

欧洲已有的近40年实际工程应用经验表明，EPS板薄抹灰外保温系统是一种技术成熟、完备可靠的系统。大量工程实践证实，该系统具有稳定的工程质量和卓越的保温性能，其使用年限可超过25年。

（1）基层墙体

基层墙体可以是混凝土墙体，也可以是各种砌体墙体。然而，基层墙体表面必须保持清洁，没有油污、凸起、空鼓或疏松等现象。

（2）粘合剂

粘合剂是一种专用的黏结胶料，用于将EPS板粘贴在基层上。EPS板的粘贴方法有点框粘法和满粘法。在点框粘法中，应确保黏结面积大于40%。

（3）EPS板

EPS板是一种使用广泛的阻燃型保温板材。其设计厚度需经过计算，以满足相关节能标准对该地区墙体的保温要求。不同地区居住建筑和公共建筑各部分围护结构的传热系数限值可参考相关节能标准。

（4）玻纤网

耐碱涂塑玻璃纤维网格布在薄抹面层中的应用旨在赋予抹面层良好的耐冲击性和抗裂性。为了实现这一目标，要求在薄抹面层中满铺玻纤网。由于保温材料具有小密度、轻质且内含大量空气，在温度和湿度变化时，保温层的体积变化相对较大。当基层发生变形时，抹面层中会产生较大的变形应力，当这种变形应力大于抹面层材料的抗拉强度时，就容易发生裂缝。

满铺耐碱玻纤网，能够使受到的变形应力均匀分散到四周，既限制了沿平行耐碱网格布方向的变形，又能够获得垂直耐碱网格布方向的最大变形量。这使得抹面层中的耐碱网格布能够长期稳定地发挥抗裂和抗冲击的作用。因此，玻纤网被称为抗裂防护层中的软钢筋。

（5）薄抹面层

这是一种构造层，涂覆在保温层上，其中内部有玻纤网，其作用是保护保温层并具有防裂、防水和抗冲击的功能。为解决保温层在温度和湿度变化下导致的体积和外形尺寸的变化问题，使用了抗裂水泥砂浆来进行抹面。这种砂浆中添加了弹性乳液和助剂。弹性乳液赋予水泥砂浆柔性变形性能，改善了水泥砂浆易开裂的缺点。同时，引入助剂和不同长度、不同弹性模量的纤维，以控制抗裂砂浆的变形量，并显著提高其柔韧性。这些改进措施旨在确保构造层在各种条件下都能够有效地履行其功能。

（6）饰面涂层

这属于外墙装饰涂料，适用于覆盖在弹性底层涂料和柔性耐水腻子之上。柔性耐水腻子具有高黏结强度、卓越的耐水性和良好的柔韧性，特别适用于在各种容易产生裂缝的保温和水泥砂浆基层上进行找平和修补。这种腻子能够有效地防止面层装饰材料出现龟裂或有害裂缝。

（7）锚栓

在建筑高度超过20米、位于受到较大负风压影响的区域，或者在无法预测的情况下，为确保系统的安全性而需要额外辅助固定时，会采用锚栓。这些锚栓的作用是提供额外的辅助固定，以确保系统在各种条件下都能够维持稳定和安全。

2.胶粉EPS颗粒保温浆料外墙外保温系统

胶粉EPS颗粒保温浆料外墙外保温系统（简称保温浆料系统）包括界面层、胶粉EPS颗粒保温浆料保温层、抗裂砂浆抹面层和饰面层。该系统采用逐层渐变、柔性释放应力的无空腔技术工艺，可广泛适用于各种气候区、不同基层墙体和建筑高度的建筑外墙，实现保温与隔热效果。

（1）基层

基层适用于混凝土墙体和各种砌体墙体。然而，基层表面必须保持清洁，没有油污，清除影响黏结的附着物、空鼓和疏松部位。

（2）界面砂浆

界面砂浆由基层界面剂、中细砂和水泥混合而成，用于增强胶粉EPS颗粒保温浆料与基层墙体的黏结力。需要进行界面处理的基层应该完全涂覆界面砂浆。

（3）胶粉EPS颗粒保温浆料

胶粉EPS颗粒保温浆料由胶粉料和EPS颗粒组成。胶粉料是由无机胶凝材料和各种外加剂在工厂采用预混合干拌技术制成的。在施工时，加水搅拌均匀，涂抹在基层墙面上形成保温材料层。其设计厚度应根据相关节能标准计算，以满足该地区墙体的保温要求。胶粉EPS颗粒保温浆料应该分层进行抹灰，每层的操作间隔时间应在24小时以上，每层厚度不应超过20毫米。

（4）抗裂砂浆薄抹面层

抗裂砂浆的功能、结构制作方式和性能要求与EPS薄板抹灰外墙外保温系统中的抗裂砂浆薄抹面层相同。

（5）玻纤网

玻纤网的功能、目的和性能要求与EPS薄板抹灰外墙外保温系统中的玻纤网相同。

（6）饰面层

饰面层与EPS板薄抹灰外墙外保温系统中的饰面涂层相同。

在这个系统中，如果选择使用墙面砖而不是涂料作为饰面层，就需要用热镀锌钢丝网替代抗裂砂浆中的玻纤网。热镀锌钢丝网通过塑料锚栓进行双向@500 mm的锚固，以确保面砖饰面层与基层墙体有效连接。

面砖的粘贴需要使用专用的面砖黏结砂浆。面砖黏结砂浆由面砖专用胶液、中细砂和水泥按照一定的质量比混合配制而成，可有效提高面砖的黏结强度。

3.EPS板现浇混凝土外墙外保温系统

EPS板现浇混凝土外墙外保温系统（简称无网现浇系统）采用现浇混凝土外墙作为基层，EPS板作为保温层。EPS板的内表面（与现浇混凝土接触的表面）沿水平方向设有矩形齿槽，内外表面均涂覆界面砂浆。在施工过程中，将EPS板置于外模板的内侧，并安装尼龙锚栓作为辅助固定件。浇灌混凝土后，墙体、EPS板和锚栓结合为一体。EPS板表面施以抗裂砂浆薄抹面层，外表面涂覆涂料作为饰面层，而薄抹面层中则铺设了玻纤网。

无网现浇系统专为现浇混凝土剪力墙的外保温而设计，采用阻燃型EPS板作为外保温材料。在施工过程中，完成墙体钢筋的绑扎后，将保温板和穿过保温板的尼龙锚栓与墙体钢筋固定，接着安装内外钢模板，将保温板置于墙体外侧钢模板的内侧。在浇筑墙体混凝土时，外保温板与墙体有机地结合在一起。拆模后，外保温与墙体同时完成。该系统的优点在于施工简便、安全、省工、省力、经济，且与墙体结合紧密。它还具有冬期施工的条件，摆脱了人工贴、手工操作的安装方式，实现了外保温安装的工业化，减轻了劳动强度，产生了良好的经济效益和社会效益。

为确保EPS板与现浇混凝土、面层修补材料等具有牢固的黏结力，并保护EPS板免受阳光和风化的影响，要求EPS板的两面必须事先涂覆EPS板界面砂浆。该砂浆是由EPS板专用界面剂、中细砂和水泥混合而成，在施工过程中应均匀涂刷在EPS板的两面，形成黏结性能良好的界面层，以提高EPS板与混凝土、抹面层的黏结力。EPS板内表面要求开设水平矩形齿槽或燕尾槽。

EPS板的宽度为1.2米，高度适应建筑物的层高，厚度需根据设计要求满足该地区墙体的保温标准。

在施工时，混凝土的一次浇筑高度不应超过1米，以避免产生过大的侧压力，从而导致EPS板发生明显的压缩形变。

抗裂砂浆薄抹面层和饰面层的材料性能、作用和施工要求等应与EPS板薄抹灰系统中对抗裂砂浆薄抹面层和饰面层的要求保持一致。

4.EPS钢丝网架板现浇混凝土外墙外保温系统

EPS钢丝网架板现浇混凝土外墙外保温系统（简称有网现浇系统）以现浇混凝土为基层。在此系统中，EPS单面钢丝网架板被放置于外墙外模板内侧，并安装ф6钢筋作为辅助固定件。在混凝土浇注后，EPS单面钢丝网架板的挑头钢丝和ф6钢筋与混凝土结合为一体。EPS单面钢丝网架板的表面抹掺入外加剂的水泥砂浆，形成厚抹面层，而外表则作为饰面层。在采用涂料作为饰面层时，应在其上涂抹玻纤网抗裂砂浆薄抹面层。

有网现浇系统适用于建筑剪力墙结构体系。在施工过程中，当外墙钢筋绑扎完成后，由工厂预制的保温板构件被放置在墙体钢筋的外侧。这些构件具有外表面带有横向齿形槽的聚苯板，中间斜插若干ф2.5穿过板材的镀锌钢丝。这些斜插的镀锌钢丝与板材外的一层ф2钢丝网片焊接，并在构件两面喷涂有界面剂。为确保保温板与墙体之间的结合可靠，保温构件上的聚苯板除了有镀锌斜插丝伸入混凝土墙内，还通过插入经过防锈处理的ф6L形钢筋与墙体钢筋绑扎，或插入ф10塑料胀管，每平方米3～4个。随后，支撑墙体内外钢模板，保温板位于外钢模板内侧，然后进行混凝土浇筑。为避免混凝土产生过大的侧压力，混凝土一次浇筑的高度不宜超过1米。拆模后，保温板与混凝土墙体紧密结合，牢固可靠。最后，在钢丝网架上抹上抗裂砂浆厚抹面层。

如果选择在外墙表面进行涂料饰面，应在其上添加抹抗裂砂浆复合耐碱玻纤网薄抹面层，并使用弹性底层涂料、柔性耐水腻子，最后涂刷外墙装饰涂料。

由于这种外保温构造系统在混凝土中有大量的腹丝埋藏，使其与结构墙体连接较为可靠。目前，主要用于进行面砖饰面。在抗裂砂浆厚抹面层上，使用专用面砖黏结砂浆以贴附面砖。

保温板的厚度应符合相关节能标准对该地区墙体的保温要求。鉴于穿过聚苯板插入混凝土墙体的大量腹丝对保温板的热工性能有影响，在实际计算保温板厚度时，其导热系数应乘以1.2的修正系数。

无论采用何种外墙外保温系统，都应覆盖门窗框外侧洞口、女儿墙、封闭阳台及墙面的凸出部分等热桥部位。不得随意更改系统构造和组成材料；外墙外保温系统组成材料的性能必须符合相应要求。

（二）建筑物楼梯间内墙保温设计

楼梯间内墙指的是住宅中楼梯间与住户单元间的隔墙，同时一些宿舍楼内的走道墙也包含在内。采暖居住建筑的楼梯间及外走廊与室外连接的开口处应设置窗或门，并确保这些窗和门能够密闭。在严寒地区A区和严寒地区B区，楼梯间宜采暖，设置采暖的楼梯间的外墙和外窗应采取保温措施。在实际设计中，有些建筑的楼梯间及走道间可能不设采暖设施，楼梯间的隔墙即成为由住户单元内向楼梯间传热的散热面。在这种情况下，这些楼梯间隔墙部位就应做好保温处理。在一栋多层住宅中，采暖楼梯间相比不采暖，能够减少约5%的耗热量；而楼梯间开敞相比设置门窗，耗热量则会增加约10%。因此，有条件的建筑应在楼梯间内设置采暖装置并采取门窗保温措施。否则，就应按照节能标准的要求对楼梯间内墙进行保温处理。

根据住宅采用的结构形式，比如，砌体承重结构体系，楼梯间内隔墙多为双面抹灰240 mm厚砖砌体结构或190 mm厚混凝土空心砌块砌体结构。这类形式的楼梯间内的保温层通常置于楼梯间的一侧，而保温材料多选用保温砂浆类产品或保温浆料系列产品。

对于钢筋混凝土高层框架-剪力墙结构体系建筑，其楼梯间常与电梯间相邻，这些部位通常作为钢筋混凝土剪力墙的一部分。因此，这些部位也应提高保温能力，以满足相关节能标准的要求。

（三）建筑物变形缝保温设计

建筑物中的变形缝包括伸缩缝、沉降缝、抗震缝等。尽管这些部位的墙体一般不直接接触室外的寒冷空气，但这些地方的墙体散热量也是不可忽视的。特别是在对建筑物外围护结构的其他部位提高了保温性能后，这些构造缝就成为相对突出的保温薄弱部位，其散热量相对较大。因此，必须对其进行保温处理。变形缝应采取相应的保温措施，并确保变形缝两侧墙的内表面温度在室内空气设计温度和湿度条件下不低于露点温度。

对于采用保温浆料系统的变形缝，伸缩缝、沉降缝、抗震缝应使用聚苯条填塞，填塞深度不小于300 mm，聚苯条密度应不大于10 kg/m³，金属盖缝板可选用1.2 mm厚铝板或0.7 mm厚不锈钢板，并通过两侧钻孔进行固定。在严寒地区，除了沿着变形缝填充一定深度的保温材料，还应在缝两侧的墙体进行内部保温，以提升保温效果。

（四）建筑物外墙隔热设计

1.采用浅色外饰面，降低太阳辐射热的当量温度

当量温度反映了围护结构外表面吸收太阳辐射热而提高室外热作用的程度。为了减少热作用，必须降低外表面对太阳辐射热的吸收系数。建筑墙体外饰面材料种类繁多，其吸收系数值存在较大差异。通过合理选择材料和构造，可以有效提高外墙的隔热性能。

2.增大传热阻与热惰性指标值

增大围护结构的传热阻，有助于降低围护结构内表面的平均温度。同时，增大热惰性指标值可以显著减小室外综合温度的谐波振幅，并延迟内表面最高温度出现的时间至深夜，从而减小围护结构内表面的温度波幅。这两种措施对于减小结构内表面温度的最高值及延迟其出现时刻都是有利的。

这种隔热构造方式不仅具有出色的隔热性能，而且在冬季还具备良好的保温效果，特别适用于夏热冬冷地区。然而，需要注意的是，这种构造方式的墙体和屋面夜间散热速度相对较慢，导致内表面的高温区段时间较长，高温出现的时间也相对较晚。因此，它更适用于办公、学校等以白天为主要使用时间的建筑物。

对于昼夜温差较大的地区，白天可以紧闭门窗（通过有规律的换气以满足卫生要求），使用空调，而夜间则可以打开门窗进行自然（或机械）通风，排出室内热量并储存室外新冷风量，以降低房间次日的空调负荷。因此，这种构造方式也适用于节能空调的建筑设计。

3.采用有通风间层的复合墙板

有通风间层的复合墙板相比于单一材料制成的墙板（例如加气混凝土墙板），其构造更为复杂。然而，这种墙板通过将材料巧妙地区分使用，可以采用高效的隔热材料，从而充分发挥各种材料的优势。由于采用了通风间层的设计，墙体相对较轻，而且通过间层的空气流动及时带走热量，有效减少了通过墙板传入室内的热量。此外，该设计使得墙体在夜间迅速降温，特别适用于湿热地区的住宅、医院、办公楼等多层和高层建筑。

4.外墙绿化

外墙绿化具有美化环境、降低污染、遮阳隔热等多重功能。在建筑周围种树架棚，可以通过树荫遮挡太阳辐射，改善室外热环境。

通过采用外墙绿化方式，可以实现有效的遮阳隔热效果。一种方法是种植攀缘植物覆盖墙面，另一种是在外墙周围种植密集的树木，利用树荫遮挡阳光。攀缘植物的遮阳隔热效果与叶面对墙面覆盖的密度有关，密度越大，效果越好。种植树木的遮阳隔热效果与树荫投射到墙面的密度相关，由于树木与墙面有一定距离，墙面通风效果较好，相较于攀缘

植物更为优越。

外墙绿化不仅具有隔热效果，还能改善室外热环境。有植物遮阳的外墙表面温度与空气温度相近，而直接暴露于阳光下的外墙表面温度最高可比空气温度高15℃以上。

与建筑遮阳构件相比，外墙绿化的遮阳隔热效果更为显著。各种遮阳构件，无论是水平还是垂直的，在遮挡阳光的同时也吸收大量太阳辐射热量，提高了构件的温度，并将热辐射到被遮阳的外墙上。相比之下，外墙绿化则不同，植物具有温度调节和自我保护功能，使外墙表面温度低于遮阳构件的墙面温度，因此外墙绿化的遮阳隔热效果更为优越。

植物覆盖层的良好生态隔热性能源于其热反应机理。研究表明，太阳辐射投射到植物叶片表面后，约有20%被反射，80%被吸收。植物通过一系列复杂的物理、化学和生物反应，将吸收的热量以显热和潜热的形式转移出去，其中大部分通过蒸腾作用转变为水分的汽化潜热。这样的热交换过程既增加了空气湿度，又提高了空气温度。因此，外墙绿化具有增湿降温、保持环境生态热平衡的作用。

第二节　建筑物屋顶与外门外窗节能设计

一、建筑物屋顶节能设计

（一）建筑物屋顶保温设计

1.胶粉EPS颗粒屋面保温系统

该系统采用聚苯乙烯颗粒保温浆料对平屋顶或坡屋顶进行保温。在抗裂处理方面，使用抗裂砂浆搭配耐碱网格布，以确保屋面的耐久性。在防水层方面，可选择防水涂料或防水卷材。为了增强保护效果，可以在表面使用防紫外线涂料或块材等材料。

防紫外线涂料由丙烯酸树脂和具有高太阳光反射率的复合颜料配制而成，具备一定的降温功能。这种涂料通常用于屋顶保护层，其性能指标应符合相关的要求。

胶粉EPS颗粒保温浆料作为屋面保温材料，不仅要具有良好的保温性能，还需要满足一定的抗压强度要求。这确保了系统在保温的同时能够承受一定的外部压力。

2.现场喷涂硬质聚氨酯泡沫塑料屋面保温系统

该保温系统采用现场喷涂硬质聚氨酯泡沫塑料对平屋顶或坡屋顶进行保温。在对保温层进行找平及隔热处理时，使用轻质砂浆，并结合抗裂砂浆和耐碱网布进行抗裂处理。保护层方面，选择防紫外线涂料或块材等材料。

聚氨酯防潮底漆是由高分子树脂、多种助剂、稀释剂配制而成。在施工过程中，通过滚筒或毛刷均匀涂刷在基层材料表面，能有效防止水及水蒸气对聚氨酯发泡保温材料产生不良影响。

聚氨酯界面砂浆是由合成树脂乳液、多种助剂等制成的界面处理剂与水泥、砂混合制成。它涂覆于聚氨酯保温层上，增强保温层与找平层的黏结能力，确保系统的稳固性。

3.倒置式保温屋面

（1）能有效延长防水层的使用年限

倒置式屋面将保温层设置在防水层上，显著减弱了防水层受大气、温差及太阳光紫外线照射的影响，使防水层不容易老化，因此能够长期保持其柔软性、延展性等性能。

（2）防护防水层免受外部损伤

由于由保温材料组成的缓冲层，卷材防水层在施工中不容易受到外部机械损伤，并且能够减轻外界对屋面的冲击。

（3）施工简便，有利于维护

倒置式屋面省去了传统屋面中的隔汽层以及保温层上的找平层，简化了施工过程，更为经济。即使在个别区域发生渗漏，只需揭开几块保温板，就可以进行处理，方便进行维护。

（4）调节屋顶内表面温度

屋顶最外层可以采用卵石层、配筋混凝土现浇板或烧制方砖保护层，这些材料具有较大的蓄热系数，在夏季可以充分利用其蓄热能力，调节屋顶内表面温度，使其温度最高峰值向后延迟，错开室外空气温度最高值，有利于提升屋顶的隔热效果。

为了充分发挥倒置式屋面在防水、保温和耐久方面的优势，其设计选材和工程质量应符合相关标准的技术要求。

倒置式屋面工程应选择耐腐蚀、耐霉烂、适应基层变形能力强，且符合现行国家标准规定的防水材料。防水等级应达到Ⅰ级，防水层的合理使用年限不得少于20年。当采用两道防水层时，其中一道防水层宜选用防水涂料。

在倒置式屋面构造中，保温材料的性能应满足以下规定：

①导热系数不应大于0.080 W/（m·K）。

②使用寿命应符合设计要求。

③压缩强度或抗压强度不应小于150 kPa。

④体积吸水率不应大于3%。

⑤材料内部不应有串通毛细孔现象，在反复冻融条件下性能稳定。

⑥适用范围广，在−30℃ ~ 70℃范围内均能安全使用。

⑦对于采用耐火极限不小于1小时的不燃烧体的建筑，其屋顶保温材料的燃烧性能不应低于B2级；其他情况下，保温材料的燃烧性能不应低于B1级。

⑧不得使用松散保温材料。

挤塑聚苯板（XPS）、硬泡聚氨酯板、硬泡聚氨酯防水保温复合板、喷涂硬泡聚氨酯及泡沫玻璃的保温板等能够满足上述要求，适用于倒置式屋面的保温隔热材料。

为确保倒置式屋面在保温层积水、吸水、结露、长期使用老化、保护层压置等复杂条件下仍能持续满足屋面节能的要求，在设计倒置式屋面保温时，保温层的设计厚度应按计算厚度的1.25倍取值，且最小厚度不得小于25 mm。

（二）建筑物屋顶隔热设计

1.采用浅色饰面，降低当量温度

以某地区的平屋顶为例，说明屋面材料太阳辐射热吸收系数ρ_s值对当量温度的影响。某地区水平面太阳辐射照度最大值I_{max}=961 W/m²，平均值$\overline{I}$=312 W/m²。屋面材料的ρ_s值对当量温度的影响很大。当采用太阳辐射热吸收系数较小的屋面材料时，可降低室外热作用，从而达到隔热的目的。

2.通风隔热屋顶

通风隔热屋顶的原理是在屋顶设置通风间层。一方面，利用通风间层的上表面遮挡阳光，阻断太阳辐射热直接照射到屋顶，起到遮阳板的作用；另一方面，通过风压和热压的作用，将上层传下的热量带走，使通过屋面板传入室内的热量大为减少，从而实现隔热降温的目的。这种屋顶构造方式适用于平屋顶和坡屋顶，可以在屋面防水层之上或防水层之下组织通风。

通风隔热屋顶有很多优点，包括省料、质轻、材料层少、防雨防漏、构造简单等。它特别适用于自然风较为丰富的地区。在沿海地区和一些夏热冬暖地区，通风隔热屋顶能够充分利用陆地与水面的气温差形成的气流，使间层内通风流畅。这种屋顶不仅在白天具有良好的隔热效果，而且在夜间能够快速散热，隔热效果较好。然而，这种屋顶构造不适宜在长江中下游地区及寒冷地区采用。

在通风隔热屋顶的设计中，应考虑以下问题：

①通风屋面的架空层设计应根据基层的承载能力，构造形式要简单，架空板便于生产和施工。

②通风屋面和风道长度不应大于15米，空气间层以200毫米左右为宜。

③通风屋面基层上方应有满足节能标准的保温隔热基层，一般应按照相关节能标准的要求对传热系数和热惰性指标的限值进行验算。

④架空隔热板的位置，在保证使用功能的前提下应考虑利于板下部形成良好的通风

状况。

⑤架空隔热板与山墙间应保留250毫米的距离。

⑥在施工过程中，架空隔热层应做好对已完工防水层的保护工作。

3.蓄水隔热屋顶

蓄水屋顶是在建筑屋面上设置一层水体，以提高屋顶的隔热性能。水体之所以能够有效隔热，主要是因为水的热容量大，同时水在蒸发时需吸收大量的汽化潜热，这些热量主要来自屋顶所吸收的太阳辐射热。通过这一机制，大大减少了透过屋顶进入室内的热量，从而降低了屋顶内表面的温度。值得注意的是，蓄水屋顶的隔热效果与蓄水的深度密切相关。

水的隔热作用是基于水的蒸发消耗热量的原理，而蒸发量则与室外空气的相对湿度和风速有密切关系。相对湿度的最低值通常出现在每日14：00—15：00。在中国南方地区，中午前后风速较大，因此在14：00时水的蒸发作用最为强烈，吸收并用于蒸发的热量最多。值得一提的是，在这个时间段内，屋顶室外综合温度达到最高，正好是屋面传热最强烈的时候。因此，在夏季气候炎热、白天多风的地区，使用水体进行隔热的效果将显著突出。

蓄水屋顶具有卓越的隔热性能，并能有效保护刚性防水层，其特点如下：

①蓄水屋顶能显著减少屋顶对太阳辐射热的吸收，同时水的蒸发将带走大量热量。因此，屋顶的水体发挥了调节室内温度的作用，在干燥炎热的地区，其隔热效果十分显著。

②刚性防水层不会发生干缩。长期处于水下的混凝土不仅不会发生干缩，反而会有一定程度的膨胀，防止出现开裂性透水毛细管，确保屋顶不会渗漏水。

③刚性防水层的变形极小。由于水下防水层表面温度较低，内外表面温差小，昼夜内外表面温度波动小，混凝土防水层及钢筋混凝土基层产生的温度应力也小，从而减小了由温度应力引起的变形，避免了防水层和屋面基层因温度应力而开裂的可能性。

④密封材料具有长寿命。在蓄水屋顶中，用于填充分格缝的密封材料由于受氧化作用和紫外线照射较轻，不容易老化，可延长使用寿命。

蓄水屋顶虽然具有一些优点，但也存在一些缺点。在夜间，屋顶外表面温度始终高于无水屋面，这使得利用屋顶进行散热变得困难。此外，蓄水层增加了屋顶的荷重，为防止渗水，必须强化屋面的防水措施。

目前，有一种被动式利用太阳能的新型蓄水屋顶。白天，利用黑度较小的铝板、铝箔或浅色板材覆盖屋顶，反射太阳辐射热，而蓄水层则吸收顶层房间内的热量。夜间打开覆盖物有利于屋顶的散热。

然而，在屋面防水等级为Ⅰ级、Ⅱ级时，或在寒冷地区、地震地区和振动较大的建筑物上，不宜采用蓄水屋面。

设计蓄水隔热屋顶时需要注意以下问题：

①混凝土防水层应一次浇筑完成，不得留下施工缝，以确保每个蓄水区混凝土整体防水性良好。立面和平面的防水层应一次完成，以避免由于接头处理不善而导致裂缝。实践证明，采用40mm厚C20细石混凝土，加入水泥用量为0.05%的三乙醇胺，或水泥用量为1%的氯化铁、1%的亚硝酸钠（浓度98%），并内设ф4@200mm×200mm的钢筋网，可以达到最佳的防渗漏效果。

②泛水质量的好坏对渗透水产生重大影响。混凝土防水层应沿着女儿墙内墙加高，高度应超出水面不小于100mm。由于混凝土转角处不易密实，必须制成斜角，也可抹成圆弧形，并填充油膏等嵌缝材料。

③分隔缝的设置应符合屋盖结构的要求，间距按照板的布置方式而定。对于纵向布置的板，分格缝内的无筋细石混凝土面积应小于50m²；对于横向布置的板，应按照开间尺寸设置不大于4m的分隔缝。

④屋顶的蓄水深度宜在50～150mm，因为当水深超过150mm时，屋面温度与相应的热流值下降并不十分显著。实际水层深度以小于200mm为宜。

⑤屋盖的荷载能力应满足设计要求。

4.种植隔热屋顶

在屋顶上进行植物种植的方式，通过利用植物的光合作用将太阳热能转化为生物能，并借助植物叶面的蒸腾作用增加蒸发来散热，从而显著降低屋顶的室外综合温度。同时，借助植物栽培基质材料的热阻与热惰性，能够减少屋顶内表面的平均温度以及温度波动振幅，从而共同达到隔热的效果。这种屋顶不仅表现出温度波动小、隔热性能卓越的特点，还属于一种生态型的节能屋面。

种植屋顶可以分为覆土种植和容器种植两种方式。关于种植土的选择，有田园土（采用原野的自然土或农耕土，湿密度1500～1800 kg/m²）、改良土（由田园土、轻质骨料和肥料混合而成的有机复合种植土，湿密度750～1300 kg/m³）以及无机复合种植土（根据土壤的理化性状和植物生理学特性调配而成的非金属矿物人工土壤，湿密度450～650 kg/m³）三种选择。

田园土湿密度较大，导致屋面荷载增大，且保水性较差，目前使用较为有限。无机复合种植土湿密度小，屋面温差小，有助于屋面防水防渗。该种土壤采用蛭石、水渣、泥炭土、膨胀珍珠岩粉料或木屑等替代传统土壤，减轻了重量，提高了隔热性能。此外，对于屋面构造并无特殊要求，只需在檐口和走道板处预防蛭石等材料在雨水外溢时被冲走。

不同种类的植物需要不同的种植土厚度。例如，乔木具有深根系，因此需要较厚的种植土，而地被植物根系较浅，因此需要较薄的种植土。在确保满足植物生长需求的前提下，尽量减小种植土的厚度，这有助于降低屋顶的荷载压力。

种植屋顶不仅可以提供建筑物屋顶的保温隔热效果，还有以下附加好处：

①增加城市绿化面积。

②降低城市热岛效应，有助于降低城市内部的气温。

③有效利用城市雨水，减少雨水径流，有益于环保。

④美化建筑和城市景观，提高城市的美观性。

⑤在城市环境中起到点缀作用，增添自然元素。

⑥改善室外热环境，提供人们休憩的宜人空间。

⑦有助于改善空气质量，吸收空气中的污染物。

这些功能使种植屋顶成为一种多功能的生态环境设计，有助于提高城市的可持续性和生活质量。

设计种植屋顶时需要着重解决以下问题：

种植屋面通常由结构层、保温（隔热）层、找坡（找平）层、防水层、排（蓄）水层、过滤层、种植层、植被层等构造层组成。

结构层应采用整体现浇钢筋混凝土，其质量应符合国家现行相关规范的要求。结构承载力设计必须包括种植荷载，植物荷载设计应按植物在屋面环境下生长10年后的荷载估算。必须确保屋顶允许承载量大于一定厚度种植屋面最大湿度质量、一定厚度排水物质质量、植物荷重、其他物质质量之和。

保温隔热层应选用密度小（宜小于100 kg/m^3），压缩强度大、导热系数小、吸水率低的材料。不得使用松散保温隔热材料。符合要求的材料包括喷涂硬泡聚氨酯、硬泡聚氨酯板、挤塑聚苯板等。保温隔热材料厚度应满足所在地区现行建筑节能设计标准，设计厚度应按计算厚度的1.2倍取值。

找坡层宜采用轻质材料（如加气混凝土、轻质陶粒混凝土等）或保温隔热材料找坡。找坡层上用1∶3（体积比）水泥砂浆抹面。找平层厚度宜为15 ~ 20 mm，应坚实平整，留分格缝，纵、横缝的间距不应大于6 m，缝宽宜为5 mm，兼作排气道时，缝宽应为20 mm。

防水层的合理使用年限应不少于15年。应采用两道或两道以上防水层设防，最上道防水层必须采用耐根穿刺防水材料。常用耐根穿刺的防水材料有复合铜胎基SBS改性沥青防水卷材、SBS改性沥青耐根穿刺防水卷材、APP改性沥青耐根穿刺防水卷材、聚氯乙烯防水卷材等。

过滤层宜采用单位面积质量为200 ~ 400 g/m^{2}的材料。

屋面种植应优先选择滞尘和降温能力强的植物。根据气候特点、屋面大小和形式、受光条件、绿化布局、观赏效果、安全防风、水肥供给和后期管理等因素，选择适合当地种植的植物种类。一般不宜种植根深的植物，不宜选用根系穿刺性强的植物，不宜选用速生乔木、灌木植物。高层建筑屋面和坡屋面宜种植地被植物。

种植平屋面坡度不宜大于3%，以免种植介质流失。

四周挡墙下的泄水孔不得堵塞，应能保证排除积水，满足房屋建筑的使用功能。

倒置式屋面不应采用覆土种植。

5.蓄水种植隔热屋顶

（1）防水层

蓄水种植屋顶由于存在蓄水层，因此防水层的设计应采用设置涂膜防水层和刚性防水层（例如配筋细石混凝土防水层）的复合防水设防方法。同时，应先施工涂膜（或卷材）防水层，然后再进行刚性防水层的施工，以确保防水质量。

防水层的设计、选材和施工也可按照种植隔热屋面防水层的要求进行。

（2）蓄水层

种植床内的水层通过轻质多孔粗骨料蓄积，粗骨料的粒径不得小于25 mm，蓄水层（包括水和粗骨料）的深度应不小于60 mm。屋面除了种植床内的蓄水，其深度应与种植床内的相同。

（3）滤水层

为确保蓄水层的通畅，防止被杂质堵塞，应在粗骨料上面铺设60 ~ 80 mm厚的细骨料滤水层。细骨料按照5 ~ 20 mm粒径级配，从下到上分别铺填粗骨料和细骨料。

（4）种植层

蓄水种植隔热屋顶的构造层次较多，为减轻屋面板的荷载，栽培介质的堆积密度不宜超过10 kN/m^3。

（5）种植床埂

蓄水种植隔热屋顶应根据屋盖绿化设计，使用床埂进行分区，每个区域的面积不应超过100平方米。床埂宜高于种植层60 mm左右，床埂底部每隔1200 ~ 1500 mm设置一个溢水孔，溢水孔处应铺设粗骨料或安装滤网以防止细骨料流失。

（6）人行架空通道板

架空板设置在蓄水层上、种植床埂之间，供人在屋面活动和操作管理之用，同时提升了对屋面非种植覆盖部分的隔热效果。架空通道板应满足上人屋面的荷载要求，通常可支撑在两边的床埂上。

蓄水种植隔热屋顶与一般种植屋顶的主要区别在于增加了一个连接整个屋面的蓄水层，从而弥补了一般种植屋顶隔热不完整、对人工补水依赖较多等缺点。同时，它兼具了蓄水隔热屋顶和一般种植隔热屋顶的优点，使隔热效果更佳，但相对造价也较高。

二、外门外窗节能设计

建筑物的外门和外窗是建筑外围护结构的关键组成部分。除了满足基本使用功能，它们还必须具备采光、通风、防风雨、保温隔热、隔声、防盗、防火等多重功能，以确保为人们提供安全舒适的室内环境空间。然而，建筑的外门和外窗往往是整个外围护结构中保温隔热性能最薄弱的部分，对室内热环境质量和建筑能耗量起着重要作用。此外，由于门窗需要经常开启，其气密性对保温隔热性能也有着重要的影响。在采暖或空调条件下，冬季单层玻璃窗所导致的热量损失占供热负荷的30%～50%，而夏季由于太阳辐射热透过单层玻璃窗进入室内而导致的冷量消耗占空调负荷的20%～30%。因此，加强门窗的保温隔热性能、减少门窗的能耗，是净化室内热环境质量、提高建筑节能水平的关键环节。另外，建筑门窗还需要同时兼顾隔离和连接室内外两个空间的矛盾任务。因此，从技术处理的角度来看，相对于其他外围护部件，门窗的处理难度更大，涉及的问题也更为复杂。

衡量门窗性能的指标主要包括六个方面：阳光得热性能、采光性能、空气渗透防护性能、保温隔热性能、水密性能和抗风压性能等。建筑节能标准对门窗的保温隔热性能、窗户的气密性以及窗户遮阳系数都提出了具体的限值要求。因此，建筑门窗的节能措施主要包括提高这些性能指标，具体来说，冬季要有效利用阳光，增加房间的保温和采光，提高保温性能，减少通过窗户传热和空气渗透导致的建筑能耗；夏季要采用有效的隔热和遮阳措施，降低透过窗户的太阳辐射保温以及减少室内空气渗透引起的空调负荷增加，从而降低能耗。

（一）建筑物外门节能设计

这里的外门是指住宅建筑的户门和阳台门。户门和阳台门下部门芯板部位都应采取保温隔热措施，以满足节能标准要求。可以采用双层板间填充岩棉板、聚苯板来提高户门的保温隔热性能，阳台门应使用塑料门。此外，提高门的气密性即减少空气渗透量对提高门的节能效果是非常明显的。

在严寒地区，公共建筑的外门应设门斗（或旋转门）、寒冷地区宜设门斗或采取其他减少冷风渗透的措施。夏热冬冷和夏热冬暖地区，公共建筑的外门也应采取保温隔热节能措施，如设置双层门、采用低辐射中空玻璃门、设置风幕等。

（二）建筑物外窗节能设计

1.控制窗墙面积比

窗墙面积比是指某一朝向的外窗总面积（包括阳台门的透明部分、透明幕墙）与该朝向的外围护结构总面积之比。控制好开窗面积，可在一定程度上减少建筑能耗。

在严寒、寒冷地区，或是夏热冬冷地区、夏热冬暖地区，窗户都是建筑的保温和隔热最薄弱的部件。

确定窗墙面积比需要考虑多个因素，包括不同地区、不同朝向的墙面在冬、夏季的受光情况，季风的影响，室外空气温度，室内采光设计标准以及开窗面积与建筑能耗的比例。在确定窗墙面积比时，需要综合考虑严寒、寒冷地区和夏热冬冷地区的情况，以便在冬季通过窗户获得太阳辐射热、减少传热损失，同时兼顾保温和太阳辐射保温。对于南方地区，还要考虑促进自然通风，并减少东、西向太阳辐射保温和窗口遮阳的需求。

2.提高窗的保温隔热性能

（1）提高窗框的保温隔热性能

窗框的传热能耗在窗户总传热能耗中占有一定比例，其大小主要由窗框材料的导热系数决定。为增强窗框部分的保温隔热效果，有三个途径：一是选择导热系数较小的框材，其中木材和塑料的保温隔热性能优于钢和铝合金材料。然而，木窗存在对木材的耗用、易变形导致气密性不佳的问题，从而降低保温隔热性能；而塑料自身强度不高、刚性较差，影响其抗风压性能。二是采用导热系数小的材料截断金属框扇型材的热桥，制成断桥式窗，这样可以显著提高保温隔热效果。例如，经过喷塑和与PVC塑料复合等断热桥处理后的铝合金材料，能显著降低导热性能。在塑料窗中，增加型材内腔的金属加强筋可以提高其抗风压性能。三是利用框料内的空气腔室，以提高保温隔热性能。

（2）提高窗玻璃部分的保温隔热性能

玻璃及其制品通常被用作窗户的常见嵌入材料。然而，单层玻璃的热阻非常小，几乎等于玻璃内外表面的换热阻之和。换句话说，单层玻璃的热阻可以被忽略，因为单层玻璃窗内外表面的温差仅为0.4℃。这导致通过窗户的热流较大，使整个窗的保温隔热性能较差。

为提高窗户的保温隔热性能，可以增加窗的层数或玻璃层数。采用单框双玻窗、单框双扇玻璃窗、多层窗等设计，通过设置封闭的空气层来提高窗玻璃部分的保温性能。双层窗的设计是一种传统的窗户保温方法，双层窗之间通常有50～150 mm的厚度的空间。我国采用的单框双层玻璃的构造大多是简易型的，双层玻璃形成的空气间层并非完全密封，而且通常不进行干燥处理，难以保证外层玻璃的内表面在任何阶段都不会出现冷凝。

密封中空双层玻璃是国际上流行的第二代产品，密封工序在工厂内完成，空气完全被密封在中间，空气层内装有干燥剂，不容易结露，确保了窗户的清洁和透明度。

不论是哪种节能窗型，空气间层的厚度与传热系数的大小都遵循一定的规律。通常，空气间层的厚度在4～20 mm可以显著产生阻热效果。在这个范围内，随着空气层厚度的增加，热阻增大。当空气层厚度超过20 mm后，热阻的增加趋缓。此外，空气间层的数量越多，保温隔热性能越好。

另外，选择窗户玻璃的类型对提高窗户的保温隔热性能也至关重要。

低辐射玻璃是一种在波长范围为2.5～40 μ m的远红外线上具有较高反射比的涂膜玻璃。它不仅具有较高的可见光透过率（大于80%），而且拥有出色的热阻隔性能，非常适合北方采暖地区，特别是北向窗户的节能设计。采用遮阳型低辐射玻璃也有助于降低南方地区的空调能耗。

近年来发展起来的涂膜玻璃也是一种发展前景良好的隔热玻璃。它通过在玻璃表面涂覆一层透明的隔热涂料，既满足室内采光需求，又赋予玻璃一定的隔热功能。通过调整隔热剂在透明树脂中的配比和涂膜厚度，涂膜玻璃的遮阳系数在0.5～0.8，可见光透过率在50%～80%。日本已成功研发出可以过滤太阳辐射但不影响采光的高性能涂料。

热反射玻璃、吸热玻璃、隔热膜玻璃都具有良好的隔热性能，但这些玻璃的可见光透过率较低，可能会影响室内采光，进而导致室内照明能耗增加，因此在设计时需要权衡其使用。

3.提高窗的气密性，减少空气渗透能耗

改善窗户的气密性、减少空气渗透是提高窗户节能效果的重要步骤之一。为了满足常常被打开的需求，窗框和窗扇需要具有较小的变形程度。建筑结构中，墙与框、框与扇、扇与玻璃之间可能存在缝隙，导致室内外空气交换。从建筑节能的角度来看，空气渗透量的增加会导致更多的冷、热能量损失。因此，有必要对窗户的缝隙进行密封，以提高窗户的气密性，这对窗户的节能效果非常有利。然而，气密性并非越高越好，因为过度的气密性对室内卫生状况和人体健康都有不利影响（或者可以考虑安装可控风量的通风器，以实现有组织的空气交换）。我国将外门窗的气密性能分为8级，具体指标见表2–1，其中8级最佳。

表2–1　建筑外门窗气密性能分级表

分级	1	2	3	4	5	6	7	8
单位缝长分级指标值q_1/[m^3/(m·h)]	$4.0 \geqslant q_1 > 3.5$	$3.5 \geqslant q_1 > 3.0$	$3.0 \geqslant q_1 > 2.5$	$2.5 \geqslant q_1 > 2.0$	$2.0 \geqslant q_1 > 1.5$	$1.5 \geqslant q_1 > 1.0$	$1.0 \geqslant q_1 > 0.5$	$q_1 \leqslant 0.5$
单位面积分级指标值q_2/[m^3/(m·h)]	$12 \geqslant q_2 > 10.5$	$10.5 \geqslant q_2 > 9.0$	$9.0 \geqslant q_2 > 7.5$	$7.5 \geqslant q_2 > 6.0$	$6.0 \geqslant q_2 > 4.5$	$4.5 \geqslant q_2 > 3.0$	$3.0 \geqslant q_2 > 1.5$	$q_2 \leqslant 1.5$

注：采用在标准状态下，压力差为10 Pa时的单位开启缝长空气渗透量q_1和单位面积空气渗透量q_2作为分级指标。

外窗和敞开式阳台门应具备出色的密闭性能。在严寒地区，外窗和敞开式阳台门的气密性等级不得低于国家标准规定的6级；而在寒冷地区，1至6层的外窗和敞开式阳台门的气密性等级不得低于国家标准规定的4级，7层及7层以上不得低于6级。

对于建筑物1至6层的外窗和敞开式阳台门，其气密性等级不得低于国家标准规定的4级；而对于7层及7层以上的外窗和敞开式阳台门，其气密性等级不得低于国家标准规定的6级。

在居住建筑中，1至9层的外窗的气密性能不得低于国家标准规定的4级；而在10层及10层以上，外窗的气密性能不得低于国家标准规定的6级。

通过提高窗户型材的规格尺寸、准确度、尺寸稳定性以及组装的精确度，采用气密条、改进密封方法或采用各种密封材料与密封方法的配合措施，可以增强窗户的气密性，减少因空气渗透而引起的能耗。

4.选择适宜的窗型

常见的窗型包括平开窗、左右推拉窗、固定窗、上下悬窗、亮窗、上下提拉窗等，其中推拉窗和平开窗是最常见的类型。

窗户的几何形式、面积以及窗扇的开启方式对窗户的节能效果也能产生影响。

由于我国南北方气候存在较大差异，窗户的节能设计需根据不同的气候特点进行调整，因此窗型的选择也因地而异。

在南方地区，窗型的选择需要兼顾通风与排湿的需求。推拉窗的开启面积仅为1/2，不太利于通风，而平开窗因通风面积大、气密性较好，更符合该地区的气候特点。

在采暖地区，窗型的设计需要注意以下要点：①在保证必要的换气次数前提下，尽量减小可开窗扇的面积。②选择周边长度与面积比较小的窗扇形式，即接近正方形，有利于节能。③窗扇上镶嵌的玻璃面积尽可能大。

5.提高窗保温性能的其他方法

为了提高窗户的节能效率，设计中可以采用具有保温隔热特性的构件，例如，窗帘和窗盖板。一种常见的设计是采用热反射织物和装饰布制成的双层保温窗帘。这种窗帘的热反射织物设置在里侧，反射面朝向室内，既能阻止室内热空气向室外流动，又通过红外反射将热量保存在室内，发挥保温作用。另一种选择是多层铝箔、密闭空气层和铝箔构成的活动窗帘，具有良好的保温隔热性能，但价格较昂贵。

在严寒地区，夜间采用平开或推拉式窗盖板，内部填充沥青珍珠岩、沥青麦草、沥青谷壳或聚苯板等材料，可以获得较高的保温隔热性能并具有相对经济的效果。

窗户的节能措施是多方面的，包括选用性能优良的窗用材料、控制窗户面积、增强气密性、选择适当的窗型以及使用保温窗帘和窗盖板等。综合运用这些方法可以显著提高窗户的保温隔热性能，尤其在一些采暖和夏热冬冷地区，南向窗户有可能成为重要的热源。

6.窗口遮阳设计

（1）窗口遮阳的形式

在夏季，不同朝向的窗户受到太阳辐射热的强度和峰值出现的时间存在差异。因此，窗户的遮阳设计应根据环境气候、日照规律、窗户朝向以及房间用途来选择遮阳形式。遮阳的基本形式包括水平式、垂直式、综合式和挡板式。水平式遮阳适用于南向和接近南向的窗户，在北回归线以南地区可用于南向和北向窗户；垂直式遮阳主要用于北向、东北向和西北向附近的窗户；综合式遮阳适用于南向、东南向、西南向和接近这些朝向的窗户；挡板式遮阳主要适用于东向和西向附近的窗户。

遮阳设施分为固定式（安装后不能调节）和活动式（可以根据室内环境需要进行调控）。常见的活动式遮阳设施包括竹帘、百叶帘、遮阳篷等。这些设施经济实用，灵活，可以根据阳光照射和遮阳需求进行调节，无阳光时可卷起或打开，有利于房间通风和采光。

根据安装位置，遮阳设施可分为内遮阳、中间遮阳和外遮阳。内遮阳常见的是窗帘，如百叶帘、卷帘、垂直帘、风琴帘等，材料以布、木、铝合金为主。窗帘除了遮阳外，还具有遮挡视线、保护隐私、消除眩光、隔声、吸声降噪、装饰室内等功能。外遮阳是安装在建筑外部的遮阳设施。中间遮阳是指遮阳设施位于两层玻璃之间或双层表皮幕墙之间，一般采用浅色的百叶帘，通常采用电动控制方式。由于遮阳帘设施位于两层玻璃之间，受外界气候影响较小，寿命较长，是一种新型的遮阳装置。相同类型的百叶帘在不同位置的遮阳效果差异很大，内遮阳百叶的热量难以向室外散发，大部分热量滞留在室内；而外遮阳百叶升温后，大部分热量被气流带走，仅有少部分传入室内。因此，外遮阳的遮阳效果明显优于内遮阳。

（2）遮阳设施对室内气温、采光、通风的影响

遮阳构件通过遮挡太阳辐射热，有效地降低了室内最高气温。根据对广州某西向房间的观测资料，在闭窗状态下，遮阳防止室温上升的作用显著。有遮阳和无遮阳的室温最大差值达到2℃，平均差值为1.4℃。此外，使用遮阳时，房间温度波幅较小，高温出现的时间也较晚。这表明遮阳设施在隔热方面发挥了良好的作用，不仅明显改善了无空调房间的室内热环境，还显著减少了空调房间的空调冷负荷。在开窗状态下，室温最大差值为1.2℃，平均差值为1.0℃，虽然不如闭窗时效果显著，但在炎热的夏季仍具有一定的意义。

遮阳设施的作用包括阻挡直射阳光、防止眩光、有利于视觉工作、改善室内自然光环境等。然而，遮阳设施的挡光作用也导致室内照度降低。根据观测，采用遮阳设施后，室内照度一般降低53%～73%，但室内照度的均匀度会显著提高。

遮阳构件在遮阳的同时，也会对室内通风产生不利的影响。由于遮阳构件的存在，建

筑周围的局部风压会出现较大幅度的变化，对房间的自然通风产生一定的阻碍作用，使室内风速降低。实测资料显示，有遮阳的房间，室内风速减弱了22%～47%，而风速的减弱程度和风场流向与遮阳的设置方式密切相关。因此，在设计时，需要平衡满足遮阳需求与减少对采光和通风的不利影响，最好设计出能够导风入室的系统。

（3）遮阳系数的简化计算

各种遮阳设施遮挡太阳辐射热量的效果以遮阳系数表示。遮阳系数是指在照射时间内，透进有遮阳窗口的太阳辐射热量与透进无遮阳窗口的太阳辐射热量的比值。遮阳系数越小，说明透进窗口的太阳辐射热量越少，防热效果越好。

窗的综合遮阳系数按下式计算：

$$S_C = S_{C_c} \times S_D = S_{C_B} \times \left(1 - F_K / F_C\right) \times S_D$$

式中：S_C——窗的综合遮阳系数；

S_{C_C}——窗本身的遮阳系数；

S_{C_B}——窗玻璃的遮阳系数，表征窗玻璃自身对太阳辐射透射热的减弱程度，其数值为透过窗玻璃的太阳辐射热量与透过3 mm厚普通透明窗玻璃的太阳辐射热量之比；

F_K——窗框的面积，m²；

F_C——窗的面积，m²，F_K/F_C为窗框面积比，PVC塑钢窗或木窗框面积比可取0.30，铝合金窗框面积比可取0.20。

窗的外遮阳系数按下式计算：

$$S_D = ax^2 + bx + 1$$

$$x = A / B$$

式中：S_D——外遮阳的遮阳系数；

x——外遮阳特征值，当$x>1$时，取$x=1$；

a、b——拟合系数，依严寒和寒冷地区、夏热冬冷地区及夏热冬暖地区的不同；

A、B——外遮阳的构造定性尺寸。

当窗口采用组合形式的外遮阳时（如水平式+垂直式+挡板式），组合形式的外遮阳系数由参加组合的各种形式遮阳的外遮阳系数的乘积确定，即：

$$S_D = S_{D_H} \cdot S_{D_V} \cdot S_{D_B}$$

式中：S_{D_H}、S_{D_V}、S_{D_B}——分别为水平式、垂直式、挡板式的建筑外遮阳系数。

（4）遮阳设施的构造设计

遮阳设施的隔热效果不仅与窗口朝向和遮阳形式有关，还与遮阳设施的构造处理、安装位置、选材及颜色密切相关。遮阳构件既需要避免过多吸热，又要具备良好的散热性能。建议采用浅色且蓄热系数小的轻质材料，因为颜色深及蓄热系数大的材料会吸收并储存更多的热量，从而影响隔热效果。在设计时，应选择更有利于通风、散热、采光、视野、立面造型和构造要求的形式。

为了减少板底热空气向室内逸散并降低对通风、采光的影响，一种方法是将板底设计成百叶形状的方式，或者部分做成百叶状；另一种方法是将中间层做成百叶形状，而顶层则做成实体，并在前面加上吸热玻璃挡板。后一种方法对隔热、通风、采光和防雨都更为有利。

遮阳板的安装位置对防热和通风有着重要的影响。举例来说，当将板面紧靠墙布置时，由于受热表面上升的热空气将由室外导入室内，这对综合式遮阳的影响更为显著。为了克服这个缺点，板面应离开墙面一定距离，以便让大部分热空气沿墙面排走。此外，遮阳板的设计还应尽可能减少挡风，并最好能够兼具导风入室的功能。对于安装在窗口内侧的布帘、百叶等遮阳设施，它们吸收的太阳辐射热大部分会散发到室内；而若安装在外侧，则吸收的太阳辐射热大部分会散发到室外，从而减少对室内温度的影响。

第三节　建筑物幕墙、底层及楼层地面节能设计

一、建筑物幕墙节能设计

建筑幕墙是将现代建筑技术与艺术完美结合的典范，在建筑物各部件中独具特色。随着建筑科学技术的不断进步和新材料、新工艺、新技术的发展，建筑幕墙的形式和类型也日益丰富，包括玻璃幕墙、石材幕墙、金属幕墙、双层通风幕墙、光电幕墙等。本节重点讨论建筑玻璃幕墙的节能设计。

玻璃幕墙实现了建筑外围护结构中墙体与门窗的巧妙融合，将建筑围护结构的使用功能与装饰功能有机结合，使建筑呈现更具现代感和装饰艺术性，因而备受人们喜爱。然而，大面积的玻璃幕墙由于传热系数大、能耗高，成为建筑节能设计的关键部分。玻璃幕墙的节能设计涉及玻璃、型材和构造的热工特性，对于严寒地区、寒冷地区和温和地区的幕墙，需要进行冬季保温设计；而夏热冬冷地区、部分寒冷地区以及夏热冬暖地区的幕墙，则需要进行夏季隔热设计。

玻璃幕墙的传热过程主要包括三种：①幕墙外表面与周围空气和外界环境之间的换热，包括外表面与周围空气的对流换热、外表面吸收、反射太阳辐射热以及外表面与空间

的各种长波辐射换热；② 幕墙内表面与室内空气的对流换热，包括内表面与室内空气的对流换热以及室内其他表面间的辐射换热；③ 幕墙玻璃和金属框格的传热，包括通过单层玻璃的导热，或通过双层玻璃及自然通风、机械通风的双层皮可呼吸幕墙的对流换热和辐射换热，以及通过金属框格或金属骨架的传热。

普通单层玻璃幕墙的传热系数与单层窗户基本相当，传热系数较高，保温性能较差。在采暖地区，冬季可能导致室温下降，增加采暖能耗，并且很容易在幕墙的内表面形成结露或结冰现象；而在南方地区，夏季的隔热性能较差，导致内表面温度偏高，直接导致空调能耗增加。

玻璃幕墙的节能设计应该从框材和玻璃及构造措施等方面进行全面考虑。由于玻璃幕墙通常采用金属材料作为框格和骨架，其导热系数较大，当室内外温差较大时，热传导成为影响玻璃幕墙保温隔热性能的一个重要因素。采用断桥式隔热型材能够有效解决玻璃幕墙框架的热传导问题，取得了良好的效果。

此外，玻璃的保温隔热性能是解决幕墙节能问题的关键之一。厚度小于 12 mm 的中空玻璃具有较好的保温性能，因为其内部空气层中的空气基本处于静止状态，对流换热量较小。

对于严寒地区、寒冷地区和夏热冬冷地区的玻璃幕墙，高透型低辐射中空玻璃是一种适宜的选择，具有可见光透过率高、反射率低、吸收性弱的特点。它能够使大量可见光透过玻璃进入室内，提高采光效果，同时对红外波段具有高反射率、低吸收性的特点，有助于在冬季有效阻止室内热能通过玻璃向室外散失，在夏季阻挡外部热能进入室内，显著改善了幕墙的保温隔热性能。

遮阳型低辐射玻璃可以选择性地透过可见光，减少太阳辐射热进入室内，同时具有对红外波段的高反射特性。这种玻璃适用于炎热气候区的幕墙，能更有效地阻止外部太阳辐射热透过玻璃进入室内，降低空调能耗。

综上所述，低辐射玻璃由于其辐射率较低，能有效阻止室内外热辐射，具有出色的光谱选择性。在保证大量可见光透过的同时，阻挡了大部分红外线透过玻璃，既保持了室内光线明亮，又降低了室内的采暖和空调能耗，因此已成为现代节能玻璃幕墙的首选材料之一。

为显著提升玻璃幕墙的热工性能，可以考虑采用新型的双层通风玻璃幕墙。这种先进的幕墙技术在改善和提升玻璃幕墙的保温、隔热、隔声性能，以及在生态环保和建筑节能等方面具有巨大的优势，被广泛称为智能型玻璃幕墙、呼吸式玻璃幕墙和热通道玻璃幕墙。

双层通风玻璃幕墙由内、外两层玻璃幕墙组成，它们之间形成一个有一定宽度的空气夹层（通常为150～300 mm，也可设计为500～600 mm，以方便维护和清洁）。外层玻璃幕墙作为防风雨屏障，抵御气候变化；而内层玻璃幕墙则可以根据功能需要设置活动窗或检修门等，充当第二道隔声墙和室内的（玻璃）饰面层。双层通风玻璃幕墙通常采用透明白片玻璃，呈现出独特的透光性和通透感的外观。

根据通风形式的不同，双层通风玻璃幕墙可分为封闭式内通风幕墙和开敞式外通风幕墙两种。

开敞式外通风幕墙的内层采用中空玻璃幕墙，可开窗或设置检修门，而外层则采用单层玻璃，每层上下均设有可开启和关闭的进出风口。为增强玻璃幕墙的节能效果，通常在夹层内设置遮阳百叶。在夏季，打开外层幕墙的进出风口，利用烟囱效应或机械通风手段进行通风换气，及时排走幕墙之间的热空气，减少太阳辐射热的影响，以达到隔热降温的目的，从而降低空调能耗。冬季时，关闭外层幕墙的进出风口，具有自然保温作用。此外，双层玻璃幕墙之间形成的小阳光温室提高了建筑内表面温度，有利于节约采暖能耗。目前，开敞式外通风幕墙是应用最广泛的双层通风玻璃幕墙。

封闭式内通风幕墙的内层采用单层玻璃幕墙或单层铝合金门窗，而外层通常为封闭的双层中空玻璃幕墙。夹层空间内的空气从地板下的风道进入，上升至楼板下吊顶内的风道排走。这一空气流动循环过程完全在室内进行。

由于循环的是室内空气，夹层空间内的空气温度与室内气温接近，极大地节省了采暖和制冷能耗，使其在采暖地区更为适宜。然而，封闭式内通风玻璃幕墙的空气循环依赖机械系统，因此对通风设备的要求较高。为提高节能效果，宜在夹层空间内设置电动百叶和电动卷帘。

由于双层通风玻璃幕墙具有可开窗通风的特点，它在一定程度上提高了高层建筑的室内空气质量，可根据需要调节百叶进行遮阳。

双层通风玻璃幕墙显著提高了节能效果，统计数据显示，其比单层玻璃幕墙降低40%~60%的采暖能耗。此外，它的隔声效果也十分显著，极大地改善了室内工作环境。然而，相对于单层玻璃幕墙，双层通风玻璃幕墙的造价较高，加工制作也更为复杂，同时会导致建筑面积2.5%~3.5%的损失。

二、建筑物底层及楼层地面节能设计

如果建筑物底层与土壤接触的地面热阻过小，地面的传热量就会很大，从而导致地表面容易产生结露和冻脚现象。因此，为了减少通过地面的热损失并提高人体的热舒适性，必须根据相关标准分地区对底层地面进行节能设计。架空结构（如过街楼的楼板）或外挑楼板（如外挑的阳台板等）与室外空气接触的底面，以及采暖楼梯间的外挑雨棚板、空调外机搁板等，由于存在二维（或三维）传热，致使传热量增大，也应按照相关标准规定进行节能设计。

存在空间传热损失的是分隔采暖（空调）与非采暖（空调）房间（或地下室）的楼

板。住宅户式采暖（空调）由于邻里不用（或暂时无人居住）或采暖运行制式间歇不一致，楼板的保温性能较差，导致采暖（或空调）用户的能耗增大。因此，也必须按照相关标准对楼层地面进行节能设计。

（一）地面的种类

地面按其是否直接接触土壤分为两类，见表2-2。

表2-2 地面的种类

种类	所处位置、状况
地面（直接接触土壤）	周边地面
	非周边地面
地板（不直接接触土壤）	接触室外空气地板
	不采暖地下室上部地板
	存在空间传热的层间地板

（二）地面的节能设计

1.地面的保温设计

周边地面指的是由外墙内侧算起向内2.0米范围内的地面，其余为非周边地面。在寒冷的冬季，采暖房间地面下土壤的温度通常低于室内气温，特别是靠近外墙的地面比房间中间部位的温度低5℃左右，热损失也更为显著。如果不采取保温措施，外墙内侧墙面以及室内墙角部位容易出现结露，并在室内墙角附近地面出现冻脚现象，从而导致地面传热损失增大。挤塑聚苯板（XPS）、硬泡聚氨酯板等具有一定抗压强度、较小吸水率且保温性能稳定，是较为优良的地面保温材料。

对于夏热冬冷和夏热冬暖地区的建筑物底层地面，除了需要保温性能满足节能要求，还应采取一些防潮措施，以减轻或消除梅雨季节由于湿热空气产生的地面结露现象。

2.地板的节能设计

采暖（空调）居住（公共）建筑中，与室外空气接触的地板（如过街楼地板或外挑楼板）、不采暖地下室上部的顶板，以及存在空间传热的层间楼板等特殊部位，也应采取保温措施，以确保这些部位的传热系数满足相关节能标准的限值要求。

由于采暖（空调）房间与非采暖（空调）房间存在温差，因此通过分隔这两类房间的楼板会导致采暖（制冷）能耗。因此，对这类层间楼板也应采取保温隔热措施，以提高建筑物的能源利用效率。保温隔热层的设计厚度应满足该地区对层间楼板的节能标准。

第三章　砌体建筑结构设计

第一节　砌体结构布置与分析

一、砌体结构布置

（一）砌体结构种类

砌体房屋主要采用砌体混合结构的形式，包括砌体–木结构和砌体–混凝土结构。目前常用的是砌体–混凝土结构，亦即水平构件（梁、楼板）采用钢筋混凝土，墙体、柱采用砌体。习惯上将以砌体墙、柱作为竖向承重构件的建筑物统称为砌体结构。砌体结构所用的块体材料可以分为砖、砌块和石材三类。砖的种类很多，其中烧结普通砖是指由黏土、煤矸石、页岩或粉煤灰为主要原料，经过焙烧而成的实心或孔洞率不大于规定值且外形尺寸符合规定的砖，又称标准砖。烧结多孔砖是指以黏土、页岩、煤矸石为主要原料，经焙烧而成的多孔且孔洞率不少于15%的砖。蒸压砖是指经坯料制备、压制成型、蒸压养护而成的砖，主要有以石灰、砂为主要原料的蒸压灰砂砖和以粉煤灰、石灰为主要原料的蒸压粉煤灰砖。

混凝土小型砌块由普通混凝土制成，主要规格尺寸为390mm × 190mm × 190mm，空心率在25% ~ 50%。灌孔砌体是在空心砌块砌体芯柱或其他需要填实的部位灌注混凝土。石材则根据加工后的外形规则程度进行分类。砌体结构根据是否配筋可以分为砌体结构、无筋砌体、配筋砌体、水平配筋砌体、网状配筋砌体。

砌体房屋根据竖向荷载的承重结构类型可以分为横墙承重体系、纵墙承重体系、纵横墙承重体系、内框架承重体系和底部框架上部砌体承重体系。主要竖向荷载由横墙承担的结构称为横墙承重体系。楼面竖向荷载通过楼板直接传递给横墙，而纵墙仅承担墙体自重（内纵墙还承担走道板传来的荷载）。受楼板经济跨度的限制（一般为3 ~ 4.5m），横墙间距比较小，房间大小固定。适用于宿舍、住宅等平面布置比较规则的房屋。由于横墙较多，又有纵墙的拉结，房屋的空间刚度大，整体性好，对抵抗风、地震等水平作用和抵抗地基不均匀沉降比较有利。横墙承重体系竖向荷载的传递路线为：板—横墙—基础—地基。在纵墙承重体系中，楼面竖向荷载通过梁主要传给纵墙。横墙的设置主要是为了满足房屋空间刚度和整体性的要求，因此间距可以比较大，位置相对灵活。这种承重体系可以用于教学楼、实验楼、食堂、仓库、中小型工业厂房等要求有较大空间的房屋。与横墙承重体系相比，房屋的空间刚度和整体性较差。由于纵墙承受主要的竖向荷载，设置在纵墙上的门窗大小和位置受到一定限制。纵墙承重体系竖向荷载的传递路线为：板—梁纵墙—基础—地基。纵横墙承重体系的纵墙和横墙均为承重墙。

砌体结构种类：横墙承重体系；纵墙承重体系；纵横墙承重体系；内框架承重体系；底部框架承重体系。

内框架承重体系与一般全框架结构的区别在于省去边柱，而由砌体墙承重。与纵墙承重体系相比，能得到较大空间而不需要增加梁的跨度，适合于商店、多层工业厂房等建筑。由于横墙较少，房屋的整体刚度较差。此外，由于墙下基础与柱下基础的差异，容易产生不均匀沉降。内框架承重体系竖向荷载的传递路线为：板—梁—外纵墙—纵墙基础柱—柱基础—地基。

在沿街建筑中，为了在底层开设商店，需要大空间，采用框架结构，而上面各层用作住宅，采用砌体结构。这类结构体系称为底层框架砌体房屋。在抗震设防区，为了满足上、下层刚度比的要求，在底层常常需要布置剪力墙。

（二）砌体结构的组成与布置

1.砌体结构的组成

砌体结构包括上部结构和基础。上部结构由竖向承重构件和水平承重构件组成，竖向承重构件包括砌体墙和砌体独立柱。砌体房屋中一般布置有圈梁和构造柱，此外，根据需要还有过梁、挑梁和墙梁等构件。为了增强砌体结构的整体性，防止由于地基不均匀沉降或较大振动荷载等对房屋引起的不利影响，在房屋的檐口、基础顶面和适当的楼层处布置有钢筋混凝土圈梁。为提高房屋的延性，地震设防区的砌体结构，在外墙四角、内外墙交接处等部位设有钢筋混凝土构造柱或芯柱（对砌块砌体），构造柱要求先砌墙后浇筑。

为了将门窗洞上方的荷载传递给洞口侧边的墙体，需要设置过梁，过梁分钢筋混凝土过梁、钢筋砖过梁、砖砌平拱过梁和砖砌弧拱过梁。

挑梁是指嵌固在砌体中的悬挑式钢筋混凝土梁，一般有阳台挑梁、雨篷挑梁和外走廊挑梁。当悬挑梁与混凝土圈梁连成一体时，不称为挑梁。当房屋因底部大空间的需要，部分墙体不能落地时，需设置钢筋混凝土托梁，钢筋混凝土托梁和托梁上的墙体共同组成墙梁。另外，单层工业厂房围护结构中的基础梁与墙体、连系梁与墙体也构成墙梁。墙梁分简支墙梁、连续墙梁和框支墙梁。砌体结构房屋的基础类型有墙下刚性基础、墙下条形基础、筏板基础和桩基础。刚性基础是指基础宽度在刚性角以内，台阶宽高比满足一定要求的基础。刚性基础比较经济，当场地土情况较好时，可以采用这种基础。基础材料有毛石、毛石砌体、砖砌体和混凝土。在以前，也有采用灰土、三合土的。墙下条形基础采用钢筋混凝土，抵抗地基不均匀沉降的能力比刚性基础强，是目前常用的砌体基础形式。当地质条件较差时可以采用筏板基础和桩基础。

2.砌体结构布置的一般要求

在抗震设防区的多层砌体房屋应优先采用横墙承重或纵横墙承重结构体系，纵横墙的布置宜均匀对称，沿平面内宜对齐，沿竖向应上下连续。砌体房屋的总高度、层数和高宽比不应超过规定。对医院、教学楼等横墙较少的房屋总高度应比表中规定的数值降低3m，层数应相应减少一层。石砌体的层高不宜超过3m；砖和砌块砌体房屋的层高不宜超过3.6m；底部框架–抗震墙房屋的底部和内框架房屋的层高不应超过4.5m。抗震横墙的间距不应超过要求，墙体的局部尺寸应满足限值。

底层框架–抗震墙房屋的纵横两个方向，第二层与底层抗侧刚度的比值，6、7度时不应大于2.5；8度和9度时不应大于2.0，且均不宜小于1。底部两层框架抗震墙房屋的纵横两个方向，底层与底部第二层抗侧刚度应接近，第三层与底部第二层抗侧刚度的比值，6、7度时不应大于2.0；8度和9度时不应大于1.5，且均不宜小于1。

车间、仓库、食堂等空旷的单层砌体房屋，当墙厚240mm时，应按下列规定设置现浇钢筋混凝土圈梁：

（1）砖砌体房屋，檐口标高为5～8m时应设置一道，檐口标高大于8m时宜适当增设；

（2）砌块及料石砌体房屋，檐口标高为4～5m时应设置一道，檐口标高大于5m时宜适当增设；

（3）对有吊车或较大振动设备的砌体单层工业厂房，除了在檐口或窗顶标高处设置圈梁，宜在吊车梁标高或其他适当位置增设。

住宅、宿舍、办公楼等多层砌体民用房屋，当墙厚h≤240mm，且层数为3～4层时，应在檐口标高处设置一道圈梁；当层数超过4层或设有墙梁时，宜在所有纵横墙上每层设置。砌体多层工业厂房宜每层设置圈梁。抗震设防区的砌体房屋，其圈梁的设置要求尚应满足要求。砖砌体房屋和砌块砌体房屋应根据要求设置钢筋混凝土构造柱和芯柱。

二、砌体结构分析

（一）静力计算模型

1.平面计算模型

计算模型包括选取计算单元和确定计算简图。如果结构某一部分的受力状态和整个房屋的受力状态相同，就可以用这一部分代替整个房屋作为计算的对象，这一部分称为计算单元。

下面以外纵墙承重单层房屋为例，讨论计算模型的确定方法。该房屋采用钢筋混凝土屋面板和屋面大梁，两端没有山墙（横墙）。纵墙上的窗洞沿纵向均匀开设。竖向荷载下的传递路线为：屋面板—屋面大梁—纵墙—基础—地基。在水平荷载下，整个房屋将发生侧移，屋盖处具有相同的水平位移。水平荷载的传递路线为纵墙—基础—地基。可见，在竖向和水平荷载下，标出的部分均与整个结构的受力状态相同，因而可以将这部分取为计算单元。

进一步，相对于砌体纵墙来说，钢筋混凝土屋盖的刚度很大，屋面梁搁置在砌体墙上，无法传递弯矩，因而可用平面排架作为该单元的计算简图，墙体相当于排架柱水平荷载下，屋盖处的水平侧移可以根据这一排架模型计算。

2.房屋的空间作用

当在房屋两端加上山墙后，水平荷载的传递路线将发生本质变化。设有山墙后，屋盖结构相当于两端支承在山墙上、刚度很大的水平构件，其跨度为山墙间距。在水平荷载作用下，纵墙一端支承在基础，另一端支承在屋盖。纵墙上的风荷载，一部分通过纵墙基础直接传给地基，另一部分则通过屋盖传给两端的山墙，其传递路线为：风荷载—纵墙—屋盖—山墙—山墙基础—纵墙基础—地基。

此时，水平荷载下屋盖处的水平位移是不同的，中间大，两端小。在房屋两端，屋盖处的水平位移等于山墙顶部的侧移u_{max}；而在房屋的中部，屋盖处的水平位移u_s是山墙顶部侧移u_{max}与屋盖的水平挠度F_{max}之和。

可见，有山墙后，风荷载的传力体系不再是平面受力体系，即风荷载不只是在纵墙和屋盖组成的平面排架内传递，而是在屋盖和山墙组成的空间结构中传递，结构存在空间作用。

有山墙时，屋盖处的最大水平位移主要与山墙刚度、屋盖刚度以及山墙的间距有关。而无山墙时，房屋屋盖处的水平位移仅与纵墙本身的刚度有关。由于山墙参与工作，实际结构屋盖处的最大水平位移u_s比按排架模型计算的侧移u_p要小，令$\eta=u_su_p$，称空间性能影响系数，η的大小反映了空间作用的强弱。

3.静力计算方案

为了考虑结构的空间作用，根据房屋的空间刚度，静力计算时划分为三种计算方案，对排架模型进行相应的修正。

若u_s很小，$\eta\approx 0$，说明房屋的空间刚度很大，此时屋盖可以作为纵墙的侧向不动铰支座，这相当于在排架顶端加上一个不动铰支座。这类房屋称为刚性方案房屋。

若$u_s\approx u_p$，$\eta\approx 1$，说明房屋的空间刚度很小，结构的空间作用很弱，墙、柱的内力可按不考虑空间作用的平面排架模型计算。这类房屋称为弹性方案房屋。

若$0<u_s<u_p$，$0<\eta<1$，称为刚弹性方案房屋，其受力性能介于刚性方案和弹性方案之间。此时的计算简图可在排架的顶端加上一个弹簧铰支座。

静力计算方案包括刚性方案、弹性方案、刚弹性方案，计算中，η在一定范围内，即认为属于某一种方案。例如：对于第一类屋盖，规范规定当$\eta<0.33$时按刚性方案计算；当$\eta>0.77$按弹性方案计算；当$0.33\leqslant\eta\leqslant 0.77$按刚弹性方案计算。

由于屋盖（楼盖）刚度和横墙间距是结构侧移u_s的主要因素，规范主要根据这两个因素作为划分静力计算方案的依据。

4.刚性方案和刚弹性方案计算时对横墙的要求

房屋的空间刚度除了与楼盖类型和横墙间距有关外，还与横墙本身的刚度有关。按刚性方案和刚弹性方案计算时需要利用房屋的空间作用，因而横墙应满足一定的要求。规范规定：①横墙中洞口的水平截面积不超过全截面的50%；②横墙厚度不宜小于180mm；③横墙长度不宜小于高度（单层）或总高度的一半（多层）；④纵横墙应同时砌筑，如不满足应采取其他措施。如果①、②、③条不能同时满足，要求对横墙的刚度进行验算，满足$u_{\max}\leqslant H/4000$，计算横墙侧移时忽略轴向变形的影响，仅考虑弯曲变形和剪切变形的影响。当墙顶作用水平荷载P_1时，墙顶侧移为：

$$u_{\max} = \int_0^H P_1 xEIdx + \xi P_1 \cdot 1GA = P_1 H_3 3EI + \tau HG$$

式中：τ——水平截面上的平均剪应力，$\tau=\zeta P_1 A$；

ζ——剪应力不均匀系数，对于弹性材料的矩形截面为1.2，此处取$\zeta=2.0$；

G——砌体剪切模量，可近似$G=E/2$；

P_1——横墙承受的水平荷载，设每个开间分布风荷载产生的水平力为R，墙顶以上部分屋面风荷载产生的集中风力为W，该横墙的负荷范围为$n/2$个开间，则$P_1=n/2（R+W）$，其中n为与该横墙相邻的两横墙间的开间数。多层房屋的总侧移可逐层计算。

（二）刚性方案房屋的内力分析

1.承重纵墙的计算

对于单层房屋，刚性方案承重纵墙的计算简图是在柱顶加上不动铰支座的单层排架。作用的荷载包括：

（1）屋面自重、屋面活荷载产生的N_p

N_p的作用点对墙体可能有偏心矩e_p，因而产生偏心力矩$M_p=N_p \times e_p$。

（2）风荷载

风荷载包括迎风面上的风压荷载q_1、背风面上的风吸荷载和墙顶以上部分屋面的集中风荷载w。

（3）墙体及门窗自重

如果是变厚度墙，上阶部分自重对下阶轴线将产生偏心力矩。内力计算可以利用附表或用结构力学方法。对于多层房屋，刚性方案纵堵的计算简图是每层加上一个不动铰支座的多层排架。为了减少计算工作量，可做进一步的简化。

在竖向荷载下，假定墙体在楼层处为铰接，在基础顶面也假定为铰接，于是计算简图就变成若干个竖向简支构件，变超静定问题为静定问题，内力计算非常简单。这种简化是基于以下两点考虑：简化计算主要引起弯矩的误差，而竖向荷载作用下轴力是主要的，弯矩较小；楼盖嵌入墙体，使墙体传递弯矩的能力受到削弱。

在水平荷载下，假定墙体在基础顶面为铰接，于是计算简图变成竖向连续梁，计算得以简化。

为什么在基础顶面单层和多层采用了不同的假定?即前者假定为刚接，后者假定为铰接?因为在多层房屋中，基础顶面墙体的轴力比较大，弯矩相对较小；而单层房屋的层高一般较大，基础顶面墙体由风荷载引起的弯矩相对较大，且轴力相对较小，忽略弯矩将会引起较大的误差。

2.承重横墙的计算

确定横墙的静力计算方案时，纵墙间距相当于横墙间距。在横墙承重的房屋中，一般来说，纵墙长度较大，但其间距不大，符合刚性方案的要求。此时，楼盖是横墙的不动铰支座，计算简图与刚性方案的纵墙相同。除山墙外，内横墙仅承受由楼面传来的竖向荷载。同纵墙一样，对于多层，可近似假定墙体在楼盖处为铰接，但由于横墙承受均布荷载，常取b=1m宽度作为计算单元宽度。当横墙沿房屋纵向均匀布置，且楼面的构造和使用荷载相同时，内横墙两边楼面传来的竖向荷载大小相等，作用位置对称，墙体按轴心受压计算；当两边的荷载大小不等或作用点不对称时，墙体按偏心受压计算。

（三）内框架和底部框架砌体房屋的内力分析要点

1.内框架砌体房屋

内框架砌体房屋中，外墙（柱）与混凝土水平构件铰接，混凝土柱与梁一般是刚接，因而其计算简图为框—排架。在竖向静力荷载作用下，可将墙体简化为竖向不动铰支座，对框架进行内力分析，求出的支座反力即是本层梁板传给墙体的竖向力，根据墙体中心线与梁端反力合力点的距离可以确定墙体承受的偏心力矩。墙体承受的竖向力也可以近似按负荷面积确定，参见框架柱在竖向荷载作用下柱轴力的近似计算方法。水平静力荷载（风荷载）作用下的内力分析可根据楼盖类型和横墙间距，确定相应的计算模型。当横墙间距符合刚性方案要求时，可认为楼层处无侧移，纵墙的计算简图为一竖向连续梁；当为柔性方案时，可按框—排架进行内力分析，为了简化，也可不考虑墙体的抗侧刚度，假定水平荷载完全由框架柱承担。

2.底部框架砌体房屋

底部框架砌体房屋，可对上部砌体和下部框架分别计算。砌体部分的计算同一般多层砌体房屋；框架部分需承受上部各层的竖向荷载和水平荷载，其中水平荷载可以等效成作用于框架顶部的集中水平力和倾覆力矩。

第二节　砌体房屋墙体设计

一、墙、柱的受压承载力计算

（一）控制截面的选择

构件的控制截面是指荷载效应较大或截面抗力较小，对整个构件的可靠性起控制作用的截面。

Ⅲ－Ⅲ、Ⅳ－Ⅳ截面由于开有窗洞而受到削弱，抗力较低；Ⅰ－Ⅰ截面在N_p作用下局部受压，且弯矩M最大；Ⅱ－Ⅱ截面轴力最大，且窗下砌体抗剪能力较弱，压应力分布不均匀，因而这四个截面都是控制截面。但规范规定：对于有门窗洞的墙体，承载力计算时一律取窗间墙面积。于是只需取Ⅰ－Ⅰ、Ⅱ－Ⅱ截面作为计算截面。

（二）承载力计算内容

墙、柱属偏心受力构件，需要进行偏心受压的承载力计算，当墙体承受楼面大梁传来的集中荷载时，还需对大梁底面墙体进行局部受压承载力的计算。受压构件沿水平灰缝的受剪承载力一般不起控制作用，可以不计算。

对于Ⅰ–Ⅰ截面应分别按M_{max}、N_{min}进行偏心受压承载力计算和按M_u、N_p进行局部受压承载力计算；对于Ⅱ–Ⅱ截面按M_{max}、N_{min}进行偏心受压承载力计算。

（三）荷载效应组合

在确定控制截面的内力时，考虑以下两种荷载组合方式：

1.2×恒荷载的内力标准值+1.4×其中一项活荷载的内力标准值+其余活荷载的内力组合值；

1.35×恒荷载的内力标准值+所有活荷载的内力标准值。

二、墙、柱的高厚比验算

（一）高厚比验算公式

砌体墙、柱的高厚比应满足下列公式：

$$\beta = H_0hT \leqslant \mu_1\mu_2\beta$$

式中：H_0——墙、柱的计算高度；

hT——墙、柱的折算厚度；

β——允许高厚比，与砂浆强度有关；

μ_1——非承重墙的修正系数（对承重墙μ_1=1）；

μ_2——开洞修正系数。

（二）影响墙、柱稳定的因素

1.砂浆强度等级

砂浆强度高，砌体的弹性模量高，因而稳定性好。这一因素反映在H_0之中。

2.砌体类型

空斗与毛石砌体的稳定性差些，组合砌体则好些。毛石墙、柱允许高厚比应比表中数值降低20%；组合砖砌体构件的允许高厚比可按表中数值提高20%，但不得大于28%；验算施工阶段砂浆尚未硬化的新砌体高厚比时，允许高厚比对墙取14，对柱取11。

3.横墙间距及纵横墙之间的拉结

横墙间距小或与周边很好拉结，稳定性好，独立砖柱则差些。计算高度H_0的取值考虑了这些因素。

4.支承条件

墙或柱下端与基础刚接，上端与楼（屋）盖连接。房屋刚性大，楼盖外侧移小，稳定性好。计算高度的取值与静力计算方案有关，而静力计算方案考虑了楼盖的刚度。

5.构件性质

对于非承重墙，仅承受墙体自重，与墙顶承受荷载的承重墙相比，稳定性提高。对非承重墙，允许高厚比用μ_1进行修正。对于240mm墙：μ_1=1.2；90mm墙：μ_1=1.5；当墙厚介于90mm和240mm之间时，μ_1按线性插入取值。

（三）验算内容

高厚比验算的内容包括整片墙的高厚比验算和壁柱间墙的高厚比验算。验算整片墙的高厚比，确定计算高度H时，墙长取相邻横墙的间距。计算墙折算厚度所取截面范围，当有门窗洞时可取窗间墙宽度；当无门窗洞时可取相邻壁柱间的距离，且不大于壁柱宽度加2/3墙高。壁柱的存在提高了墙的稳定性。对于带，壁柱墙，除了对整片墙进行验算，还需对壁柱间墙的高厚比进行验算。壁柱间墙计算高度的取值一律按刚性方案考虑。验算带构造柱墙的高厚比时，公式中的h取墙厚，墙的允许高厚比可乘提高系数。

$$\mu_c = 1 + 1.5 b_c l$$

式中：b_c——构造柱沿墙长方向的宽度；

l——构造柱的间距。设有钢筋混凝土圈梁的带壁柱墙，当圈梁截面宽度与横墙间距的比值大于等于1/30时，圈梁可以作为壁柱间墙的不动铰支点。若由于条件限制，不允许增加圈梁宽度时，可根据等刚度原则增加圈梁的高度，以满足壁柱间墙不动铰支点的要求。

三、墙体抗震承载力验算

对于抗震设防区的墙体，除了要满足静力荷载下的承载力，还需进行抗震承载力验算。

（一）无筋砌体构件

无筋砌体构件，考虑地震作用组合的受压承载力计算，可按非抗震情况的方法进行，但其抗力应除以承载力抗震调整系数。

地震作用下，砖砌体和石墙体的截面受剪承载力按下式计算：

$$V \leqslant f_{VE} A \gamma_{RE} \eta_k$$

式中：V——考虑地震作用组合的墙体剪力设计值；

f_{VE}——砌体沿阶梯形截面破坏的抗震抗剪强度设计值；

A——砌体横截面面积；

γ_{RE}——承载力抗震调整系数；

η_k——烧结多孔砖砌体孔洞率折减系数，当孔洞率不大于25%时，取1.0，当孔洞率大于25%时，取0.9。

混凝土小型空心砌块墙体的截面受剪承载力按下式计算：

$$V \leqslant 1\gamma_{RE}\left[f_{VE} A+\left(0.03 f_c A_c+0.05 f_y A_s\right) \xi_c\right]$$

式中：f_c——灌孔混凝土的抗压强度设计值；

A_c——灌孔混凝土或芯柱截面总面积；

f_y——芯柱钢筋的抗拉强度设计值；

A_s——芯柱钢筋截面总面积；

ξ_c——芯柱影响系数。

理论分析和试验表明，当同时存在剪力和压力时，砌体的抗剪强度不仅与材料本身的强度有关，还与压力产生的摩擦力有关。

（二）配筋砖砌体构件网状

配筋或水平配筋烧结普通砖、烧结多孔砖墙的截面抗震承载力按下式验算：

$$V \leqslant 1\gamma_{RE}\left(f_{VE}+\Psi_s f_y \rho_v\right)$$

式中：ρ_v——层间墙体水平钢筋体积配筋率；

Ψ_s——钢筋参与工作系数，与墙体高宽比有关。

砖砌体和钢筋混凝土构造柱组合墙的截面抗震承载力应按下式计算：

$$V \leqslant 1\gamma_{RE} \sum \eta_m f_{VE} A_n+0.056$$

$$n_i=1\Psi_c\left(f_c A_{ci}+008 f_y A_s\right)$$

式中：A_n——扣除构造柱后的组合墙截面面积；

A_{ci}——第i根构造柱的截面面积；

A_s——所有构造柱的纵向钢筋面积之和；

η_m——受构造柱约束的工作系数，可取1.10；

Ψ_c——构造柱混凝土参与抗剪工作系数，对于端部构造柱可取0.68，对于中部构造柱可取1.0。

四、配筋砌块砌体剪力墙的承载力计算

配筋砌块砌体剪力墙的承载力计算包括正截面承载力和斜截面承载力。正截面承载力分轴心受压、偏心受压和偏心受拉；斜截面承载力分偏心受压和偏心受拉。

（一）正截面承载力

轴心受压配筋砌块砌体剪力墙，当配有箍筋或水平分布钢筋时，其正截面承载力按下列公式计算：

$$N \leqslant \phi_0 \left(fGA + 0.8 f' \, y \, A's \right)$$

式中：N——轴向力设计值；

ϕ_0——剪力墙轴心受压稳定系数；

G——灌孔砌体的抗压强度设计值；

A——构件毛截面面积；

$f'y$——竖向钢筋的抗压强度设计值；

$A's$——全部竖向钢筋的截面面积。

（二）斜截面承载力

配筋砌块砌体剪力墙在偏心受压和偏心受拉时的斜截面承载力分别按下列公式计算：

偏心受压

$$V \leqslant 1.5\lambda + 0.50.1f + 0.12N$$

偏心受拉

$$V \leqslant 1.5\lambda + 0.50.1f - 0.18N$$

式中：λ——计算截面的剪跨比，$\lambda = M/Vh_0$。当λ小于1.0时，取1.0；当λ大于2.0时，取2.0。

M、N、V——计算截面的弯矩、轴力和剪力设计值。

A——剪力墙的截面面积，其中翼缘计算宽度，对于T形、I形截面，取1/3计算高度、腹板间距、墙厚加12倍翼缘厚度和翼缘实际宽度中的较小值；对于L形截面，取1/6计算高

度、1/2腹板间距、墙厚加6倍翼缘厚度和翼缘实际宽度中的较小值。

第三节 砌体房屋水平构件设计

在砌体房屋中，过梁、墙梁及挑梁等水平构件同样是重要的组成部分。

一、过梁的计算与构造

（一）种类与构造

过梁是墙体门窗洞口上的常用构件，其作用是将洞口上方的荷载传递给洞口两边的墙体。过梁的主要种类有砖砌过梁和钢筋混凝土过梁两类，其中砖砌过梁又可分为钢筋砖过梁、砖砌平拱过梁和砖砌弧拱过梁。

钢筋混凝土过梁是目前最为常用的过梁，适用于任意跨度，一般做成预制构件，端部在墙体上的支承长度不宜小于240mm。当房屋采用清水墙（墙体表面不做粉刷和贴面）时，采用砖砌过梁可以使过梁与墙体保持同一种风貌，砖砌弧拱过梁还可以满足建筑造型的要求。此外，由于过梁和墙体采用同一种材料，可以避免因温度变化引起的附加应力。但砖砌过梁对振动荷载和地基不均匀沉降比较敏感，在这些场合不宜采用。砖砌过梁的跨度也不宜过大，对钢筋砖过梁跨度不宜超过1.5m；对砖砌平拱过梁，跨度不宜超过1.2m。砖砌过梁截面计算高度内的砂浆强度不宜低于M5。钢筋砖过梁底面砂浆层处的钢筋，其直径不应小于5mm，间距不宜大于120mm，钢筋伸入支座砌体内的长度不宜小于240mm，砂浆层的厚度不宜小于30mm，砖砌平拱过梁竖砖砌筑部分高度不应小于240mm。砖砌弧拱过梁竖砖砌筑高度不应小于115mm。弧拱最大跨度：当矢高等于1/8～1/12跨度时为2.5～3.5m；当矢高等于1/5～1/6跨度时为3～4m。

（二）计算

1.受力特点

砖砌过梁受载后，在跨中上部受压，下部受拉。当跨中竖向截面或支座斜截面的拉应变达到砌体的极限拉应变时，将出现竖向裂缝和阶梯形斜裂缝。对钢筋砖过梁，过梁下部的拉力将由钢筋承受；对砖砌平拱过梁，下部的拉力将由两端砌体提供的推力来平衡。最后可能有三种破坏形式：第一种是过梁跨中截面受弯承载力不足而破坏；第二种是过梁支座附近斜截面受剪承载力不足而破坏；第三种是过梁支座边沿水平灰缝发生破坏（钢筋砖过梁不会发生）。

2.荷载

过梁承受的荷载包括两种情况：一种仅承受墙体自重；另一种除了墙体自重，还有楼面梁、板传来的荷载。由于存在内拱作用，并不是所有的砌体荷载都由过梁承担。

试验发现，作用于过梁上的墙体当量荷载仅相当于高度为1/3跨度的墙体重量。试验还表明，当在砌体高度等于0.8倍跨度左右的位置施加荷载时，过梁挠度变化极小。可以认为，当梁板处于大于1.0倍跨度的高度时，梁板荷载并不由过梁承担。为了简化计算，规范对过梁荷载的取值作以下规定：

（1）梁、板荷载

对砖和小型砌块，当梁、板下的墙体高度$h_w<l_n$时（l_n为过梁的净跨），应计入梁、板荷载；当梁、板下的墙体高度$h_w \geqslant l_n$时，可不考虑梁、板荷载。

（2）墙体自重

对砖砌体，当过梁上的墙体高度$h_w<l_n/3$时，应按实际墙体高度计算荷载；当墙体高度$h_w \geqslant l_n/3$时，仅考虑$l_n/3$高墙体的荷载。对混凝土砌块砌体，当过梁上的墙体高度$h_w<l_n/2$时，应按实际墙体高度计算荷载；当墙体高度$h_w \geqslant l_n/2$时，仅考虑$l_n/2$高墙体的荷载。

3.承载力计算公式

（1）砖砌平拱过梁

砖砌平拱过梁不考虑支座水平推力对抗弯承载力的提高，而仅将砌体抗拉强度取为沿齿缝的强度，分别按下列公式进行砌体受弯构件正截面和斜截面承载力计算：

$$M \leqslant f_{tm} W$$

$$V \leqslant f_v b_z$$

式中：M——梁跨中的弯矩设计值。

V——梁支座边的剪力设计值。

f_{tm}——砌体弯曲抗拉强度设计值。取沿齿缝破坏和沿块体破坏的较小值。

f_v——砌体的抗剪强度设计值。

W——截面抵抗矩。对矩形截面，$W=bh^2$。

z——内力臂，$z=I/S$，对于矩形截面$z=2h/3$。

I——截面惯性矩。

S——截面面积矩。

b——截面宽度。

h——截面高度，当$h_w>l_n$，取$h=l_n/3$；当$l_n/3 \leqslant h_w<l_n$时，如果有梁板荷载，$h=h_w$，当

无梁板荷载时，$h=l_n/3$；当$h_w<l_n/3$，取$h=h_w$。

（2）钢筋混凝土过梁

钢筋混凝土过梁按钢筋混凝土受弯构件进行正截面和斜截面承载力计算，并进行过梁下砌体的局部受压承载力计算。进行局部受压承载力计算时，可不考虑上层荷载的影响，即取$\Psi=0$。局部受压强度提高系数γ可取1.25；压应力图形的完整性系数η取为1；有效支承长度a_0可取实际支承长度。

（3）砖砌弧拱过梁

砖砌弧拱过梁需按两铰拱进行内力分析。

二、墙梁的计算与构造

（一）概述

墙梁是指钢筋混凝土托梁和梁上计算高度范围内的砌体墙组成的组合构件。托梁上的砌体既是托梁上荷载的一部分，又构成结构的一部分，与托梁共同工作。墙梁广泛应用于工业建筑的围护结构中，如基础梁、连系梁。在民用建筑如商住楼（上层为住宅，底层为商店）、旅馆（上层为客房，底层为餐厅）等多层房屋中，采用墙梁解决上层为小房间，下层为大房间的矛盾。在底部框架房屋中，框架梁和上部墙体构成墙梁。墙梁可以分为自承重墙梁和承重墙梁。自承重墙梁仅承担墙体荷载，如围护结构中的基础梁、连系梁；承重墙梁除了承担墙体荷载，还要承担楼面荷载。承重墙梁根据其支座情况又可以分为简支墙梁、连续墙梁和框支墙梁。

将墙梁按一般钢筋混凝土梁进行设计存在以下问题：一是墙梁中的砌体受压，而托梁处于偏心受拉，如将托梁按受弯构件计算，忽略了砌体的作用，致使托梁的配筋过多；二是由于没有验算砌体强度，而可能导致砌体不安全。

（二）墙梁的受力特点与破坏形态

1.应力分布

高跨比大于0.5，无洞口墙梁在梁顶面作用均布荷载时，竖向截面正应力σ_x、水平截面正应力σ_y和剪应力τ_{xy}以及主应力迹线，从σ_x沿竖向截面的分布可以看出，墙体大部分受压，托梁的全部或大部分受拉，中和轴一开始就在墙中，或随着荷载的增加，裂缝的出现和开展逐步上升到墙中，视托梁高度的大小而定。在交界处σ_x有突变。沿水平截面分布的σ_y，靠近顶面较均匀，越靠近托梁越向支座附近集中。从τ_{xy}的分布可以看出，托梁和墙体共同承担剪力，在交界面和支座附近变化较大。主应力迹线可以反映出墙梁的受力特征：①墙梁两边主压应力迹线直接指向支座，而中间部分呈拱形指向支座，在支座附近的托梁上部砌体中形成很大的主压应力；②托梁中段主拉应力迹线几乎水平，托梁处于偏心受拉状态。

2.裂缝开展

托梁处于偏心受拉，托梁中段将首先出现垂直裂缝，并向上扩展，托梁刚度的减小将引起主压应力进一步向支座附近集中；当墙中主拉应变达到砌体极限拉应变时将出现裂缝；斜裂缝将穿过墙体和托梁的交界面，在托梁端部形成较陡的上宽下窄的斜裂缝，临近破坏时在托梁中段交界面上将出现水平裂缝。

由应力分析以及裂缝的出现和开展可以看出，临近破坏时，墙梁将形成以支座上方斜向墙体为拱肋，以托梁为拉杆的组合拱受力体系。

3.破坏形态

影响墙梁破坏形态的因素较多，如墙体高跨比（h_w/l_0）、托梁高跨比（h_b/l_0）、砌体强度、混凝土强度、托梁纵筋配筋率、受荷方式（均布受荷、集中受荷）、墙体开洞情况和有无翼墙等。由于影响因素的不同，将可能出现以下几种破坏形态。

（1）弯曲破坏

当托梁配筋较少，砌体强度较高，h_w/l_0较小时，随着荷载的增加，托梁中段的垂直裂缝将穿过截面而迅速上升，最后托梁下部和上部的纵向钢筋先后达到屈服，沿跨中垂直截面发生拉弯破坏。这时，墙体受压区不大，破坏时受压区砌体沿水平方向没有被压碎的现象。这可以看作组合拱的拉杆强度相对于砌体拱肋较弱而导致的破坏。

（2）剪切破坏

剪切破坏出现在托梁配筋较多，砌体强度相对较弱，h_w/l_0适中的情况下。由于支座上方砌体出现斜裂缝，并延伸至托梁而发生墙体的剪切破坏，即与拉杆相比，组合拱的砌体拱肋相对较弱而引起破坏。剪切破坏又可以分为斜拉破坏、斜压破坏。当砌体沿齿缝的抗拉强度不足以抵抗主拉应力而形成沿灰缝阶梯形上升的斜裂缝，最后导致斜拉破坏。这种斜裂缝一般较平缓，破坏时，受剪承载力较低。当$h_w/l_0<0.4$，砂浆强度等级较低，或集中荷载的a_F/l_0较大时，容易发生这种破坏。

由于砌体斜向抗压强度不足以抵抗主压应力而引起的组合拱肋斜向压坏，称为斜压破坏。这种破坏的特点是斜裂缝较为陡峭，裂缝较多且穿过砖和灰缝；破坏时有被压碎的砌体碎屑。斜压破坏的受剪承载力比较大。一般当$h_w/l_0 \geqslant 0.4$，或集中荷载的a_F/l_0较小时容易发生这种破坏。

此外，在集中荷载作用下，斜裂缝多出现在支座垫板与荷载作用点的连线上。斜裂缝出现突然，延伸较长，有时伴有响声，开裂不久，即沿一条上下贯通的主要斜裂缝破坏。破坏荷载和开裂荷载比较接近，破坏没有预兆。这种破坏属于劈裂破坏。托梁本身的剪切破坏仅当墙体较强，而托梁端部较弱时才会出现。破坏截面靠近支座，斜裂缝较陡，且上宽下窄。

（3）局部受压破坏

当支座上方的墙体中的集中压应力超过砌体的局部抗压强度时，将产生支座上方较小范围内砌体的局部压碎现象，称为局部受压破坏。一般当托梁较强，砌体相对较弱，且$h_w/l_0 \geqslant 0.75$时可能出现这种破坏。

此外，由于纵向钢筋的锚固不足，支座面积或刚度较小，都可能引起托梁或砌体的局部破坏。这些破坏一般通过相应的构造措施加以预防。

（三）墙梁的计算要点

墙梁的计算内容包括使用阶段的正截面抗弯承载力、斜截面承载力、托梁支座上部砌体局部受压承载力和施工阶段的托梁抗弯、抗剪承载力验算。自承重墙梁可以不验算墙体受剪承载力和砌体局部受压承载力。下面以简支墙梁为例，介绍墙梁的计算要点。

1.计算简图

简支墙梁的计算，墙梁的计算跨度对于简支和连续墙梁l_0取1.1，l_n或l_c中的较小值，其中l_n为净跨，l_c为支座中心线的距离；对框支墙梁取框架柱中心线的距离。墙梁跨中截面的计算高度取$H_0=h_w+h_b/2$，其中h_w取托梁顶面的一层墙高，当$h_w>l_0$时取$h_w=l_0$，h_b为托梁高度。翼墙计算宽度取窗间墙宽度或横墙间距的2/3，且每边不大于3.5h（h为墙厚）和$l_0/6$。

2.正截面承载力计算

对简支墙梁，跨中截面弯矩最大。Q_2在跨中截面产生的弯矩用M_2表示；Q_1、F_1在跨中截面产生的弯矩用M_1表示。其中M_1完全由托梁承担，M_2由托梁和砌体共同承担，在M_2作用下，托梁除了本身承担一定的弯矩αM_2，托梁的拉力和砌体中的压力共同承担（$1-\alpha$）M_2。设内力臂系数为γ，根据力矩平衡条件，有$M_2=\alpha MM_2+N_bt\gamma H_0$，可以得到托梁拉力$N_bt=$（$1-\alpha$）$M_2/\gamma H$。托梁的弯矩为$M_b=M_1+\alpha M_2$。规范在试验和有限元分析的基础上，采用下列公式计算托梁跨中截面的弯矩和轴力：

$$M_b = M_1 + \alpha MM_2$$

$$N_b = \eta NM_2 / H_0$$

$$\alpha_M = \Psi M\left(1.7h_b / 10 - 0.03\right)$$

$$\Psi_M = 4.5 - 10a / 10$$

$$\eta_N = 0.44 + 2.1hW / 10$$

式中：M_1——Q_1、F_1作用下跨中截面的弯矩设计值；

M_2——Q_2作用下跨中截面弯矩设计值；

α_M——考虑墙梁组合作用的托梁的跨中弯矩系数，对自承重简支墙梁乘以0.8，对连续墙梁和框支墙梁，$\alpha M=\Psi_M$；

Ψ_M——洞口对托梁弯矩的影响系数，对无洞口墙梁取1.0；

$\Psi_M=3.8-8a/1\eta_N$——考虑墙梁组合作用的托梁的跨中轴力系数；

a——洞口边至墙梁最近支座的距离，当$a>0.3510$时，取$a=0.3510$。

托梁跨中截面按钢筋混凝土偏心受拉构件进行正截面承载力计算。对于框支墙梁和连续墙梁，还需对托梁的支座截面按受弯构件进行正截面承载力计算，其弯矩按下式计算：

$$M_b = M_1 + \alpha M M_2$$
$$\alpha M = 0.75 - a / 10$$

式中：M_1——Q_1、F_1作用下按连续梁或框架梁分析得到的托梁支座截面弯矩设计值；

M_2——Q_2作用下按连续梁或框架梁分析得到的托梁支座截面弯矩设计值；

α_M——考虑墙梁组合作用的托梁跨中弯矩系数，无洞口墙梁取0.4。

3.斜截面承载力计算

墙梁斜截面承载力计算涉及托梁和墙体两部分。试验表明，墙梁发生剪切破坏时，一般情况下墙体先于托梁进入极限状态，故托梁与墙体可分别进行受剪承载力计算。

（1）墙体受剪承载力计算

墙体的斜拉破坏发生在$h_w/l_0<0.4$的情况下，通过构造措施可以避免。墙体的受剪承载力计算是针对斜压破坏模式的。从墙体中截取任一个可能发生剪切破坏的单元，都处于复合受力状态。根据复合受力状态下砌体的抗剪强度以及墙体单元的应力状态，分别对无洞口墙梁及有洞口墙梁的墙体进行理论分析。通过对按正交设计的墙梁受剪承载力试验结果进行方差分析，找出影响受剪承载力最显著的因素，再进行回归分析，获得与试验结果比较符合的计算公式。

（2）托梁受剪承载力计算

托梁的斜截面受剪承载力按钢筋混凝土受弯构件计算，其剪力设计值按下式取：

$$V_b = V_1 + \beta V V_2$$

式中：V_1——Q_1、F_1作用下按简支梁、连续梁或框架梁分析得到的托梁支座截面剪力设计值。

V_2——同上。

βV——考虑组合作用的托梁剪力系数，无洞口墙梁边支座取0.6，中支座取0.7；有洞口墙梁边支座取0.7，中支座取0.8；自承重墙梁，无洞口时取0.45，有洞口时取0.5。

4.托梁上部砌体局部受压承载力计算

试验表明，当$h_w/l_0>0.75\sim0.8$，且无翼墙，砌体强度较低时，易发生托梁支座上方竖向应力集中而引起的砌体局部受压破坏。为保证砌体局部受压承载力，应满足$\sigma y_{max}h\leqslant\gamma_{fh}$（$\sigma y_{max}$为最大竖向压应力，$\gamma$为局部受压强度提高系数）。令$C=\sigma y_{max}h/Q_2$，称为应力集中系数，则上式变成$Q_2\leqslant\gamma_{fh}/C$。规范采用下列公式计算托梁上部砌体局部受压承载力：

$$Q_2\leqslant\xi f_h$$

$$\xi=0.25+0.08bf/h$$

式中：ζ——高压系数，当$\zeta>1$时，取$\zeta=1$。

翼墙和构造柱可以约束墙体，减少应力集中，改善局部受压性能。当$bf/h\geqslant5$或墙梁支座处设置上、下贯通的落地混凝土构造柱时，可不考虑局部受压承载力。

5.托梁在施工阶段的验算

施工阶段砌体中砂浆尚未硬化，不考虑共同工作，托梁按受弯构件进行正截面、斜截面承载力计算。荷载包括：①托梁自重及本层楼盖的自重；②本层楼盖的施工荷载；③墙体自重，可取高度为1/3跨度的墙体重量。

（四）墙梁构造

1.一般要求

采用烧结普通砖和烧结多孔砖砌体和配筋砌体的墙梁应符合相关规定。墙梁计算高度范围内每跨允许设置一个洞口；洞口边至支座中心的距离a，距边支座不应小于0.1510；距中支座不应小于0.0710。对多层房屋的墙梁，各层洞口宜设置在相同位置，并宜上、下对齐。

2.材料

托梁的混凝土强度等级不应低于C25；纵向钢筋宜采用HRB335、HRB400或RRB400级钢筋；承重墙梁的块体强度等级不应低于MU10，计算高度范围内墙体的砂浆强度等级不应低于M7.5。

3.墙体

框支墙梁的上部砌体房屋，以及设有承重的简支或连续墙梁的房屋，应满足刚性方案房屋的要求。墙梁计算高度范围内的墙体厚度，对砖砌体不应小于240mm，对混凝土小型砌块砌体不应小于190mm。墙梁洞口上方应设置钢筋混凝土过梁，其支承长度不应小于240mm，洞口范围内不应施加集中荷载。承重墙梁的支座处应设置落地翼墙，翼墙厚度，对砖砌体不应小于240mm，对混凝土小型砌块砌体不应小于190mm；翼墙宽度不应小于翼墙厚度的3倍，并与墙梁砌体同时砌筑。当不能设置翼墙时，应设置落地且上下贯通的混凝土构造柱。当墙梁墙体的洞口靠近支座时，支座处也应设置落地且上下贯通的混凝土构造柱，并与每层圈梁连接。墙梁计算高度范围内的墙体，每天的砌筑高度不应超过1.5m，否则应加设临时支撑。

4.托梁

有墙梁的房屋托梁处采用现浇钢筋混凝土楼盖，并适当加大楼板厚度。承重墙梁的托梁纵向受力钢筋的配筋率不应小于0.5%。托梁的纵向受力钢筋宜整体设置，不应在跨中段弯起或截断。钢筋接长应采用机械连接或焊接。托梁距边支座10/4范围内，上部纵向钢筋面积不应小于跨中下部纵向钢筋面积的1/3，连续墙梁或多跨框支墙梁的托梁中支座上部附加纵向钢筋从支座边算起每边延伸不应少于10/4。当托梁高度hb≥500mm时，应沿梁高设置整体水平腰筋，直径不应小于12mm，间距不应大于250mm。承重墙梁托梁支承长度不应小于350mm。纵向受力钢筋伸入支座的长度不应小于受拉钢筋的最小锚固长度。墙梁偏开洞口的宽度和两侧各一个梁高范围内，以及从洞口边至支座边的托梁箍筋直径不宜小于8mm，间距不应大于100mm。

三、挑梁设计

（一）受力特点

埋置在砌体中的悬挑构件，实际上是与砌体共同工作的。在悬挑端集中荷载及砌体上荷载作用下，挑梁经历了弹性阶段、截面水平裂缝发展及破坏三个受力阶段。

弹性阶段，在砌体自重及上部荷载作用下，挑梁的埋置部分上下界面将产生压应力σ_0；在悬挑端施加集中荷载后，界面上将形成竖向正应力分布。

当挑梁与砌体的上界面墙边竖向拉应力超过砌体沿通缝的抗拉强度时，将出现水平裂缝，随着荷载的增加，水平裂缝不断向内发展。随后在挑梁埋入端下界面出现水平裂缝，并随荷载的增大向墙边发展，这时挑梁有向上翘的趋势。随后在挑梁埋入端上角出现阶梯形斜裂缝，试验发现这种裂缝与竖向轴线的夹角平均为57°。水平裂缝的发展使挑梁下砌体受压区面积不断减少，有时会出现局部受压裂缝。

（二）计算要点

根据挑梁的受力特点和破坏形态，挑梁应进行抗倾覆验算、挑梁下砌体局部受压承载力验算和挑梁的正截面、斜截面承载力计算。

1.抗倾覆验算

砌体墙中钢筋混凝土挑梁的抗倾覆可按下列公式进行验算：

$$M_{ov} \leqslant M_r$$
$$M_r = 0.8G_r\left(12 - x_0\right)$$

式中：M_{ov}——挑梁的荷载设计值对计算倾覆点产生的倾覆力矩。

M_r——挑梁的抗倾覆力矩设计值。

G_r——挑梁的抗倾覆荷载，为挑梁尾端上部45°扩展角范围内本层的砌体与楼面恒荷载标准值之和。

x_0——计算倾覆点至墙外边缘的距离（mm），按下列规定采用：当$l_1 \geqslant 2.2h_b$时，$x_0=O.3h_b$，且不大于$0.13l_1$；当$l_1 < 2.2$时，$x_0=0.13l_1$。

l_1——挑梁埋入砌体墙中的长度（mm）。

h_b——挑梁的截面高度（mm）。

2.挑梁下墙体的局部承压验算

$$N_l \leqslant \eta\gamma f_{Al}$$

式中：N_1——挑梁下支承压力，可取$N_1=2Rh_b$，R为挑梁的倾覆荷载设计值；

η——梁端底面压应力图形完整系数，可取0.7；

γ——局部承压强度提高系数，对一字墙取1.25，对丁字墙取1.25；

A_1——挑梁下砌体局部受压面积，可取$A_1=1.2bh_b$。

第四章　建筑工程成本与质量管理

第一节　建筑工程成本管理

一、成本管理概述

（一）成本管理的定义

建筑工程项目成本管理是指为保证项目实际发生的成本不超过项目预算成本所进行的项目资源计划编制、项目成本估算、项目成本预算和项目成本控制等方面的管理活动。建设工程项目成本管理也可以理解为为了保证完成项目目标，在批准的项目预算内，对项目实施成本所进行的按时、保质、高效的管理过程和活动。

建筑工程项目成本管理的目的是通过依次满足项目建设的阶段性成本目标，实现实际成本不超出计划额度要求，并同时取得工程建设投资的经济、社会及生态环境效益。项目成本管理可以及时发现和处理项目执行中出现的成本方面的问题，达到有效节约项目成本的目的。

（二）成本管理的因素及过程

1.成本管理应考虑的因素

建筑工程项目成本管理首先要考虑完成项目活动所需资源的成本，这也是建设工程项目成本管理的主要内容。

建筑工程项目成本管理要考虑各种决策对项目最终产品成本的影响程度，如增加对某个构件检查的次数会增加该过程的测试成本，但这样会减少项目客户的运营成本。在决策时，要比较增加的测试成本和减少的运营成本的大小关系，如果增加的测试成本小于减少的运营成本，则应该增加对某个构件的检查的次数。

建设工程项目成本管理还要考虑不同项目关系人对项目成本的不同需求，项目关系人会在不同的时间以不同的方式了解项目成本的信息。例如，在项目采购过程中，项目客户可能在物料的预定、发货和收货等阶段详细或大概地了解成本信息。

2.工程项目成本控制的基本步骤

①比较：通过比较实际与计划费用，确定有无偏差及偏差大小程度；②分析：确定偏差的严重性及产生偏差的原因；③预测：按偏差发展趋势估计项目完成时的费用，并以此作为成本控制的决策依据；④纠偏：根据偏差分析、预测结果，采取相应缩小偏差行动；⑤检查：基于对纠偏措施执行情况、效果的确认，决定是否继续实施上述步骤，通过措施调整，持续进行纠偏工作，或在必要时，调整不合理的项目成本方案或成本目标。

二、施工成本计划

（一）建筑工程项目成本计划的类型

1.竞争性成本计划

竞争性成本计划是施工项目投标及签订合同阶段的估算成本计划。这类成本计划以招标文件中的合同条件、投标者须知、技术规范、设计图纸和工程量清单为依据，以有关价格条件说明为基础，结合调研、现场踏勘、答疑等情况，根据施工企业自身的工料消耗标准、水平、价格资料和费用指标等，对本企业完成投标工作所需要支出的全部费用进行估算。

2.指导性成本计划

指导性成本计划是选派项目经理阶段的预算成本计划，是项目经理的责任成本目标。这是组织在总结项目投标过程、部署项目实施时，以合同价为依据，按照企业的预算定额标准制订的设计预算成本计划，且一般情况下确定责任总成本目标。

3.实施性成本计划

实施性成本计划是项目施工准备阶段的施工预算成本计划，它是以项目实施方案为依据，以落实项目经理责任目标为出发点，采用企业的施工定额通过施工预算的编制而形成的实施性施工成本计划。

（二）建筑工程项目成本计划的内容

1.编制说明

编制说明是对工程的范围，投标竞争过程及合同条件，承包人对项目经理提出的责任成本目标，施工成本计划编制的指导思想和依据等的具体说明。

2.施工成本计划的指标

施工成本计划的指标应经过科学的分析预测确定，可以采用对比法、因素分析法等方法。施工成本计划一般情况下包括三类指标：成本计划的数量指标、成本计划的质量指标、成本计划的效益指标。

3.按成本性质划分的单位工程成本汇总表

根据清单项目的造价分析，分别对人工费、材料费、机具费和企业管理费进行汇总，形成单位工程成本计划表。

（三）建筑工程项目成本计划的编制依据

编制施工成本计划需要广泛收集相关资料并进行整理，以作为施工成本计划编制的依据。施工成本计划的编制依据包括以下内容：

（1）投标报价文件。

（2）企业定额、施工预算。

（3）项目实施规划或施工组织设计、施工方案。

（4）市场价格信息，如：人工、材料、机械台班的市场价；企业颁布的材料指导价、企业内部机械台班价格、劳动力内部挂牌价格。

（5）周转设备内部租赁价格、摊销损耗标准。

（6）合同文件，包括已签订的工程合同、分包合同、结构件外加工合同和合同报价书等。

（7）类似项目的成本资料，如以往同类项目成本计划的实际执行情况及有关技术经济指标完成情况的分析资料。

（8）施工成本预测、决策的资料。

（9）项目经理部与企业签订的承包合同及企业下达的成本降低额、降低率和其他有关技术经济指标。

（10）拟采取的降低施工成本的措施。

（四）建筑工程项目成本计划的编制步骤

（1）项目经理部按项目经理的成本承包目标确定建筑工程施工项目的成本管理目标和降低成本管理目标，后两者之和应低于前者。

（2）按分部分项工程对施工项目的成本管理目标和降低成本目标进行分解，确定各分部分项工程的目标成本。

（3）按分部分项工程的目标成本实行建筑工程施工项目内部成本承包，确定各承包队的成本承包责任。

（4）由项目经理部组织各承包班组确定降低成本技术组织措施，并计算其降低成本效果，编制降低成本计划，与项目经理降低成本目标进行对比，经过对降低成本措施进行反复修改而最终确定降低成本计划。

（5）编制降低成本技术组织措施计划表以及降低成本计划表和施工项目成本计划表。

（五）建筑工程项目成本计划的编制方法

1.按项目成本组成编制项目成本计划

施工成本可以按成本构成分解为人工费、材料费、施工机具使用费、企业管理费和利润等。

2.按施工项目组成编制施工成本计划

大中型工程项目通常是由若干单项工程构成的，而每个单项工程包括多个单位工程，每个单位工程又是由若干个分部分项工程构成的。因此，首先要把项目总施工成本分解到单项工程和单位工程中，再进一步分解到分部工程和分项工程中。

在完成施工项目成本分解之后，接下来就要具体地分配成本，编制分项工程的成本支出计划，从而得到详细的分项工程成本计划表。

在编制成本计划时，要在项目方面考虑总的预备费，也要在主要的分项工程中安排适当的不可预见费，避免在具体编制成本计划时，可能发现个别单位工程或工程量表中某项内容的工程量计算有较大出入，使原来的成本预算失实，并在项目实施过程中对其尽可能地采取一些措施。

3.按工程进度编制施工成本计划

按时间进度编制的费用计划，通常可利用控制项目进度的网络图进一步扩充而得。利用网络图控制投资，即要求在拟订工程项目的执行计划时，一方面，确定完成各项工作所需花费的时间；另一方面，同时确定完成这一工作的合适的成本支出计划。在实践中，将工程项目分解为既能方便地表示时间，又能方便地表示施工成本支出计划的工作是不容易的，通常如果项目分解程度对时间控制合适的话，则对施工成本支出计划可能分解过细，以至于不可能对每项工作确定其施工成本支出计划；反之亦然。

三、施工成本控制

（一）建筑工程项目成本控制的依据

建筑工程项目成本控制的依据包括以下内容。

1.工程承包合同

施工成本控制要以工程承包合同为依据，围绕降低工程成本这个目标，从预算收入和实际成本两方面研究节约成本、增加收益的有效途径，以求获得最大的经济效益。

2.施工成本计划

施工成本计划是根据施工项目的具体情况制定的施工成本控制方案，既包括预定的具体成本控制目标，又包括实现控制目标的措施和规划，是施工成本控制的指导文件。

3.进度报告

进度报告提供了对应时间节点的工程实际完成量，工程施工成本实际支付情况等重要信息。施工成本控制工作正是通过实际情况与施工成本计划相比较，找出二者之间的差别，分析偏差产生的原因，从而采取措施改进以后的工作。此外，进度报告还有助于管理者及时发现工程实施中存在的隐患，并在可能造成重大损失之前采取有效措施，尽量避免损失。

4.工程变更

在项目的实施过程中，由于各方面的原因，工程变更是很难避免的。工程变更一般包括设计变更、进度计划变更、施工条件变更、技术规范与标准变更、施工次序变更、工程量变更等。一旦出现变更，工程量、工期、成本都有可能发生变化，从而使施工成本控制工作变得更加复杂和困难。因此，施工成本管理人员应当通过对变更要求中各类数据的计算、分析，及时掌握变更情况，包括已发生的工程量、将要发生的工程量、工期是否拖延、支付情况等重要信息，判断变更以及变更可能带来的索赔额度等。

除了上述几种施工成本控制工作的主要依据，施工组织设计、分包合同等有关文件资料也都是施工成本控制的依据。

（二）建筑工程项目成本控制的步骤

1.比较

按照某种确定的方式将施工成本计划值与实际值逐项进行比较，以确定实际成本是否超过计划成本。

2.分析

在比较的基础上，对比较的结果进行分析，以确定偏差的严重性及偏差产生的原因。这一步是施工成本控制工作的核心，其主要目的在于找出产生偏差的原因，从而采取有针对性的措施，减少或避免相同偏差的再次发生或减少由此造成的损失。

3.预测

按照项目实施情况估算完成整个项目所需要的总成本，为资金准备和投资者决策提供理论基础。

4.纠偏

当工程项目的实际施工成本出现了偏差，应当根据工程的具体情况、偏差分析和预测的结果采取适当的措施，以期达到使施工成本偏差尽可能小的目的。纠偏是施工成本控制中最具实质性的一步。

纠偏首先要确定纠偏的主要对象，偏差原因有些是无法避免和控制的，如客观原因，只能对其中少数原因做到防患于未然，力求减少该原因所产生的经济损失。在确定了纠偏的主要对象之后，就需要采取有针对性的纠偏措施。纠偏可采用组织措施、经济措施、技术措施和合同措施等。

5.检查

它是指对工程的进展进行跟踪和检查，及时了解工程进展状况以及纠偏措施的执行情况和效果，为今后的工作积累经验。

（三）建筑工程项目成本控制的方法

1.施工成本的过程控制方法

施工阶段是成本发生的主要阶段，该阶段的成本控制主要是通过确定成本目标并按计划成本组织施工，合理配置资源，对施工现场发生的各项成本费用进行有效的控制，其具体的控制方法如下。

（1）人工费的控制

人工费的控制实行“量价分离”的方法，将作业用工及零星用工按定额劳动量（工日）的一定比例综合确定用工数量与单价，通过劳务合同管理进行控制。

（2）材料费的控制

材料费的控制同样按照“量价分离”原则，控制材料价格和材料用量。

材料价格的控制：施工项目的材料物资，包括构成工程实体的主要材料和结构件，以及有助于工程实体形成的周转使用材料和低值易耗品。从价值角度看，材料物资的价值约占建筑安装工程造价的60%甚至70%以上。因此，对材料价格的控制非常重要。材料价格主要由材料采购部门控制。由于材料价格是由买价、运杂费、运输中的合理损耗等组成，因此，控制材料价格主要是通过掌握市场信息，应用招标和询价等方式控制材料、设备的采购价格。对于买价的控制应事先对供应商进行考察，建立合格供应商名册。采购材料时，在合格供应商名册中选定供应商，在保证质量的前提下，争取最低价；对运费的控制应就近购买材料、选用最经济的运输方式，要求供应商在指定的地点按规定的包装条件交货；对于损耗的控制，为防止将损耗或短缺计入项目成本，要求项目现场材料验收人员及时办理验收手续，准确计量材料数量。

材料用量的控制：在保证符合设计要求和质量标准的前提下，合理使用材料，通过定额控制、指标控制、计量控制、包干控制等手段有效控制物资材料的消耗。

（3）施工机械使用费的控制

合理选择和使用施工机械设备对成本控制具有十分重要的意义，尤其是高层建筑施工。据某些工程实例统计，高层建筑地面以上部分的总费用中，垂直运输机械费用占6%～10%。由于不同的起重运输机械各有不同的特点，因此，在选择起重运输机械时，首先应根据工程特点和施工条件确定采取的起重运输机械的组合方式。

施工机械使用费主要由台班数量和台班单价两方面决定，因此，为有效控制施工机械使用费支出，应主要从以下几个方面进行控制：合理安排施工生产，加强设备租赁计划管理，减少因安排不当引起的设备闲置。加强机械设备的调度工作，尽量避免窝工，提高现场设备利用率。加强现场设备的维修保养，避免因不正当使用造成机械设备的停置。做好机上人员与辅助生产人员的协调与配合，提高施工机械台班产量。

（4）施工分包费用的控制

分包工程价格的高低，必然对项目经理部的施工项目成本产生一定的影响。因此，施工项目成本控制的重要工作之一是对分包价格的控制。决定分包范围的因素主要是施工项目的专业性和项目规模。对分包费用的控制主要是要做好分包工程的询价、拟定互利平等的分包合同、建立稳定的分包关系网络、加强施工验收和分包结算等工作。

2.挣得值法

挣得值法EVM（Earned Value Management）作为一项先进的项目管理技术，是20世纪70年代美国开发的，首先在国防工业中应用并获得成功。目前，国际上先进的工程公司已普遍采用挣得值法进行工程项目的费用、进度综合分析控制。用挣得值法进行费用、进度综合分析控制，基本参数有三项，即已完工作预算费用、计划工作预算费用和已完工作实际费用。

挣得值法的三个基本参数：

已完工作预算费用BCWP（Budgeted Costfor Work Performed）是指在某一时间已经完成的工作（或部分工作），以批准认可的预算为标准所需要的资金总额，由于发包人正是根据这个值为承包人完成的工作量支付相应的费用，也就是承包人获得（挣得）的金额，故称为挣得值或赢得值。

已完工作预算费用（BCWP）=已完成工作量×预算单价

计划工作预算费用BCWS（Budgeted Costfor Work Scheduled），即根据进度计划，在某一时刻应当完成的工作（或部分工作），以预算为标准所需要的资金总额。一般来说，除非合同有变更，否则BCWS在工程实施过程中应保持不变。

计划工作预算费用（BCWS）=计划工作量×预算单价

已完工作实际费用ACWP（Actual Costfor Work Performed），即到某一时刻为止，已完成的工作（或部分工作）所实际花费的总金额。

已完工作实际费用（ACWP）=已完成工作量×实际单价

四、建筑工程项目成本核算

（一）建筑工程项目成本核算的对象

建筑工程项目成本核算对象是指在计算工程成本中，确定归集和分配生产费用的具体对象，即生产费用承担的客体。具体的成本核算对象主要应根据企业生产的特点加以确定，同时还应考虑成本管理上的要求。

施工项目不等于成本核算对象。一个施工项目可以包括几个单位工程，需要分别核算。单位工程是编制工程预算、制订施工项目工程成本计划和与建设单位结算工程价款的计算单位，一般有以下几种划分方法：（1）一个单位工程由几个施工单位共同施工时，各施工单位都应以同一单位工程为成本核算对象，各自核算自行完成的部分。（2）规模大、工期长的单位工程可以将工程划分为若干部位，以分部位的工程作为成本核算对象。（3）同一建设项目由同一施工单位施工，并在同一施工地点、属同一结构类型、开竣工时间相近的若干单位工程可以合并为一个成本核算对象。（4）改建、扩建的零星工程可以将开竣工时间相接近、属于同一建设项目的各个单位工程合并为一个成本核算对象。（5）土石方工程、打桩工程可以根据实际情况和管理需要，以一个单项工程为成本核算对象，或将同一施工地点的若干个工程量较少的单项工程合并为一个成本核算对象。

（二）施工项目成本核算的基本要求

1.划清成本、费用支出和非成本支出、费用支出界限

划清不同性质的支出是正确计算施工项目成本的前提条件。即需划清资本性支出和收益性支出与其他支出、营业支出与营业外支出的界限。

2.正确划分各种成本、费用的界限

（1）划清施工项目工程成本和期间费用的界限。

（2）划清本期工程成本与下期工程成本的界限。

（3）划清不同成本核算对象之间的成本界限。

（4）划清未完工程成本与已完工程成本的界限。

3.加强成本核算的基础工作

（1）建立各种财产物资的收发、领退、转移、报废、清查、盘点、索赔制度。

（2）建立、健全与成本核算有关的各项原始记录和工程量统计制度。

（3）制订或修订工时、材料、费用等各项内部消耗定额以及材料、结构件、作业、劳务的内部结算指导价。

（4）完善各种计量检测设施，严格计量检验制度，使项目成本核算具有可靠的基础。

（5）项目成本计量检测必须有账有据。成本核算中的数据必须真实可靠，一定要审核无误，并设置必要的生产费用账册，增设成本辅助台账。

（三）施工项目成本核算的原则

1.确认原则

即对各项经济业务中发生的成本都必须按一定的标准和范围加以认定和记录。在成本核算中，常常要进行再确认，甚至是多次确认。

2.分期核算原则

企业为了取得一定时期的施工项目成本，需将施工生产活动划分为若干时期，并分期计算各项项目成本。成本核算的分期应与会计核算的分期相一致。

3.相关性原则

在具体成本核算方法、程序和标准的选择上，在成本核算对象和范围的确定上，成本核算应与施工生产经营特点和成本管理要求特性相结合，并与企业一定时期的成本管理水平相适应。

4.一贯性原则

企业成本核算所采用的方法应前后一致。只有这样才能使企业各项成本核算资料口径统一，前后连贯，相互可比。

5.实际成本核算原则

企业核算要采用实际成本计价。即必须根据计算期内实际产量以及实际消耗和实际价格计算实际成本。

6.及时性原则

企业成本的核算、结转和成本信息的提供应当在要求时期内完成。

7.配比原则

营业收入与其相对应的成本、费用应当相互配合。

8.权责发生制原则

凡是当期已经实现的收入和已经发生或应当负担的费用，不论款项是否收付都应作为当期的收入或费用处理；凡是不属于当期的收入和费用，即使款项已经在当期收付都不应作为当期的收入和费用。

9.谨慎原则

在市场经济条件下，在成本、会计核算中应当对企业可能发生的损失和费用做出合理预计，以增强抵御风险的能力。

10.区分收益性支出与资本性支出原则

成本、会计核算应当严格区分收益性支出与资本性支出界限，以正确计算当期损益。收益性支出是指该项支出为了取得本期收益，即仅仅与本期收益的取得有关。资本性支出是指不仅为取得本期收益而发生的支出，同时该项支出的发生有助于以后会计期间的支出。

11.重要性原则

对于成本有重大影响的业务内容应作为核算的重点，力求精确，而对于那些不太重要的琐碎的经济业务内容可以相对从简处理，不要事无巨细均做详细核算。

12.清晰性原则

项目成本记录必须直观、清晰、简明、可控、便于理解和利用。

（四）施工项目成本核算的方法

1.建立以项目为成本中心的核算体系

企业内部通过机制转换，形成和建立了内部劳务（含服务）市场、机械设备租赁市场、材料市场、技术市场和资金市场。项目经理部与这些内部市场主体发生的是租赁买卖关系，一切都以经济合同结算关系为基础。它们以外部市场通行的市场规则和企业内部相应的调控手段相结合的原则运行。

2.实际成本数据的归集

项目经理部必须建立完整的成本核算财务体系，应用会计核算的方法，在配套的专业核算辅助下，对项目成本费用的收、支、结、转进行登记、计算和反映，归集实际成本数据。项目成本核算的财务体系主要包括会计科目、会计报表和必要的核算台账。

3.“三算”跟踪分析

“三算”跟踪分析是对分部分项工程的实际成本与预算成本即合同预算（或施工图预算）成本进行逐项分别比较，反映成本目标的执行结果，即事后实际成本与事前计划成本的差异。

为了及时、准确、有效地进行“三算”跟踪分析，应按分部分项内容和成本要素划分“三算”跟踪分析，应按分部分项内容和成本要素划分“三算”跟踪分析项目，具体操作可先按成本要素分别编制，然后再汇总分部分项综合成本。

一般来说，项目的实际成本总是以施工预算成本为均值轴线上下波动。通常，实际成本总是低于合同预算成本，偶尔也可能高于合同预算成本。

在进行合同预算成本、施工预算成本、实际成本三者比较时，合同预算成本和施工预算成本是静态的计划成本；实际成本则是来源于后期的施工过程，它的信息载体是各种日报、材料消耗台账等。通过这些报表就能够收集到实际工、料等的准确数据，然后将这些数据与施工预算成本、合同预算成本逐项地进行比较。一般每季度比较一次，并严格遵循“三同步”原则。

第二节 建筑工程质量管理

一、质量控制概述

（一）质量

1.产品质量

产品质量指产品满足人们在生产及生活中所需的使用价值及其属性。它们体现为产品的内在和外在的各种质量指标。产品质量可以从两个方面理解：第一，产品质量好坏和高低是根据产品所具备的质量特性能否满足人们需要及满足程度来衡量的；第二，产品质量具有相对性（一方面，产品质量对有关产品所规定的要求标准和规定等因时而异，会随时间、条件而变化；另一方面，产品质量满足期望的程度由于用户需求程度不同，因人而异）。

2.工程质量

工程质量包括狭义和广义两个方面的含义：狭义的工程质量指施工的工程质量（施工质量）；广义的工程质量除了指施工质量，还包括工序质量和工作质量。

（1）施工质量

施工的工程质量是指承建工程的使用价值，也就是施工工程的适应性。

正确认识施工的工程质量是至关重要的。质量是为使用目的而具备的工程适应性，不是指绝对最佳的意思。应该考虑实际用途和社会生产条件的平衡，考虑技术可能性和经济合理性。建设单位提出的质量要求是考虑质量性能的一个重要条件，通常表示为一定幅度。施工企业应按照质量标准进行最经济的施工，以降低工程造价，提高性能，从而提高工程质量。

（2）工序质量

工序质量也称生产过程质量，是指施工过程中影响工程质量的主要因素（如人、机器设备、原材料、操作方法和生产环境五大因素）对工程项目的综合作用过程，是生产过程中五大要素的综合体现。

（3）工作质量

工作质量是指施工企业的生产指挥工作、技术组织工作、经营管理工作对达到施工工程质量标准、减少不合格品的保证程度。它也是施工企业生产经营活动各项工作的总质量。

工作质量不像产品质量那样直观，一般难以评价，通常是通过工程质量的高低、不合格率的多少、生产效率以及企业盈亏等经济效果来间接反映和定量的。

施工质量、工序质量和工作质量虽然含义不同，但三者是密切联系的。施工质量是施工活动的最终成果，它取决于工序质量。工作质量则是工序质量的基础和保证。所以，工程质量问题绝不是就工程质量而抓工程质量所能解决的，既要抓施工质量，又要抓工作质量。必须提高工作质量来保证工序质量，从而保证和提高施工的工程质量。

3.工程项目质量的特点

工程建设项目涉及面广，是一个极其复杂的综合过程，特别是重大工程具有建设周期长、影响因素多、施工复杂等特点，使得工程项目的质量不同于一般工业产品的质量，主要表现在以下几个方面。

（1）影响因素多

工程项目质量的影响因素多。如决策、设计、材料、机械、施工工序、操作方法、技术措施、管理制度及自然条件等都直接或间接地影响工程项目的质量。

（2）波动范围大

因工程建设不像工业产品生产，有固定的自动线和流水线，有规范化的生产工艺和完善的检测技术，有成套的生产设备和稳定的生产环境，有相同系列规格和相同功能的产品。其本身的复杂性、多样性和单个性决定了工程项目质量的波动范围大。

（3）变异性

工程项目建设是涉及面广、工期长、影响因素多的系统工程建设。系统中任何环节、任何因素出现质量问题都将引起系统质量因素的质量变异，造成工程质量事故。

（4）隐蔽性

工程项目在施工过程中，由于工序交接多，中间产品多，隐蔽工程多，若不及时检查发现质量问题，事后再看表面就容易判断错误，形成虚假质量。

（5）终检局限性

工程项目建成后，不可能像某些工业产品那样，通过拆卸或解体来检查内在的质量。即使发现质量有问题，也不可能像工业产品那样实行“包换”或“退款”。

4.工程项目质量的影响因素

（1）人对工程质量的影响

人是指直接参与工程项目建设的管理者和操作者。工作质量是工程项目质量的一个组成部分，只有提高工作质量，才能保证工程产品质量，而工作质量又取决于与工程建设有关的所有部门和人员。因此，每个工作岗位和每个人的工作都直接或间接地影响工程项目的质量。提高工作质量的关键在于控制人的素质，人的素质主要包括思想觉悟、技术水平、文化修养、心理行为、质量意识、身体条件等。

（2）材料对工程质量的影响

材料是指工程建设中所使用的原材料、半成品、构件和生产用的机电设备等。材料质量是形成工程实体质量的基础，材料质量不合格，工程质量也就不可能符合标准。加强材料的质量控制是提高工程质量的重要保障。

（3）机械对工程质量的影响

机械是指工程施工机械设备和检测施工质量所用的仪器设备。施工机械是现代机械化施工中不可缺少的设施，它对工程施工质量有直接影响。在施工机械设备类型及性能参数确定时，都应考虑到它对保证质量的影响，特别要注意考虑它经济上的合理性、技术上的先进性和使用操作及维护上的便利性。质量检验所用的仪器设备是评价质量的物质基础，它对质量评定有直接影响，应采用先进的检测仪器设备，并加以严格控制。

（4）方法或工艺对工程质量的影响

方法或工艺是指施工方法、施工工艺及施工方案。施工方案的合理性、施工方法或工艺的先进性均对施工质量影响极大。在施工实践中，往往由于施工方案考虑不周和施工工艺落后而拖延进度，影响质量，增加投资。为此，在制定和审核施工方案和施工工艺时，必须结合工程的实际，从技术、组织、管理、经济等方面进行全面分析，综合考虑，确保施工方案技术上可行，经济上合理，且有利于提高工程质量。

（5）环境对工程质量的影响

影响工程项目质量的环境因素很多，其中主要影响因素有自然环境，如地质、水文、气象等；技术环境因素，如工程建设中所用的规程、规范和质量评价标准等；工程地理环境，如质量保证体系、质量检验、监控制度、质量签证制度等。环境因素对工程项目质量的影响具有复杂和多变的特点，而且有些因素是人难以控制的。这就要求参与工程建设的各方应尽可能全面了解可能影响项目质量的各种环境因素，采取相应的控制措施，确保工程项目质量。

工程项目施工的最终成果是建成并准备交付使用的建设项目，是一种新增加的、能独立发挥经济效益的固定资产，它将对整个国家或局部地区的经济发展发挥重要作用。但是，只有合乎质量要求的工程才能投产和交付使用，也才能发挥经济效益。如果建设质量不合格就会影响按期使用或留下隐患，造成危害，建设项目的经济效益也就不能发挥。为此，建设项目参与各方必须牢固树立“百年大计，质量第一”的思想，做到好中求快，好中求省。

（二）建设工程项目质量管理

1.建设工程项目质量管理的定义

所谓质量管理，按国际标准（ISO）的定义是：为达到质量要求所采取的作业技术和活动。而建设工程项目质量管理是指企业为保证和提高工程质量，对各部门、各生产环节有关质量形成的活动进行调查、组织、协调、控制、检验、统计和预测的管理方法。通俗上说，它是为了最经济地生产出符合使用者要求的高质量产品而采用的各种方法的体系。随着科学技术的发展和市场竞争的需要，质量管理已越来越为人们所重视，并逐渐发展为一门新兴的学科。

工程项目的质量形成是一个有序的系统过程，在这个过程中，为了使工程项目具有满足用户某种需要的使用价值及其属性，需要进行一系列的技术作业和活动，其目的在于监控工程项目建设过程中所涉及的各种影响质量的因素，并排除在质量形成的各相关阶段导致质量事故的因素，预防质量事故的发生。这些作业技术和活动包括在质量形成的各个环节中，所有的技术和活动都必须在受控状态下进行，这样才可能得到满足项目规定的质量要求的工程。在质量管理过程中，要及时排除在各个环节上出现的偏离有关规范、标准、法规及合同条款的现象，使之恢复正常，以达到控制的目的。

工程项目的质量管理包括业主的质量控制、承包商的质量控制和政府的质量控制三方面。在实行建设监理制中，业主的质量控制主要委托社会监理来进行，承包商的质量控制主要包含于设计、施工质量保证体系与全面质量管理中。

2.建设工程项目质量管理的原则

（1）“质量第一”的原则

建设产品作为一种特殊的商品，具有使用年限长，质量要求高，一旦失事将会造成人民生命财产巨大损失的特点。因此，建设项目参与各方应自始至终地把“质量第一”作为对工程项目质量管理的基本原则。

（2）“以人为核心”的原则

人是质量的创造者，质量管理必须“以人为核心”，把人作为管理的动力，调动人的积极性、创造性。处理好与各方的关系，增强质量意识，提高人的素质，避免人为失误，通过提高工作质量确保工程质量。

（3）“预防为主”的原则

坚持“预防为主”的方针，注重事前、事中控制。这样既有效地控制了工程质量，也加快了工程进度，提高了经济效益。

（4）“按质量标准严格检查，一切用数据说话”的原则

质量标准是评价产品质量的尺度，数据是质量管理的依据。通过严格检查、整理、分

析数据，判断质量是否符合标准，达到控制质量的目的。

3.质量管理的基本方法

PDCA循环是人们在管理实践中形成的基本理论方法。从实践论的角度看，管理就是确定任务目标，并按照PDCA循环原理来实现预期目标，由此可见，PDCA是质量管理的基本方法。

（1）计划P（Plan）

计划可以理解为质量计划阶段，明确目标并制订显现目标的活动方案。在建设工程项目的实施中，“计划”是指各相关主体根据其任务目标和责任范围，确定质量控制的组织制度、工作程序、技术方法、业务流程、资源配置、检验试验要求、质量记录方式、不合格处理、管理措施等具体内容和做法的文件，“计划”还需对其实现预期目标的可行性、有效性、经济合理性进行分析论证，按照规定的程序与权限审批执行。

（2）实施D（Do）

实施包含两个环节，即计划行动方案的交底和按计划规定的方法与要求展开工程作业技术活动。计划交底目的在于使具体的作业者和管理者，明确计划的意图和要求，掌握标准，从而规范行为，全面地执行计划的行动方案，步调一致地去努力实现预期的目标。

（3）检查C（Check）

检查指对计划实施过程进行各种检查，包括作业者的自检、互检和专职管理者专检。各类检查都包含两大方面：一是检查是否严格执行了计划的行动方案，实际条件是否发生了变化，不执行计划的原因；二是检查计划执行的结果，即产出的质量是否达到标准的要求，对此进行确认和评价。

（4）处置A（Action）

处置指对于质量检查所发现的质量问题或质量不合格，及时进行原因分析，采取必要的措施，予以纠正，保持质量形成的受控状态。处置分纠偏和预防两个步骤。前者是采取应急措施，解决当前的质量问题；后者是信息反馈管理部门，反思问题症结或计划时的不周，为今后类似问题的质量预防提供借鉴。

在PDCA循环中，处理阶段是一个循环的关键，PDCA的循环过程是一个不断解决问题、不断提高质量的过程。同时，在各级质量管理中都有一个PDCA循环，形成一个大环套小环、一环扣一环，互相制约、互为补充的有机整体。

二、建筑工程项目施工质量控制的内容和方法

（一）施工准备的质量控制

1.施工技术准备工作的质量控制

施工技术准备工作内容繁多，主要在室内进行。它主要包括熟悉施工图纸，组织设计图纸审查和设计图纸交底；对工程项目拟检查验收的各子项目进行划分和编号；审核相关质量文件，细化施工技术方案、施工人员及机具的配置方案，编制作业技术指导书，绘制各种施工详图（如测量放线图、大样图及配筋、配板、配线图表等）进行技术交底和技术培训。

技术准备工作的质量控制就是复核审查上述技术准备工作的成果是否符合设计图纸和施工技术标准的要求；依据质量计划审查、完善施工质量控制措施；针对质量控制点，明确质量控制的重点对象和控制方法；尽可能提高上述工作成果对施工质量的保证程度等。

2.现场施工准备工作的质量控制

（1）计量控制

施工过程中的计量包括施工的投料计量、施工测量、监测计量以及对各子项目或过程的测试、检验和分析计量等。开工前要建立和完善施工现场计量管理的规章制度；明确计量控制责任人，安排必要的计量人员；严格按规定维修和校验计量器具；统一计量单位，组织量值传递，保证量值统一，从而保证施工过程中计量的准确。

（2）测量控制

施工单位在开工前应编制并实施测量控制方案。施工单位应对建设单位提供的原始坐标点、基准线和水准点等测量控制点进行复核，将复测结果上报监理工程师，并经监理工程师审核、批准后建立施工测量控制网，进行工程定位和标高基准的控制。

（3）施工平面图控制

施工单位要绘制出合理的施工平面布置图，科学合理地使用施工场地。正确安设施工机械设备和其他临时设施，保持现场施工道路畅通无阻和通信设施完好，合理安排材料的进场与堆放，保持良好的防洪排水能力，保证充分的给水和供电。建设（监理）单位应会同施工单位制定严格的施工场地管理制度、施工纪律和奖惩措施，严禁乱占场地和擅自断水、断电、断路，及时制止和处理各种违纪行为，并做好施工现场的质量检查记录。

3.工程质量检查验收的项目划分

为了便于控制、检查、监督和评定每个工序和工种的工作质量，要把整个项目逐级划分为若干个子项目，并分级进行编号，据此对工程施工进行质量控制和检查验收。子项目划分要合理、明细，以利于分清质量责任，便于施工人员进行质量自控和检查监督人员检查验收，也有利于质量记录等资料的填写、整理和归档。

单位工程的划分应按下列原则确定：①具备独立施工条件并能形成独立使用功能的建筑物及构筑物为一个单位工程。②建筑规模较大的单位工程可将其能形成独立使用功能的部分划为一个子单位工程。

分部工程的划分应按下列原则确定：①分部工程的划分应按专业性质、建筑部位确定。例如，一般的建筑工程可划分为地基与基础、主体结构、建筑装饰装修、建筑屋面、建筑给水排水及采暖、建筑电气、智能建筑、通风与空调、电梯等分部工程。②当分部工程较大或较复杂时，可按材料种类、施工特点、施工程序、专业系统及类别等划分为若干子分部工程。

分项工程应按主要工种、材料、施工工艺、设备类别等进行划分。

分项工程可由一个或若干个检验批组成，检验批可根据施工及质量控制和专业验收需要按楼层、施工段、变形缝等进行划分。

室外工程可根据专业类别和工程规模划分单位（子单位）工程。一般室外单位工程可划分为室外建筑环境工程和室外安装工程。

（二）施工过程的质量控制

建设工程项目施工是由一系列相互关联、相互制约的作业过程（工序）构成的，因此，施工质量控制，必须对各道工序的作业质量持续进行控制。工序作业质量的控制，首先，作业者的自控，这是因为作业者的能力及其发挥的状况是决定作业质量的关键；其次，通过外部（如班组、质检人员等）的各种质量检查、验收以及对质量行为的监督来进行控制。

1.工序施工质量控制

工序的质量控制是施工阶段质量控制的重点。只有严格控制工序质量才能确保工程的实体质量。工序施工质量控制包括工序施工条件控制和工序施工效果控制两方面。

（1）工序施工条件控制

工序施工条件控制就是控制工序活动中各种投入的生产要素质量和环境条件质量。控制的手段包括检查、测试、试验、跟踪监督等。控制的依据包括设计质量标准、材料质量标准、机械设备技术性能标准、施工工艺标准以及操作规程等。

（2）工序施工效果控制

工序施工效果通过工序产品的质量特征和特性指标来反映。对工序施工效果的控制就是通过控制工序产品的质量特征和特性指标，使之达到设计质量标准以及施工质量验收标准的要求。工序施工效果控制属于事后质量控制，其控制的过程是：实测获取数据、统计分析检测数据、判定质量等级，并采取措施纠正质量偏差。

2.施工作业质量的自控

（1）施工作业质量自控的意义

施工方是施工阶段质量自控主体。我国《建筑法》和《建设工程质量管理条例》规定：建筑施工企业对工程的施工质量负责；建筑施工企业必须按照工程设计要求、施工技术标准和合同的约定，对建筑材料、建筑构配件和设备进行检验，不合格的不得使用。可见，施工方不能因为监控主体（如监理工程师）的存在和监控责任的实施而减轻或免除其质量责任。

施工方作为工程施工质量的自控主体，要根据它在所承建的工程项目质量控制系统中的地位和责任，通过具体项目质量计划的编制与实施，有效地实现施工质量的自控目标。

（2）施工作业质量自控的程序

施工作业质量自控的程序包括施工作业技术交底、施工作业和作业质量的自检自查、互检互查以及专职质检人员的质量检查等。

①施工作业技术交底

施工组织设计及分部分项工程的施工作业计划，在实施之前必须逐级进行交底。施工作业技术交底的内容包括作业范围、施工依据、质量目标、作业程序、技术标准和作业要领，以及其他与安全、进度、成本、环境等目标管理有关的要求和注意事项。

施工作业技术交底是施工组织设计和施工方案的具体化，施工作业技术交底的内容应既能保证作业质量，又具有可操作性。

②施工作业活动的实施

首先，要对作业条件—作业准备状态是否落实到位进行确认，其中包括对施工程序和作业工艺顺序的检查确认；其次，严格按照技术交底的内容进行工序作业。

③施工

作业质量的检验。施工作业质量的检查包括施工单位内部的工序作业质量自检、互检、专检和交接检查，以及现场监理机构的旁站检查、平行检验等。施工作业质量检查是施工质量验收的基础，已完检验批及分部分项工程的施工质量，施工单位必须在完成质量自检并确认合格后，才能报请现场监理机构进行检查验收。

工序作业质量验收合格后，方可进行下一道工序的施工。未经验收合格的工序不得进行下一道工序的施工。

（3）施工作业质量自控的要求

为达到对工序作业质量控制的效果，在加强工序管理和质量目标控制方面应坚持以下要求。

①预防为主

严格按照施工质量计划进行各分部分项施工作业的部署。根据施工作业的内容、范围和特点制订施工作业计划，明确作业质量目标和作业技术要领，认真进行作业技术交底，落实各项作业技术组织措施。

②重点控制

在施工作业计划中，认真贯彻实施施工质量计划中的质量控制点的控制措施，同时，根据作业活动的实际需要，进一步建立工序作业控制点，强化工序作业的重点控制。

③坚持标准

工序作业人员在工序作业过程中应严格进行质量自检，开展作业质量互检；对已完的工序作业产品，即检验批或分部分项工程，严格坚持质量标准；对质量不合格的工序作业产品不得进行验收签证，必须按照规定的程序进行处理。

④记录完整

施工图纸、质量计划、作业指导书、材料质保书、检验试验及检测报告、质量验收记录等既是具备可追溯性的质量保证依据，也是工程竣工验收所必需的质量控制资料。因此，对工序作业质量应有计划、有步骤地按照施工管理规范的要求进行填写记载，做到及时、准确、完整、有效，并具有可追溯性。

3.施工作业质量的监控

（1）现场质量检查

现场质量检查是施工作业质量监控的主要手段。

现场质量检查的内容：①开工前主要检查是否具备开工条件，开工后能否保持连续正常施工，能否保证工程质量。②工序交接检查，对于重要的工序或对工程质量有重大影响的工序，应严格执行“三检”制度（自检、互检、专检），未经监理工程师（或建设单位技术负责人）检查认可不得进行下一道工序的施工。③隐蔽工程的检查，施工中凡是隐蔽工程必须检查认证后方可进行隐蔽掩盖。④停工后复工的检查，因客观因素停工或处理质量事故停工等复工时，经检查认可后方能复工。⑤分项、分部工程完工后的检查应经检查认可，并签署验收记录后，才能进行下一工程项目的施工。⑥成品保护的检查，检查成品有无保护措施以及保护措施是否有效可靠。

现场质量检查的方法有目测法、实测法、试验法等：

目测法：即凭借感官进行检查，也称观感质量检验，其手段可概括为“看、摸、敲、照”四个字。

看——肉眼进行外观检查，例如，清水墙面是否洁净，喷涂的密实度和颜色是否良好、均匀，工人的操作是否正常，内墙抹灰的大面及口角是否平直，混凝土外观是否符合要求等。

摸——通过触摸凭手感进行检查、鉴别，例如，油漆的光滑度等。

敲——用敲击工具进行音感检查，例如，对地面工程、装饰工程中的水磨石、面砖、石材饰面等均应进行敲击检查。

照——通过人工光源或反射光照射，检查难以看到或光线较暗的部位，例如，管道井、电梯井等内部管线、设备安装质量，装饰吊顶内连接及设备安装质量等。

实测法：通过实测数据与施工规范、质量标准的要求及允许偏差值进行比照，判断质量是否符合要求，其手段可概括为“靠、量、吊、套”四个字。

靠——用靠尺、塞尺检查诸如墙面、地面、路面等的平整度。

量——用测量工具和计量仪表等检查断面尺寸、轴线、标高、湿度、温度等的偏差，例如，大理石板拼缝尺寸，摊铺沥青拌和料的温度，混凝土坍落度的检测等。

吊——利用托线板以及线坠吊线检查垂直度，例如，砌体、门窗等的垂直度检查。

套——以方尺套方，辅以塞尺检查，例如，对阴阳角的方正、踢脚线的垂直度、预制构件的方正、门窗口及构件的对角线检查等。

试验法：试验法是指通过必要的试验手段对质量进行判断的检查方法，包括理化试验和无损检测。

工程中常用的理化试验包括物理力学性能方面的检验和化学成分及化学性能的测定等两个方面。物理力学性能的检验包括各种力学指标的测定，如抗拉强度、抗压强度、抗弯强度、抗折强度、冲击韧性、硬度、承载力等以及各种物理性能方面的测定，如密度含水量、凝结时间、安定性及抗渗、耐磨、耐热性能等。化学成分及化学性能的测定，如钢筋中的磷、硫含量，混凝土中粗骨料中的活性氧化硅成分以及耐酸、耐碱、抗腐蚀性等。此外，有关施工质量验收规范规定，有的工序完成后必须进行现场试验，例如，对桩或地基的静载试验、下水管道的通水试验、压力管道的耐压试验、防水层的蓄水或淋水试验等。

利用专门的仪器仪表从表面探测结构物、材料、设备的内部组织结构或损伤情况。常用的无损检测方法有超声波探伤、X射线探伤、γ射线探伤等。

（2）技术核定与见证取样送检

①技术核定

在建设工程项目施工过程中，因施工方对施工图纸的某些要求不甚清楚，或图纸内部存在某些错误，或工程材料调整与代用，改变建筑节点构造、管线位置或走向等需要通过设计单位明确或确认的，施工方必须以技术核定单的方式向监理工程师提出，报送设计单位核准确认。

②见证取样送检

为了保证建设工程质量，工程所使用的主要材料、半成品、构配件以及施工过程留置的试块、试件等应实行现场见证取样送检。见证人员由建设单位及工程监理机构中由有相关专业知识的人员担任；送检的实验室应具备经国家或地方工程检验检测主管部门核准的相关资质；见证取样送检必须严格按执行规定的程序进行，包括取样见证并记录、样本编号、填单、封箱、送实验室、核对、交接、试验检测、报告等。

检测机构应当建立档案管理制度。检测合同、委托单、原始记录、检测报告应当按年度统一编号，编号应当连续，不得随意抽撤、涂改。

4.隐蔽工程验收与施工成品质量保护

（1）隐蔽工程验收

凡会被后续施工所覆盖的施工内容，如地基基础工程、钢筋工程、预埋管线等均属隐蔽工程。其施工质量控制的程序要求施工方首先应完成自检并合格，然后填写专用的《隐蔽工程验收单》。验收单所列的验收内容应与已完的隐蔽工程实物一致，并事先通知监理机构及有关方面按约定的时间进行验收。验收合格的隐蔽工程由各方共同签署验收记录；验收不合格的隐蔽工程应按验收整改意见进行整改后重新验收。严格隐蔽工程验收的程序和记录，对于预防工程质量隐患，提供可追溯的质量记录具有重要作用。

（2）施工成品质量保护

为了避免已完施工成品受到来自后续施工以及其他方面的污染或损坏，必须进行施工成品的保护。成品形成后可采取防护、覆盖、封闭、包裹等相应措施进行保护。

三、建筑工程项目质量验收

（一）施工过程质量验收

进行建筑工程质量验收应将工程项目划分为单位（子单位）工程、分部（子分部）工程、分项工程和检验批。施工过程质量验收主要是指检验批和分项、分部工程的质量验收。

1.施工过程质量验收的内容

检验批和分项工程是质量验收的基本单元；分部工程是在所含全部分项工程验收的基础上进行验收的，在施工过程中随时完工随时验收，并留下完整的质量验收记录和资料；单位工程作为具有独立使用功能的完整的建筑产品进行竣工质量验收。

施工过程的质量验收包括以下验收环节，通过验收后留下完整的质量验收记录和资料，为工程项目竣工质量验收提供依据。

（1）检验批质量验收

所谓检验批是指按相同生产条件或按规定的方式汇总起来供检验用的，由一定数量样本组成的检验体。检验批可根据施工及质量控制和专业验收需要按楼层、施工段、变形缝等进行划分。检验批是工程验收的最小单位，是分项工程乃至整个建筑工程质量验收的基础。

（2）分项工程质量验收

分项工程质量验收在检验批验收的基础上进行。一般情况下，两者具有相同或相近的性质，只是批量的大小不同而已。分项工程可由一个或若干检验批组成。

（3）分部工程质量验收

分部工程质量验收在其所含各分项工程验收的基础上进行。

必须注意的是，由于分部工程所含的各分项工程性质不同，因此，它并不是在所含分项验收基础上的简单相加，即所含分项验收合格且质量控制资料完整，只是分部工程质量验收的基本条件还必须在此基础上对涉及安全和使用功能的地基基础、主体结构、有关安全及重要使用功能的安装分部工程进行见证取样试验或抽样检测，而且还需要对其观感质量进行验收，并综合给出质量评价，对于评价为“差”的检查点应通过返修处理等措施补救。

2.施工过程质量验收不合格的处理

施工过程质量验收是以检验批次的施工质量为基本验收单元。检验批质量不合格可能是由于使用的材料不合格，或施工作业质量不合格，或质量控制资料不完整等原因所致，其处理方法有以下几个方面：（1）在检验批验收时，发现存在严重缺陷的应推倒重做，有一般的缺陷可通过返修或更换器具、设备消除缺陷后重新进行验收。（2）个别检验批发现某些项目或指标（如试块强度等）不满足要求难以确定是否验收时，应请有资质的法定检测单位检测鉴定，当鉴定结果能够达到设计要求时，应予以验收。（3）当检测鉴定达不到设计要求，但经原设计单位核算仍能满足结构安全和使用功能的检验批可予以验收。（4）严重质量缺陷或超过检验批范围内的缺陷，经法定检测单位检测鉴定以后，认为不能满足最低限度的安全储备和使用功能则必须进行加固处理，虽然改变外形尺寸，但能满足安全使用要求，可按技术处理方案和协商文件进行验收，责任方应承担经济责任。（5）通过返修或加固处理后仍不能满足安全使用要求的分部工程严禁验收。

（二）竣工质量验收

施工项目竣工质量验收是施工质量控制的最后一个环节，是对施工过程质量控制成果的全面检验，是从终端把关方面进行质量控制。未经验收或验收不合格的工程不得交付使用。

1.竣工质量验收的依据

工程项目竣工质量验收的依据有：国家相关法律法规和建设主管部门颁布的管理条例和办法；工程施工质量验收统一标准；专业工程施工质量验收规范；批准的设计文件、施工图纸及说明书；工程施工承包合同；其他相关文件。

2.竣工质量验收的要求

（1）工程项目竣工质量验收

①检验批的质量应按主控项目和一般项目验收。②工程质量的验收均应在施工单位自检合格的基础上进行。③隐蔽工程在隐蔽前应由施工单位通知监理工程师或建设单位专业技术负责人进行验收，并应形成验收文件，验收合格后方可继续施工。④参加工程施工质量验收的各方人员应具备规定的资格，单位工程的验收人员应具备工程建设相关专业的中级以上技术职称并具有5年以上从事工程建设相关专业的工作经历，参加单位工程验收的签字人员应为各方项目负责人。⑤涉及结构安全的试块、试件以及有关材料应按规定进行见证取样检测。对涉及结构安全使用功能、节能、环境保护等重要分部工程应进行抽样检测。⑥承担见证取样检测及有关结构安全、使用功能等项目的检测单位应具备相应资质。⑦工程的观感质量应由验收人员现场检查，并应共同确认。

（2）建筑工程施工质量验收合格应符合的要求

①符合相关专业验收规范的规定。②符合工程勘察、设计文件的要求。③符合合同约定。

3.竣工质量验收的标准

（1）单位（子单位）工程所含分部（子分部）工程质量验收均应合格。

（2）质量控制资料应完整。

（3）单位（子单位）工程所含分部工程有关安全和功能的检验资料应完整。

（4）主要功能项目的抽查结果应符合相关专业质量验收规范的规定。

4.竣工质量验收的程序

建设工程项目竣工验收可分为验收准备、竣工预验收和正式验收三个环节进行。整个验收过程涉及建设单位、设计单位、监理单位及施工总分包各方的工作，必须按照工程项目质量控制系统的职能分工，以监理工程师为核心进行竣工验收的组织协调。

（1）竣工验收准备

施工单位按照合同规定的施工范围和质量标准完成施工任务后，应自行组织有关人员进行质量检查评定。自检合格后，向现场监理机构提交工程竣工预验收申请报告，要求组织工程竣工预验收。施工单位的竣工验收准备包括工程实体的验收准备和相关工程档案资料的验收准备，使之达到竣工验收的要求，其中设备及管道安装工程等，应经过试压、试车和系统联动试运行检查记录。

（2）竣工预验收

监理机构收到施工单位的工程竣工预验收申请报告后，应就验收的准备情况和验收条件进行检查，对工程质量进行竣工预验收。对工程实体质量及档案资料存在的缺陷及时提出整改意见，并与施工单位协商整改方案，确定整改要求和完成时间。具备下列条件时，由施工单位向建设单位提交工程竣工验收报告，申请工程竣工验收。

（3）正式竣工验收

建设单位收到工程竣工验收报告后，应由建设单位（项目）负责人组织施工（含分包单位）、设计、勘察、监理等单位（项目）负责人进行单位工程验收。建设单位应组织勘察、设计、施工、监理等单位和其他方面的专家组成竣工验收小组，负责检查验收的具体工作，并制定验收方案。

建设单位应在工程竣工验收前7个工作日前将验收时间、地点、验收组名单书面通知该工程的工程质量监督机构。建设单位组织竣工验收会议。

（三）竣工验收备案

我国实行建设工程竣工验收备案制度。新建、扩建和改建的各类房屋建筑工程和市政基础设施工程的竣工验收均应按《建设工程质量管理条例》规定进行备案。

建设单位应当自建设工程竣工验收合格之日起15日内，将建设工程竣工验收报告和规划、公安消防、环保等部门出具的认可文件或准许使用文件报建设行政主管部门或者其他相关部门备案。

备案部门在收到备案文件资料后的15日内对文件资料进行审查，对符合要求的工程，在验收备案表上加盖“竣工验收备案专用章”，并将一份送建设单位存档。如审查中发现建设单位在竣工验收过程中，有违反国家有关建设工程质量管理规定行为的应责令停止使用，重新组织竣工验收。

建设单位有下列行为之一的责令改正，处以工程合同价款百分之二以上百分之四以下的罚款；造成损失的依法承担赔偿责任。未组织竣工验收，擅自交付使用的；验收不合格，擅自交付使用的；对不合格的建设工程按照合格工程验收的。

四、质量管理体系

（一）建筑工程项目质量保证体系的概念

工程项目质量保证体系是指承包商以保证工程质量为目标，依据国家的法律、法规，国家和行业相关规范、规程和标准以及自身企业的质量管理体系，运用系统方法，策划并建立必要的项目部组织结构，针对工程项目施工过程中影响工程质量的因素和活动制订工程项目施工的质量计划，并遵照实施的质量管理活动的总和。

（二）建筑工程项目质量计划的内容

为了确保工程质量总目标的实现，必须对具体资源安排和施工作业活动合理地进行策划，并形成一个与项目规划大纲和项目实施规划共同构成统一计划体系的、具体的建筑工程项目施工质量计划，该计划一般包含在施工组织设计中或包含在施工项目管理规划中。

建筑工程项目施工的质量策划需要确定的内容如下：（1）确定该工程项目各分部分项工程施工的质量目标。（2）相关法律、法规要求；建筑工程的强制性标准要求；相关规范、规程要求；合同和设计要求，并使之文件化，以实现工程项目的质量目标，满足相关要求。（3）确定各项工作过程效果的测量标准、测量方法，确定原材料，半成品构配件和成品的验收标准，验证、确认、检验和试验工作的方法和相应工作的开展。（4）确定必要的工程项目施工过程中产生的记录（如工程变更记录、施工日志、技术交底、工序交接和隐蔽验收等记录）。

策划的过程中针对工程项目施工各工作过程和各类资源供给做出的具体规定，并将其形成文件，这个（些）文件就是工程项目施工质量计划。

施工质量计划的内容一般应包括以下几点：（1）工程特点及施工条件分析（合同条件、法规条件和现场条件）。（2）依据履行施工合同所必须达到的工程质量总目标制订各分部分项工程分解目标。（3）质量管理的组织机构、人力、物力和财力资源配置计划。（4）施工质量管理要点的设置。（5）为确保工程质量所采取的施工技术方案、施工程序，材料设备质量管理及控制措施，以及工程检验、试验、验收等项目的计划及相应方法等。（6）针对施工质量的纠正措施与预防措施。（7）质量事故的处理。

1.施工质量总目标的分解

进行作业层次的质量策划时，首先必须将项目的质量总目标层层分解到分部分项工程施工的分目标上，以及按施工工期实际情况将质量总目标层层分解到项目施工过程的各年、季、月的施工质量目标。

各分解质量目标较为具体，其中部分质量目标可量化，不可量化的质量目标应该是可测量的。

2.建立质量保证体系

（1）项目主要岗位的人员安排

项目经理将由担任过同类型工程项目管理、具备丰富施工管理经验的国家一级建造师担任。项目技术负责人将由具有较高技术业务素质和技术管理水平的工程师担任。项目经理部的其他组成人员均经过大型工程项目的锻炼。

组成后的项目经理部具备以下特点：①领导班子具有良好的团队意识，组成人员在年龄和结构上有较大的优势，精力充沛，年富力强，施工经验丰富。②文化层次高、业务能力强，主要领导班子成员均具有大专以上学历，并具有中高级职称，各业务主管人员均有多年共同协作的工作经历。③项目部班子主要成员及各主要部室负责执行《质量手册》《环境和职业健康安全管理手册》和相关程序文件。在施工过程中，充分发挥各职能部门、各岗位人员的职能作用，认真履行管理职责。

（2）各岗位具体岗位职责

项目经理：项目施工现场全面管理工作的领导者和组织者，项目质量、安全生产的第一责任人，统筹管理整个项目的实施。负责协调项目甲方、监理、设计、政府部门及相关施工方的工作关系，认真履行与业主签订的合同，保证项目合同规定的各项目标顺利完成，及时回收项目资金；领导编制施工组织设计、进度计划和质量计划，并贯彻执行；组织项目例会、参加公司例会，掌握项目工、料、机动态，按规定及时准确向公司上交报表；实行项目成本核算制，严格控制非生产性支出，自觉接受公司各职能部门的业务指导、监督及检查，重大事情、紧急情况及时报告；组织竣工验收资料收集、整理和编册工作。

现场执行经理：对项目经理负责，现场施工质量、安全生产的直接责任人，安排协调各专业、工种的人员保障、施工进度和交叉作业，协调处理现场各方施工矛盾，保证施工计划的落实，组织材料、设备按时进场，协调做好进场材料、设备和已完工程的成品保护，组织专业产品的过程验收和系统验收，办理交接手续。

技术负责人：工程项目主要现场技术负责人。领导各专业责任人、质检员、施工队等技术人员保证施工过程符合技术规范要求，保证施工按正常秩序进行；通过技术管理，使施工建立在先进的技术基础上，保证工程质量的提高；充分发挥设备潜力，充分发挥材料性能，完善劳动组织，提高劳动生产率，完成计划任务，降低工程成本，提高经营效果。

专业质量工程师：熟悉图纸和施工现场情况，参加图纸会审，做好记录，及时办理洽商和设计变更；编制施工组织设计和专业施工进度控制计划（总计划、月计划、周计划），编制项目本专业物资材料供应总体计划，交物资部、商务部审核；负责所辖范围内的安全生产、文明施工和工程质量，按季节、月、分部、分项工程和特殊工序进行安全和技术交底，编写《项目作业指导书》，编制成品保护实施细则；负责工序间的检查、报验工作，负责进场材料质量的检查与报验，确认分承包方每月完成实物工程量，记好施工日志，积累现场各种见证资料，管理、收集施工技术资料；掌握分承包方劳动力、材料、机械动态，参加项目每周生产例会，发现问题及时汇报；工程竣工后负责编写《用户服务手册》。

质检员：负责整个施工过程中的质量检查工作。熟悉工程运用施工规范、标准，按标准检查施工完成质量，及时发现质量不合格工序，报告主任工程师，会同专业工长提出整改方案，并检查整改完成情况。

材料员：认真执行材料检验与施工试验制度；熟悉工程所用材料的数量、质量及技术要求；按施工进度计划提出材料计划，会同采购人员保证工程所用材料按时到达现场；协助有关人员做好材料的堆放与保管工作。

资料员：负责整个工程资料的整理及收藏工作；按各种材料要求审验进场材料的必备资料，保证进场材料符合规范要求；填写并保存各种隐检、预检及评定资料。

3.质量控制点的设置

作为质量计划的一部分，施工质量控制点的设置是施工技术方案的重要组成部分，是施工质量控制的重点对象。

（1）施工质量控制点的设置原则

对工程的安全和使用功能有直接影响的关键部位、工序、环节及隐蔽工程应设立控制质量、拉结筋质量、轴线位置、垂直度；基础级配砂石垫层密实度、屋面和卫生间防水性能、门窗正常的开启功能；水、暖、卫无跑冒滴漏堵；电气安装工程的安全性能等。

对下一道工序质量形成有较大影响的工序应设立控制点。例如，梁板柱模板的轴线位吊顶中吊杆位置、间距、牢固性和主龙骨的承载能力；室外楼梯、栏杆和预埋铁件的牢固性等。

对质量不稳定、经常出现不良品的工序、部位或对象应设立控制点，如易出现裂缝的抹灰工程等。例如，预应力空心板侧面经常开裂；砂浆和混凝土的和易性波动；混凝土结构出现蜂窝麻面；铝合金窗和塑钢窗封闭不严；抹灰常出现开裂空鼓等。

采用新技术、新工艺、新材料的部位或环节。施工质量无把握的、施工条件困难的或技术难度大的工序或环节。

（2）施工质量控制点设置的具体方法

根据工程项目施工管理的基本程序，结合项目特点在制订项目总体质量计划时，列出各基本施工过程对局部和总体质量水平有影响的项目作为具体实施的质量控制点。例如，在建筑工程施工质量管理中，材料、构配件的采购，混凝土结构件的钢筋位置、尺寸，用于钢结构安装的预埋螺栓的位置以及门窗装修和防水层铺设等均可作为质量控制点。

质量控制点的设定使工作重点更加明晰，事前预控的工作更有针对性。事前预控包括明确控制目标参数、制定实施规程（包括施工操作规程及检测评定标准）、确定检查项目和数量及其跟踪检查或批量检查方法、明确检查结果的判断标准及信息反馈要求。

（3）质量控制点的管理

做好施工质量控制点的事前质量控制工作：①明确质量控制的目标与控制参数。②编制作业指导书和质量控制措施。③确定质量检查检验方式及抽样的数量与方法。④明确检查结果的判断标准及质量记录与信息反馈要求等。

向施工作业班组认真交底。确保质量控制点上的施工作业人员知晓施工作业规程及质量检验评定标准，掌握施工操作要领；技术管理和质量控制人员必须在施工现场进行重点指导和检查验收。

做好施工质量控制点的动态设置和动态跟踪管理。施工质量控制点的管理应该是动态的，一般情况下，在工程开工前、设计交底和图纸会审时，可确定整个项目的质量控制点，随着工程的展开、施工条件的变化，定期或不定期进行质量控制点的调整，并补充到原质量计划中成为质量计划的一部分，以始终保持对质量控制重点的跟踪，并使其处于受控状态。

对于危险性较大的分部分项工程或特殊施工过程，除按一般过程质量控制的规定执行，还应由专业技术人员编制专项施工方案或作业指导书，经施工单位技术负责人、项目总监理工程师、建设单位项目负责人签字后执行。超过一定规模的、危险性较大的分部分项工程还要组织专家对专项方案进行论证。作业前，施工员、技术员进行技术交底，使操作人员能够正确作业。严格按照三级检查制度进行检查控制。在施工中发现质量控制点有异常时，应立即停止施工，召开分析会议，查找原因并采取对策予以解决。

施工单位应主动支持、配合监理工程师的工作。将施工作业质量控制点细分为“见证点”和“待检点”接受监理工程师对施工质量的监督和检查。凡属“见证点”的施工作业，如重要部位、特种作业、专门工艺等，施工方必须在该项作业开始前24h书面通知现场监理机构到位旁站，见证施工作业过程；凡属“待检点”的施工作业，如隐蔽工程等，施工方必须在完成施工质量自检的基础上，提前通知项目监理机构进行检查验收，然后才能进行工程隐蔽或下一道工序的施工。未经监理工程师检查验收合格的，不得进行工程隐蔽或下一道工序的施工。

4.质量保证的方法和措施的制定

（1）质量保证方法的制定

质量保证方法的制定就是针对建筑工程施工项目各个阶段各项质量管理活动和各项施工过程，为确保各质量管理活动和施工成果符合质量标准的规定，经过科学分析、确认，规定各项质量管理活动和各项施工过程必须采用的正确的质量控制方法、质量统计分析方法、施工工艺、操作方法和检查、检验及检测方法。

质量控制方法的制定需针对以下三个阶段的质量管理活动来进行。

①施工准备阶段的质量管理

施工准备是指项目正式施工活动开始前，为保证施工生产正常进行而必须事先做好的工作。

施工准备阶段的质量管理就是对影响质量的各种因素和准备工作进行的质量管理。其具体管理活动包括以下内容：文件、技术资料准备的质量管理包括工程项目所在地的自然条件及技术经济条件调查资料、施工组织设计、工程测量控制资料。设计交底和图纸审核的质量管理。设计图纸是进行质量管理的重要依据。做好设计交底和图纸审核工作可以使施工单位充分了解工程项目的设计意图、工艺和工程质量要求，同时也可以减少图纸的差错。资源的合理配置。通过策划，合理确定并及时安排工程施工项目所需的人力和物力。

质量教育与培训。通过教育培训和其他措施提高员工适应本施工项目具体工作的能力。采购质量管理。采购质量管理主要包括对采购物资及其供应商的管理，制定采购要求和验证采购产品。物资供应商的管理，即对可供选用的供应商进行逐个评价，并确定合格供应商名单。采购要求是采购物资质量管理的重要内容。采购物资应符合相关法规、承包合同和设计文件要求。通过检验供方现场、进货检验和（或）查验供方提供的合格证明等方式来确认采购物资的质量。

②施工阶段的质量管理

技术交底。各分项工程施工前，由项目技术负责人向施工项目的所有班组进行交底。交底内容包括图纸交底、施工组织设计交底、分项工程技术交底和安全交底等。通过交底明确施工方法，工序衔接以及进度、质量、安全要求等。

材料、半成品、构配件的控制。其主要包括对供应商质量保证能力进行评定；建立材料管理制度，减少材料损失、变质；对原材料、半成品、构配件进行标识；加强材料检查验收；查验发包人提供的原材料、半成品、构配件和设备；材料质量抽样和检验方法。

机械设备控制。机械设备控制包括机械设备使用的决策；确保配套；机械设备的合理使用；机械设备的保养与维修。

环境控制：一是对影响工程项目质量的环境因素的控制。影响工程项目质量的环境因素主要包括工程技术环境；工程管理环境；劳动环境。二是计量控制。施工中的计量工作包括对施工材料、半成品、成品以及施工过程的监测计量和相应的测试、检验、分析计量等。三是工序控制。工序亦称“作业”。工序是施工过程的基本环节，也是组织施工过程的基本单位。一道工序是指一个（或一组）工人在一个工作地对一个（或几个）劳动对象（工程、产品、构配件）所进行的一切连续活动的总和。工序质量管理首先要确保工序质量的波动限制在允许的范围内，使得合格产品能够稳定地生产。如果工序质量的波动超出了允许范围就要立即对影响工序质量波动的因素进行分析，找出解决办法，采取必要的措施，对工序进行有效的控制，使其波动回到允许范围内。

质量控制点的管理：首先，必须进行技术交底工作，使操作人员在明确工艺要求、质量要求、操作要求后方能上岗，并做好相关记录。其次，建立三级检查制度，即操作人员自检，组员之间互检或工长对组员进行检查，质量员进行专检。

工程变更控制。工程变更的范围：设计变更；工程量的变动；施工进度的变更；施工合同的变更等。工程变更可能导致工程项目施工工期、成本或质量的改变。因此，必须对工程变更进行严格的管理和控制。

成品保护：成品保护要从两个方面着手：首先，应加强教育，提高全体员工的成品保护意识；其次，要合理安排施工顺序，同时采取有效的保护措施。

③竣工验收阶段的质量管理

最终质量检验和试验：单位工程质量验收也称质量竣工验收，是对已完工程投入使用前的最后一次验收。验收合格的先决条件是：单位工程的各分部工程应该合格；有关完整的资料文件。另外，还需对涉及安全和使用功能的分部工程进行检验资料的复查，对主要使用功能进行抽查，参加验收的各方人员共同进行观感质量检查。

技术资料的整理：技术资料，特别是永久性技术资料是工程项目施工情况的重要资料，也是施工项目进行竣工验收的主要依据。工程竣工资料主要包括工程项目开工报告；工程项目竣工报告；图纸会审和设计交底记录；设计变更通知单；技术变更核定单；工程质量事故的调查和处理资料；材料、设备、构配件的质量合格证明；材料、设备、构配件等的试验、检验报告；隐蔽工程验收记录及施工日志；竣工图；质量验收评定资料；工程竣工验收资料。施工单位应该及时、全面地收集和整理上述资料，监理工程师应对上述技术资料进行审查。

产品防护：工程移交前，要对已完工的工程采取有效的防护措施，确保工程不被损坏。

撤场：工程交工后，项目经理部应编制撤场计划，使撤场工作有序、高效地进行，确保施工机具、暂设工程、建筑残土、剩余材料在规定时间内全部拆除运走，达到场清地平；有绿化要求的，达到树活草青。

（2）质量保证措施的制定

质量保证措施的制定就是针对原材料、构配件和设备的采购管理，针对施工过程中各分部分项工程的工序施工和工序间交接的管理，针对分部分项工程阶段性成品保护的管理，从组织方面、技术方面、经济方面、合同方面和信息方面制定有效、可行的措施。

（三）建筑工程质量保证体系的运行

1.项目部各岗位人员的就位和质量培训

建筑工程的施工项目部必须严格按照质量计划中的规定建立并运行施工质量管理体系：（1）必须将满足岗位资格和能力要求的人员安排在体系的各岗位上，并进行质量意识的培训。（2）能力不足的人员必须经过相应的能力培训，经考核能胜任工作，方可安排在相应岗位上。

2.质量保证方法和措施的实施

建筑工程的施工项目部必须严格按照质量计划中关于质量保证方法和措施的规定开展各项质量管理活动、进行各分部分项工程的施工，使各项工作处于受控状态，确保工作质量和工程实体质量。

当施工过程中遇到在质量计划中未做出具体规定，但对工程质量产生影响的事件时，施工项目部各级人员需按照主动控制、动态控制原则，按照质量计划中规定的控制程序和岗位职责，及时分析该事件可能的发展趋势，明确针对该事件的质量控制方法，制定有针对性的纠正和预防措施并实施，以确保因该事件导致的工作质量偏差和工程实体质量偏差均得到必要的纠正而处于受控状态。

上述情况下产生的质量控制方法和有针对性的纠正和预防措施，经实施验证对质量控制有效，则将其补充到原质量计划中成为质量计划的一部分，以保持对施工过程的质量控制，使施工过程中的各项质量管理活动和各分部分项工程的施工工作随时处于受控状态。

3.质量技术交底制度的执行

为确保建筑工程的各分部分项工程的施工工作随时处于受控状态，必须严格按照质量计划中的质量技术交底制度，进行技术交底工作，并做好相关记录。

4.质量检查制度的执行

施工人员、施工班组和质量检查人员在各分部分项工程施工过程中要严格按照质量验收标准和质量检查制度及时进行自检、互检和专职质检员检查，经三级检查合格后报监理工程师检查验收。

及时的三级检查，可以验证工程施工的实际质量情况与质量计划的差异程度，确认工程施工过程中的质量控制情况，并依据必要性适时采取相应措施，确保工程施工的顺利进行。

在执行质量检查制度时，除了严格按照检查方法、检查步骤和程序，还必须充分重视质量计划列出的各分部分项工程的检查内容和要求。

5.按质量事故处理的规定执行

当发生质量事故时，项目部各级人员必须根据岗位的相应职责，严格按照质量保证计划的规定对该质量事故进行有效的控制，避免该事故进一步扩展；同时对该质量事故进行分类，分析事故原因，并及时处理。

在质量事故处理中科学地分析事故产生的原因是及时有效地处理质量事故的前提。下面介绍一些常见的质量事故原因分析。

施工项目质量问题的形式多种多样，其主要原因如下。

（1）违背建设程序

常见的情况有：未经可行性论证，不做调查分析就下结论；未进行地质勘查就仓促开工；无证设计；随意修改设计；无图施工；不按图纸施工；不进行试车运转、不经竣工验收就交付使用等。这些做法导致一些工程项目留有严重隐患，房屋倒塌事故也常有发生。

（2）工程地质勘察工作失误

未认真进行地质勘察，提供的地质资料和数据有误；地质勘察报告不详细；地质勘察钻孔间距过大，勘察结果不能全面反映地基的实际情况；地质勘察钻孔深度不够，未能查清地下软土层、滑坡、墓穴等基础构造等工作失误，均会导致采用错误的基础方案，造成地基不均匀沉降、失稳，极易使上部结构及墙体发生开裂、破坏和倒塌事故。

（3）未加固处理好地基

对软弱土、冲填土、杂填土、湿陷性黄土、膨胀土、岩层出露、溶岩和溶洞等各类不均匀地基未进行加固处理或处理不当，均是导致质量事故发生的直接原因。

（4）设计错误

结构构造不合理，计算过程及结果有误，变形缝设置不当，悬挑结构未进行抗倾覆验算等错误都是诱发质量问题的隐患。

（5）建筑材料及制品不合格

钢筋物理力学性能不符合标准；混凝土配合比不合理，水泥受潮、过期、安定性不满足要求，砂石级配不合理、含泥量过高，外加剂性能、掺量不满足规范要求，均会影响混凝土强度、密实性、抗渗性，导致混凝土结构出现强度不足、裂缝、渗漏、蜂窝、露筋等质量问题；预制构件断面尺寸过小，支承锚固长度不足，施加的预应力值达不到要求，钢筋漏放、错位、板面开裂等，极易发生预制构件断裂、垮塌的事故。

（6）施工管理不善、施工方法和施工技术错误

许多工程质量问题是由施工管理不善和施工技术错误造成的：①不熟悉图纸，盲目施工；未经监理、设计部门同意擅自修改设计。②不按图施工。如：把铰接节点做成刚接节点，把简支梁做成连续梁；在抗裂结构中用光圆钢筋代替变形钢筋等，极易使结构产生裂缝而破坏；对挡土墙的施工不按图纸设滤水层、留排水孔，易使土压力增大，造成挡土墙倾覆。③不按有关施工验收规范施工，如对现浇混凝土结构不按规定的位置和方法，随意留设施工缝；现浇混凝土构件强度未达到规范规定的强度时就拆除模板；砌体不按组砌形式砌筑，如留直搓不加拉结条，在小于1m的窗间墙上留设脚手眼等错误的施工方法。④不按有关操作规程施工。如：用插入式振捣器捣实混凝土时，不按插点均布、快插慢拔、上下抽动、层层扣搭的操作法操作，致使混凝土振捣不实，整体性差。又如，砖砌体的包心砌筑、上下通缝、灰浆不均匀饱满等现象都是导致砖墙、砖柱破坏、倒塌的主要原因。⑤缺乏基本结构知识，施工蛮干。如不了解结构使用受力和吊装受力的状态，将钢筋混凝土预制梁倒放安装；将悬臂梁的受拉钢筋放在受压面；结构构件吊点选择不合理；施工中在楼面超载堆放构件和材料等均会给工程质量和施工安全带来重大隐患。⑥施工管理混乱，施工方案考虑不周，施工顺序错误，技术措施不当，技术交底不清，违章作业，质量检查和验收工作敷衍了事等都是导致质量问题的祸根。

（7）自然条件影响

施工项目周期长、露天作业多，受自然条件影响大，温度、湿度、雷电、大风、大雪、暴雨等都能造成重大的质量事故，在施工中应予以特别重视，并采取有效的预防措施。

（8）建筑结构使用问题

建筑物使用不当也易造成质量问题。如：不经校核、验算就在原有建筑物上任意更改，使用荷载超过原设计的容许荷载；任意开槽、打洞、削弱承重结构的截面等。

6.持续改进

施工过程中对质量管理活动和施工工作的主动控制和动态控制，对出现影响质量的问题及时采取纠正措施，对经分析、预计可能发生的问题及时、主动地采取预防措施，在使整个施工活动处于受控状态的同时，也使整个施工活动的质量得到提高。

纠正措施和预防措施的采取既针对质量管理活动，也针对施工工作，尤其是针对建筑工程项目的各分部分项工程施工中质量通病所采取的防治措施。

第五章　建设工程质量控制

第一节　施工质量控制的内涵、原则及影响因素

一、施工质量控制的内涵

（一）施工质量控制的基本概念

1.质量

质量是反映产品、体系或过程的一组固有特性满足要求，质量有广义与狭义之分。广义的质量包括工程实体质量和工作质量。工程实体质量不是靠检查来保证的，而是通过工程质量来保证的。狭义的质量是指产品的质量，即工程实体的质量。

2.施工质量控制

根据《质量管理体系基础和术语》中质量管理体系的质量术语定义，施工质量控制是在明确的质量方针的指导下，通过对施工方案和资源配置的计划、实施、检查和处置，进行施工质量目标的施工前控制、施工中控制和施工后控制的系统过程。施工是形成工程项目实体的过程，也是形成最终产品质量的重要阶段。所以，施工既阶段的质量控制是工程项目质量控制的重点。

3.施工项目质量控制的特点

由于项目施工涉及面广，是一个极其复杂的综合过程，再加上项目位置固定、生产流动、结构类型不同、质量要求不同、施工方法不同、体量大、整体性强、建设周期长、受自然条件影响大等特点，因此，施工项目的质量比一般工业产品的质量更难以控制，主要表现在以下几个方面：

（1）影响质量的因素多

如设计、材料、机械、地形、地质、水文、气象、施工工艺、操作方法、技术措施、管理制度等，均直接影响施工项目的质量。

(2)容易产生质量变异

因项目施工不像工业产品生产，有固定的自动性和流水线，有规范化的生产工艺和完善的检测技术，有成套的生产设备和稳定的生产环境，有相同系列、规格和相同功能的产品；同时，由于影响施工项目质量的偶然性因素和系统性因素都较多，因此，很容易产生质量变异。如材料性能微小的差异、机械设备正常的磨损、操作微小的变化、环境微小的波动等，均会引起偶然性因素的质量变异；当使用材料的规格、品种有误，施工方法不当，操作不按规程，机械故障，测量仪表失灵，设计计算错误等，均会引起系统性因素的质量变异，造成工程质量事故。因此，在施工中要严防出现系统性因素引起的质量变异，要把质量变异控制在偶然性因素的范围内。

(3)容易产生第一、二判断错误

施工项目由于工序交接多，中间产品多，隐蔽工程多，若不及时检查实际情况，事后再看表面，就容易产生第二判断错误，也就是说，容易将不合格的产品，认为是合格的产品；反之，若检查不认真，测量仪表不准，读数有误，则就会产生第一判断错误，也就是说容易将合格的产品，认为是不合格的产品。尤其在进行质量检查验收时，应特别注意。

(4)质量检查不能解体、拆卸

工程项目建成后，不可能像某些工业产品那样，再拆卸或解体检查内在的质量，或重新更换零件，即使发现质量有问题，也不可能像工业产品那样实行“包换”或“退款”。

(5)质量要受投资、进度的制约

施工项目的质量受投资、进度的制约较大。一般情况下，投资大、进度慢，质量就好；反之，质量则差。因此，项目在施工中，还必须正确处理质量、投资、进度三者之间的关系，使其达到相对统一。

(二)施工阶段质量控制的依据

施工阶段工程项目质量控制的直接依据主要包括下列文件：

1.工程施工承包合同和相关合同

工程施工承包合同及其相关合同文件详细规定了工程项目参与各方，特别是施工承包商及分包商、监理工程师等，在工程质量控制中的权利和义务，项目各参与方在工程施工活动中的责任等。例如，我国《建设工程施工合同示范文本》，FIDIC(施工合同条件)等标准施工承包合同文件均详细约定了发包人、承包人和工程师三者的权利和义务及关系，制定了相应的质量控制条款，包括：工程质量标准；检查和返工；隐蔽工程和中间验收；重新检验；工程试车；竣工验收；质量保修：材料设备供应等内容。

2.设计图纸和文件

承包商履行施工承包合同就必须坚持“按图施工”的原则，必须严格按照设计图纸和设计文件进行施工，因此设计图纸和设计文件是施工阶段质量控制的重要依据。在施工前，建设单位应组织设计单位与承包单位及监理工程师参加设计交底和图纸会审工作，充分了解设计意图和质量要求，发现图纸潜在的差错和遗漏，减少质量隐患。在施工过程中，对比设计图纸和设计文件，认真检验和监督施工活动及施工效果。施工结束后，根据设计图纸和设计文件，评价工程施工结果是否满足设计标准和要求。

3.工程施工承包合同中指定的技术规范、规程和标准

技术规范、规程和标准属于工程施工承包合同文件的组成内容之一，发包人一般在工程承包合同文件中明确工程施工所要达到的技术规范、规程和标准等。我国工程项目施工一般选用我国相应的技术规范、规程和标准，例如，我国一般工业和民用建筑工程施工适用的技术规范、规程和标准为：《建筑工程施工质量验收统一标准》《建筑装饰装修工程质量验收规范》《工业金属管道工程施工规范》《给水排水管道工程施工及验收规范》《建筑桩基技术规范》《输送设备安装工程施工及验收规范》《塑料门窗工程技术规程》《玻璃幕墙工程技术规范》《钢结构焊接规范》《外墙饰面砖工程施工及验收规程》《砌体工程现场检测技术标准》《高层建筑筏形与箱形基础技术规范》《空间网格结构技术规程》《锅炉安装工程施工及验收规范》《钢筋焊接及验收规程》《冷轧带肋钢筋混凝土结构技术规程》《钢筋焊接网混凝土结构技术规程》《地下工程防水技术规范》《钢结构工程施工质量验收规范》《砌体结构工程施工质量验收规范》《通风与空调工程施工质量验收规范》《建筑给水排水及采暖工程施工质量验收规范》《混凝土结构工程施工质量验收规范》《屋面工程质量验收规范》《建筑地面工程施工质量验收规范》《建筑地基基础工程施工质量验收规范》《电梯工程施工质量验收规范》《建筑电气工程施工质量验收规范》《建筑结构加固工程施工质量验收规范》《建筑节能工程施工质量验收规范》《智能建筑工程质量验收规范》《民用建筑设计通则》。

4.有关材料和产品的技术标准

工程施工需要使用大量各种类型的建筑材料、产品和半成品。相关材料和产品的质量必须符合相应的技术标准。例如：

（1）有关材料和产品的技术标准

水泥及水泥制品、木材及木材制品、钢材、砖、石材、石灰、砂砾石、土料、沥青、粉煤灰，外加剂及其他材料和产品的技术标准等。

（2）有关材料验收、包装、标志的技术标准

型钢验收、包装。标志及质量证明书的一般规定；钢筋验收、包装、标志及质量证明书的一般规定；钢铁产品牌号表示方法；钢管验收、包装、标志及质量证明书的一般规定等。

（3）有关试验取样的技术标准和试验操作规程

钢的机械及工艺试样取样方法；木材物理力学试样锯解及试样切取方法；木材物理力学试验方法总则；水泥安定性试验方法（压蒸法）；水泥胶砂强度检验方法等。

（三）施工承包企业的资质分类与审核

承包单位必须在规定的范围内进行经营活动，且不得超范围经营。建设行政主管部门对承包单位的资质实行动态管理，建立相应的考核、资质升降及审查规定。

施工承包企业按照其承包工程能力划分为施工总承包、专业承包和劳务分包三个序列。这三个序列按照工程性质和技术特点分别划分为若干资质类别，各资质类别按照规定的条件划分为若干等级。

1.施工总承包企业

获得施工总承包资质的企业，可以对工程实行施工总承包或者对主体工程实行施工承包，施工总承包企业可以将承包的工程全部自行施工，也可以将非主体工程或者劳务作业分包给具有相应专业承包资质或者劳务分包资质的其他建筑企业。施工总承包企业的资质按专业类别共分为12个资质类别，每一个资质类别又分成特级、一级、二级、三级。

2.专业承包企业

获得专业承包资质的企业，可以承接施工总承包企业分包的专业工程或者建设单位按照规定发包的专业工程。专业承包企业可以对所承接的工程全部自行施工，也可以将劳务作业分包给具有相应劳务分包资质的劳务分包企业。专业承包企业资质按专业类别共分为60个资质类别，每一个资质类别又分为一、二、三级。

3.劳务分包企业

获得劳务分包资质的企业，可以承接施工总承包企业或者专业承包企业分包的劳务作业。劳务分包企业有13个资质类别，如木工作业、砌筑作业、钢筋作业、架线作业等。有的资质类别分成若干级，有的则不分级，如木工、砌筑、钢筋作业。劳务分包企业资质分为一级、二级；油漆、架线等作业劳务分包企业则不分级。

4.施工质量控制的全过程

为了加强对施工项目的质量控制，明确各施工阶段质量控制的重点，可把施工项目质量分为事前质量控制、事中质量控制和事后质量控制三个阶段。

（1）事前质量控制

事前质量控制是指在正式施工前进行的质量控制，其控制重点是做好施工准备工作，且施工准备工作要贯穿施工全过程。

施工准备的范围：全场性施工准备，是以整个项目施工现场为对象而进行的各项施工准备；单位工程施工准备，是以一个建筑物或构筑物为对象而进行的施工准备；分项

（部）工程施工准备，是以单位工程中的一个分项（部）工程或冬雨期施工为对象而进行的施工准备；项目开工前的施工准备，是在拟建项目正式开工前所进行的一切施工准备；项目开工后的施工准备，是在拟建项目开工后，每个施工阶段正式开工前所进行的施工准备，如混合结构住宅施工，通常分为基础工程、主体工程和装饰工程等施工阶段，每个阶段的施工内容不同，其所需的物质技术条件、组织要求和现场布置也不同，因此，必须做好相应的施工准备。

施工准备的内容：第一，技术准备，包括项目扩大初步设计方案的审查；熟悉和审查项目的施工图纸；项目建设地点的自然条件、技术经济条件调查分析；编制项目施工图预算和施工预算；编制项目施工组织设计等；第二，物质准备，包括建筑材料准备、构配件和制品加工准备、施工机具准备、生产工艺设备的准备等；第三，组织准备，包括建立项目组织机构、集结施工队伍、对施工队伍进行入场教育等；第四，施工现场准备，包括控制网、水准点、标桩的测量；“五通一平”，生产、生活临时设施的建设等；第五，组织机具、材料进场；拟订有关试验、试制和技术进步项目计划；编制季节性施工措施；制定施工现场管理制度等。

（2）事中质量控制

事中质量控制是指在施工过程中进行的质量控制。事中质量控制的策略是全面控制施工过程，重点控制工序质量。其具体措施是：工序交接有检查；质量预控有对策；施工项目有方案；技术措施有交底；图纸会审有记录；配制材料有试验；隐蔽工程有验收；计量器具校正有复核；设计变更有手续；钢筋代换有标准；质量处理有复查；成品保护有措施；行使质控有否决（如发现质量异常、隐蔽未经验收、质量问题未处理、擅自变更设计图纸、擅自代换或使用不合格材料、无证上岗未经资质审查的操作人员等，均应对质量予以否决）；质量文件有档案（凡是与质量有关的技术文件，如水准、坐标位置，测量、放线记录，沉降、变形观测记录，图纸会审记录，材料合格证明、试验报告，施工记录，隐蔽工程记录，设计变更记录，调试、试压运行记录，试车运转记录，竣工图等都要编目建档）。

（3）事后质量控制

事后质量控制是指在完成施工过程中形成产品的质量控制，其具体工作内容包括：组织联动试车；准备竣工验收资料，组织自检和初步验收；按规定的质量评定标准和办法，对完成的分项工程、分部工程、单位工程进行质量评定；组织竣工验收，其标准是：第一，按设计文件规定的内容和合同规定的内容完成施工，质量达到国家质量标准，能满足生产和使用的要求；第二，主要生产工艺设备已安装配套，联动负荷试车合格，形成设计生产能力；第三，竣工验收的建筑物要窗明、地净、水通、灯亮、气来、采暖通风设备运转正常；第四，竣工验收的工程应内净外洁，施工中的残余物料运离现场，灰坑填平，临时建（构）筑物拆除，2m以内地坪整洁；第五，技术档案资料齐全。

二、施工质量控制的原则

（一）坚持质量第一，用户至上

社会主义商品经营的原则是“质量第一，用户至上”。建筑产品作为一种特殊的商品，使用年限较长，是百年大计，直接关系人民生命财产的安全。所以，工程项目在施工中应自始至终地把“质量第一，用户至上”作为质量控制的基本原则。

（二）坚持以人为核心

人是质量的创造者，质量控制必须“以人为核心”，把人作为控制的动力，调动人的积极性、创造性；增强人的责任感，树立“质量第一”观念；提高人的素质，避免人的失误；以人的工作质量保工序质量、促工程质量。

（三）坚持以预防为主

“以预防为主”就是要从对质量的事后检查把关，转向对质量的事前控制、事中控制；从对产品质量的检查，转向对工作质量的检查、对工序质量的检查、对中间产品质量的检查，这是确保施工项目质量的有效措施。

（四）坚持质量标准、严格检查，一切用数据说话

质量标准是评价产品质量的尺度，数据是质量控制的基础和依据。产品质量是否符合质量标准，必须通过严格检查，用数据说话。

（五）贯彻科学、公正、守法的职业规范

建筑施工企业的项目经理，在处理质量问题的过程中，应尊重客观事实，尊重科学，正直、公正，不持偏见；遵纪、守法，杜绝不正之风；既要坚持原则、严格要求、秉公办事，又要谦虚谨慎、实事求是、以理服人、热情帮助。

三、施工质量的影响因素分析

工程施工是一种物质生产活动，因此施工阶段质量的五大因素可以归纳为4M1E：人（Man）、材料（Material）、机械（Machine）、方法（Method）和环境（Environment）。

（一）人的控制

人，是指直接参与工程施工的组织者、指挥者和操作者。人，作为控制的对象，是避免产生失误；作为控制动力，是充分调动人的积极性，发挥人的主导作用。为了避免人的失误，调动人的主观能动性，达到以工作质量保工序质量、促工程质量的目的，除了加强政治思想教育、劳动纪律教育、职业道德教育、专业技术知识培训，健全岗位责任制、提高劳动条件，公平合理的激励等，还需根据工程特点合理选择人才资源。在工程施工质量控制中，应考虑人的以下素质：

1.人的技术水平

人的技术水平直接影响工程质量的水平，尤其是对技术复杂、难度大、精度高的工序或操作，诸如金属结构的仰焊钢屋架的放样、特种结构的模板、高级装饰与饰面、重型构件的吊装、油漆粉刷的配料调色、高压容器罐的焊接等，都应由技术熟练、经验丰富的工人来完成。必要时，还应对他们的技术水平予以考核。

2.人的生理缺陷

根据工程施工的特点和环境，应严格控制人的生理缺陷，如有高血压、心脏病的人，不能从事高空作业和水下作业；反应迟钝、应变能力差的人，不能操作快速运行动作复杂的机械设备；视力、听力差的人，不宜参与校正、测量或用信号、旗语指挥的作业等，否则将影响工程质量，引起安全事故，造成质量事故。

3.人的心理行为

由于人要受社会、经济、环境条件和人际关系的影响，要受组织纪律和管理制度的制约，因此，人的劳动态度、注意力、情绪、责任心等在不同地点，不同时期也会有所变化。所以，对某些需确保质量，万无一失的关键工序和操作，一定要控制人的思想活动，稳定人的情绪。

4.人的错误行为

人的错误行为，是指人在工作场地或工作中吸烟、打赌、错视、错听、误判断、误动作等，这些都会影响质量或造成质量事故。所以，对具有危险源的现场作业，应严禁吸烟、嬉戏；当进入强光或暗环境对工程质量进行检验测试时，应经过一定时间，使视力逐渐适应光照度的改变，然后才能正常工作，以免发生错视；在不同的作业环境，应采用不同的色彩、标志，以免产生误判断或误动；对指挥信号，应有统一明确的规定，并保证畅通，避免噪声的干扰。这些措施，均有利于预防发生质量和安全事故。

提高管理者和操作者的质量管理水平，必须从政治素质、思想素质、业务素质和身体素质等方面进行综合培训，坚持持证上岗制度，推行各类专业人员的执业资格制度，全面提高工程施工参与者的技术和管理素质。

（二）材料、构配件的质量控制

材料包括原材料、成品、半成品、构配件、仪器仪表、生产设备等，是工程项目的物质基础，也是工程项目实体的组成部分。

1.材料控制的重点

收集和掌握材料的信息，通过分析论证优选供货厂家，以保证与优质、廉价、能如期供货的厂家合作。

合理组织材料的供应，确保工程的正常施工。施工单位应合理地组织材料的采购订货，加工生产、运输、保管和调度，这样既能保证施工的需要，又不至于造成材料的积压。

严格材料的检查验收、确保材料的质量。

实行材料的使用认证，严防材料的错用误用。

严格按规范、标准的要求组织材料的检验，材料的取样。试验操作均应符合规范要求。

对于工程项目中所用的主要设备，应审查是否符合设计文件或标书中所规定的规格、品种、型号和技术性能。

2.材料质量控制的内容

（1）材料质量标准

材料质量标准是衡量材料质量的尺度。不同材料有不同的质量标准。例如，水泥的质量标准有细度；标准调度用水量；凝结时间；体积安定性；强度；标号等。

（2）材料质量的检（试）验

材料质量检验的目的，是通过一系列的检测手段，将所取得的材料质量数据与材料的质量标准相对照，借以判断材料质量的可靠性，能否使用于工程中；同时，还有利于掌握材料质量信息。材料质量检验方法有：书面检验；外观检验；理化检验；无损检验等。根据材料质量信息和保证资料的具体情况，其质量检验程度分为免检、抽检和全部检查等三种。根据材料质量检验的标准，对材料的相应项目进行检验，判断材料是否合格。

（3）材料的选用

材料的选择和使用不当，均会严重影响工程质量或造成质量事故。为此，必须针对工程特点，从材料的性能、质量标准、适用范围和对施工要求等方面进行综合考虑，慎重地选择和使用材料。

例如，贮存期超过三个月的过期水泥或受潮、结块的水泥，需重新检定其标号，并且不允许用于重要工程中；不同品种、标号的水泥由于水化热不同，故不能混合使用；硅酸盐水泥、普通水泥因水化热大，适用于冬季施工，而不适用于大体积混凝土工程；矿渣水泥适用于配制大体积混凝土和耐热混凝土，但具有泌水性大的特点，易降低混凝土的匀质性和抗渗性。

（三）机械设备的控制

机械设备的控制一般包括施工机械设备和生产机械设备。

1.施工机械设备的控制

施工机械是实施工程项目施工的物质基础，是现代化施工必不可少的设备。施工机械设备的选择是否适用、先进和合理将直接影响工程项目的施工质量和进度。所以应结合工程项目的布置、结构类型、施工现场条件、施工程序、施工方法和施工工艺，控制施工机械型式和主要性能参数的选择，以及施工机械的使用操作，制定相应的使用操作制度，并严格执行。

2.生产机械设备的控制

对生产机械设备的控制，主要是控制设备的检查验收，设备的安装质量和设备的试车运转。要求按设计选型购置设备；设备进场时，要按设备的名称、型号，规格、数量的清单逐一检查验收；设备安装要符合有关设备的技术要求和质量标准；试车运转正常，要能配套投产。生产设备的检验要求如下：

对整机装运的新购机械设备，应进行运输质量及供货情况的检查。对有包装的设备，应检查包装是否受损；对无包装的设备，则可直接进行外观检查及附件。备品的清点。对进口设备，则要进行开箱全面检查。若发现设备有较大损伤，应做好详细记录或照相，并尽快与运输部门或供货厂家交涉处理。

对拆解装运的自组装设备，在对总成、部件及随机附件、备品进行外观检查后，应尽快组织工地组装并进行必要的检测试验。因为该类设备在出厂时抽样检查的比例很小，一般不超过3%，其余的只做部件及组件的分项检验，而不做总装试验。关于保修期及索赔期的规定为：一般国产设备从发货日起12～18个月，进口设备6～12个月，有合同规定者按合同执行。对进口设备，应力争在索赔期的上半年或至迟在9个月内安装调试完毕，以争取在3～6个月的时间内进行生产考验，以便发现问题及时提出索赔。

工地交货的机械设备，一般都由制造厂在工地进行组装、调试和生产性试验，自检合格后才提请订货单位复验，待试验合格后，才能签署验收。

调拨的旧设备的测试验收，应基本达到“完好机械”的标准。全部验收工作，应在调出单位所在地进行，若测试不合格就不装车发运。

对于永久性或长期性的设备改造项目，应按原批准方案的性能要求，经一定的生产实践考验并经鉴定合格后才予验收。

对于自制设备，在经过6个月生产考验后，按试验大纲的性能指标测试验收，决不允许擅自降低标准。机械设备的检验是一项专业性、技术性较强的工作，须要求有关技术、生产部门参加。重要的大型设备，应组织专业鉴定小组进行检验。一切随机的原始资料、自制设备的设计计算资料、图纸、测试记录、验收鉴定结论等应全部清点，整理归档。

（四）施工方法的控制

施工方法主要是指工程项目的施工组织设计、施工方案、施工技术措施、施工工艺、检测方法和措施等。

施工方法直接影响到工程项目的质量形成，特别是施工方案是否合理和正确，不仅影响到施工质量，还对施工的进度和费用产生重要影响。因此监理工程师应参与和审定施工方案，并结合工程项目的实际情况，从技术、组织、管理、经济等方面进行全面分析和论证，确保施工方案在技术上可行、经济上合理、方法先进、操作简便，既能保证工程项目质量，又能加快施工进度，降低成本。

（五）环境因素的控制

影响工程项目的环境因素很多，归纳起来有如下三个方面：

第一，工程技术环境，主要包括工程地质，地形地貌、水文地质、工程水文、气象等因素。

第二，工程管理环境，主要包括质量管理体系、质量管理制度、工作制度，质量保证活动等。

第三，劳动环境，主要包括劳动组合、劳动工具、施工工作面等。

在工程项目施工中，环境因素是在不断变化的，如施工过程中的气温、湿度、降水、风力等。前一道工序为后一道工序提供了施工环境，施工现场的环境也是在不断变化的。不断变化的环境会对工程项目的质量产生不同的影响。

对环境因素的控制涉及范围较广，与施工方案和技术措施密切相关，必须全面分析，才能达到有效控制的目的。

第二节　施工质量控制措施

一、施工技术准备的质量控制

（一）施工技术准备工作的质量控制

施工技术准备是指在正式开展施工作业活动前进行的技术准备工作。这类工作内容繁多，主要在室内进行，例如：熟悉施工图纸，组织设计交底和图纸审查；进行工程项目检查验收的项目划分和编号；审核相关质量文件，细化施工技术方案和施工人员、机具的配置方案，编制施工作业技术指导书，绘制各种施工详图（如测量放线图、大样图及配筋、配板、配线图表等），进行必要的技术交底和技术培训。如果施工准备工作出错，必然影响施工进度和作业质量，甚至直接导致质量事故的发生。

技术准备工作的质量控制包括：对上述技术准备工作成果的复核审查，检查这些成果是否符合设计图纸和施工技术标准的要求；依据经过审批的质量计划审查、完善施工质量控制措施；针对质量控制点，明确质量控制的重点对象和控制方法；尽可能提高上述工作成果以保证施工质量。

（二）现场施工准备工作的质量控制

1.计量控制

计量控制是施工质量控制的一项重要基础工作。施工过程中的计量，包括施工生产时的投料计量、施工测量、监测计量以及对项目、产品或过程的测试、检验、分析计量等。开工前要建立和完善施工现场计量管理的规章制度；明确计量控制责任者和配置必要的计量人员，严格按规定对计量器具进行维修和校验；统一计量单位，组织量值传递，保证量值统一，从而保证施工过程中计量的准确。

2.测量控制

工程测量放线是建设工程产品由设计转化为实物的第一步。施工测量质量的好坏，直接决定工程的定位和标高是否正确，并且制约施工过程有关工序的质量。因此，在开工前，施工单位应编制测量控制方案，经项目技术负责人批准后实施；要对建设单位提供的原始坐标点、基准线和水准点等测量控制点进行复核，并将复测结果上报监理工程师审核并批准后，施工单位才能建立施工测量控制网，进行工程定位和标高基准的控制。

3.施工平面图控制

建设单位应按照合同约定并充分考虑施工的实际需要，事先划定并提供施工用地和现场临时设施用地的范围，协调平衡和审查批准各施工单位的施工平面设计。施工单位要严格按照批准的施工平面布置图，科学合理地使用施工场地，正确安装设置施工机械设备和其他临时设施，维护现场施工道路畅通无阻和通信设施完好，合理控制材料的进场与堆放，保持良好的防洪排水能力，保证充分的给水和供电。建设（监理）单位应会同施工单位制定严格的施工场地管理制度、施工纪律和相应的奖惩措施，严禁乱占场地和擅自断水、断电、断路，及时制止和处理各种违纪行为，并做好施工现场的质量检查记录。

二、施工过程的质量控制

（一）进场材料构配件的质量控制

运到施工现场的原材料、半成品或构配件，进场前应向项目监理机构提交的文件包括《工程材料/构配件/设备报审表》、产品出厂合格证及技术说明书、由施工单位按规定要求进行检验或试验的报告。

进场原材料、半成品和构配件经监理工程师审查并确认其质量合格后，方准进场。凡是没有产品出厂合格证明及检验不合格者，不得进场。如果监理工程师认为承包单位提交的有关产品合格证明的文件以及施工承包单位提交的检验和试验报告不足以说明到场产品的质量符合要求时，监理工程师可以再行组织复检或见证取样试验，确认其质量合格后方允许进场。

1.环境状态的控制

施工作业环境的控制。作业环境条件包括水、电或动力供应、施工照明、安全防护设备、施工场地空间条件和通道以及交通运输和道路条件等。监理工程师应事先检查承包单位是否已做好安排和准备；在确认其准备可靠、有效后，方能准许进行施工。

施工质量管理环境的控制。施工质量管理环境主要是指：施工承包单位的质量管理体系和质量控制自检系统是否处于良好的状态：系统的组织结构、管理制度、检测制度、检测标准、人员配备等方面是否完善和明确；质量责任制是否落实；监理工程师做好承包单位施工质量管理环境的检查并督促其落实，是保证作业效果的重要前提。

现场自然环境条件的控制。监理工程师应检查施工承包单位，对于未来的施工期间，自然、环境条件可能出现对施工作业质量的不利影响时，是否事先已有充分的认识并已做好充足的准备和采取了有效措施与对策以保证工程质量。

2.进场施工机械设备性能及工作状态的控制

进场检查。进场前施工单位报送进场设备清单，清单包括机械设备规格、数量、技术性能、设备状况、进场时间。进场后监理工程师进行现场核对，看其是否和施工组织设计中所列的内容相符。

工作状态的检查。审查机械使用、保养记录、检查工作状态。

特殊设备安全运行的审核。对于现场使用的塔式起重机及有关特殊安全要求的设备，进入现场后在使用前，必须经当地劳动安全部门鉴定，符合要求并办好相关手续后方允许承包单位投入使用。

大型临时设备的检查。设备使用前，承包单位必须取得本单位上级安全主管部门的审查批准，办好相关手续后，监理工程师方可批准投入使用。

3.施工测量及计量器具性能、精度的控制

试验室。承包单位应建立试验室，不能建立时，应委托有资质的专门试验室承担工程相关的试验任务。新建的试验室，要经计量部门认证，取得资质；如是中心试验室派出部分应有委托书。

监理工程师对试验室的检查。工程作业开始前，承包单位应向监理机构报送试验室（或外委试验室）的资质证明文件，列出本试验室所开展的试验、检测项目、主要仪器、设备；法定计量部门对计量器具的标定证明文件；试验检测人员上岗资质证明；试验室管理制度等。监理工程师的实地检查。监理工程师应检查试验室资质证明文件、试验设备、检测仪器是否满足工程质量检查要求，是否处于良好的可用状态；精度是否符合需要；法定计量部门标定资料，合格证、率定表，是否在标定的有效期内；试验室管理制度是否齐全，符合实际；试验、检测人员的上岗资质等。经检查，确认能满足工程质量检验要求，则予以批准，同意使用；否则，承包单位应进一步完善、补充，在没得到监理工程师同意之前，试验室不得使用。

工地测量仪器的检查。施工测量开始前，承包单位应向项目监理机构提交测量仪器的型号、技术指标、精度等级、法定计量部门的标定证明、测量工的上岗证明，经监理工程师审核确认后，方可进行正式测量作业。在作业过程中监理工程师也应经常检查了解计量仪器、测量设备的性能、精度状况，使其状态良好。

4.施工现场劳动组织及作业人员上岗资格的控制

现场劳动组织的控制。劳动组织涉及从事作业活动的操作者及管理者，以及相应的各种管理制度。操作人员、主要技术工人必须持有相关职业资格证书；管理人员到位。作业活动的直接负责人（包括技术负责人）、专职质检人员、安全员，与作业活动有关的测量人员、材料员、试验员必须在岗；相关制度健全。

作业人员上岗资格。从事特殊作业的人员（如电焊工、电工、起重工、架子工、爆破工），必须持证上岗。对此，监理工程师要进行检查与核实。

（二）作业技术活动运行过程的控制

保证作业活动的良好效果与质量是施工过程质量控制的基础。

1.承包单位自检与专检工作的监控

承包单位的自检系统。承包单位的自检体系表现在以下几点：作业者自检；不同工序交接、转换交接检查；专职质检员专检。承包单位自检系统的保证措施：承包单位必须有整套的制度及工作程序；具有相应的试验设备及检测仪器；配备数量满足需要的专职质检人员及试验检测人员。

监理工程师的检查。监理工程师的质量监督与控制就是使承包单位建立起完善的质量自检体系并运转有效。

技术复核工作监控。凡涉及施工作业技术活动基准和依据的技术工作，都应该严格进行由专人负责的复核性检查。技术复核是承包单位应履行的技术工作责任，其复核结果应报送监理工程师复验确认后，才能进行后续相关的施工。

见证取样送检工作的监控。见证取样的工作程序包括以下四点：

第一，施工开始前，项目监理机构要督促承包单位尽快落实见证取样的送检试验室。对于承包单位提出的试验室，监理工程师要进行实地考察。试验室一般是和承包单位没有行政隶属关系的第三方。

第二，项目监理机构要将选定的实验室报送负责本项目的质量监督机构备案并得到认可。要将项目监理机构中负责见证取样的监理工程师在该质量监督机构备案。

第三，承包单位实施见证取样前，通知见证取样的监理工程师，在该监理工程师现场监督下，完成取样过程。

第四，完成取样后，承包单位将送检样品装入木箱，由监理工程师加封，并贴上专用加封标志，然后送往试验室。不能装入箱中的试件有钢筋样品、钢筋接头等。

实施见证取样的要求：见证试验室要具有相应的资质并进行备案、认可；负责见证取样的监理工程师要具有材料、试验等方面的专业知识，且要取得从事监理工作的上岗资格，一般由专业监理工程师负责从事此项工作；承包单位从事取样的人员一般应是试验室人员，或由专职质检人员担任；送往见证试验室的样品，要填写“送验单”，送验单要盖有“见证取样”专用章，并有见证取样监理工程师的签字；试验室出具的报告一式两份，分别由承包单位和项目监理机构保存，并作为归档材料，以及工序产品的质量评定的重要依据；见证取样的频率，国家或地方主管部门有规定的，执行相关规定；施工承包合同中如有明确规定的，执行施工承包合同的规定。见证取样的频率和数量，包括在承包单位自检范围内，一般所占比例为30%；见证取样的试验费用由合同要求支付；实行见证取样，绝不代替承包单位应对材料、构配件进场时必须进行的自检。自检频率和数量要按相关规范要求执行。

2.工程变更的监控

工程变更的要求可能来自建设单位、设计单位或施工承包单位。为确保工程质量，不同情况下，工程变更的实施、设计图纸的澄清与修改，都应具有不同的工作程序。

（1）施工承包单位的要求及处理

在施工过程中承包单位提出的工程变更是要求做某些技术修改或要求做设计变更。

对技术修改要求的处理。技术修改是在不改变原设计图纸和技术文件的原则前提下，提出的对设计图纸和技术文件的某些技术上的修改要求。例如，对某种规格的钢筋采用替代规格的钢筋、对基坑开挖边坡的修改等。承包单位向项目监理机构提交《工程变更单》，其中应说明要求修改的内容及原因或理由，并有附图和相关文件说明。技术修改问题一般由专业监理工程师组织承包单位和现场设计代表参加，经各方同意后签字并形成纪要，作为工程变更单附件，经总监批准后实施。

对设计变更的要求。设计变更是施工期间，对于设计单位在设计图纸和设计文件中所表达的设计标准状态的改变和修改。承包单位应按照要求变更的问题填写《工程变更单》，送交项目监理机构。总监理工程师根据承包单位的申请，经与设计、建设、承包单位研究并做出变更的决定后，签发《工程变更单》，并附有设计单位提出的变更设计图纸。承包单位签收后则应按变更后的图纸施工。这种变更，一般均会涉及设计单位重新出图的问题。如果变更涉及结构主体及安全，该工程变更还要按有关规定报送施工图原审查单位进行审批，否则变更不能实施。

（2）设计单位提出变更的处理

设计单位将《设计变更通知》及有关附件报送建设单位。

建设单位会同监理、施工承包单位对设计单位提交的《设计变更通知》进行研究，必要时设计单位还需提供进一步的资料，以便对变更做出详细论述。

总监理工程师签发《工程变更单》，并将设计单位发出的《设计变更通知》作为该《工程变更单》的附件，施工承包单位按新的变更图实施。

（3）建设单位（监理工程师）要求变更的处理

建设单位（监理工程师）将变更的要求通知设计单位，如果在要求中包括相应的方案或建议，则应一并报送设计单位。否则，变更要求由设计单位研究解决。在提供审查的变更要求中，应列出所有受该变更影响的图纸、文件清单。

设计单位对《工程变更单》进行研究。

根据建设单位的授权，监理工程师研究设计单位所提交的建议设计变更方案或其对变更要求所附方案的意见，必要时会同有关承包单位和设计单位一起进行研究，也可进一步提供资料，以便对变更做出详细论述。

建设单位做出变更的决定后由总监理工程师签发《工程变更单》，指示承包单位按变更的决定组织施工。需注意的是，在工程施工过程中，无论是建设单位还是施工及设计单位提出的工程变更或图纸修改，都应通过监理工程师审查并经有关方面研究，确认其必要性，由总监理工程师发布变更指令后，方能生效并予以实施。

见证点的实施控制。见证点是国际上对于重要程度不同及监督控制要求不同的质量控制点的一种区分方式。实际上它是质量控制点，只是由于它的重要性或其质量后果影响程度不同于一般质量控制点，所以，在实施监督控制的运作程序和监督要求上与一般质量控制点有区别。

质量监控的管理。

计量工作质量监控：施工过程中使用的计量仪器、检测设备、称重衡器的质量控制；从事计量作业人员技术水平资格的审核，尤其是现场从事施工测量的测量工，从事试验、检测的试验工；现场计量操作的质量控制。作业者的实际作业质量直接影响到作业效果，计量作业现场的质量控制主要是检查其操作方法是否得当。

质量记录资料的监控。施工现场质量管理检查记录资料：现场管理制度、上岗证、图纸审查记录、施工方案；工程材料质量记录：进场材料质量证明资料、试验检验报告、各种合格证；施工过程作业活动质量记录资料：质量自检资料、验收资料、各工序作业的原始施工记录。

工地例会的管理。

停、复工指令的实施。工程暂停指令的下达：第一，施工作业活动存在重大隐患，可能造成质量事故或已经造成质量事故；承包单位未经许可擅自施工或拒绝项目监理机构管理；在出现（施工中出现质量异常情况，经发现并提出后，承包单位未采取有效措施，或措施不力未能扭转异常情况者；隐蔽作业未经依法查验确认合格，而擅自封闭者；已发生质量问题却迟迟未按监理工程师要求进行处理，或者是已发生质量缺陷或问题，如不停工则质量缺陷或问题将继续发展的情况下；未经监理工程师审查同意，而擅自变更设计或修改图纸进行施工者；未经技术资质审查或审查不合格人员进入现场施工；使用的原材料、构配件不合格或未经检查确认者，或擅自采用未经审查认可的代用材料者；擅自使未经过项目监理机构审查、认可的分包单位进场施工；总监理工程师在签发工程暂停令时，应根据停工原因的影响范围和影响程度，确定工程项目停工范围）以上情况下，总监理工程师有权行使质量控制权，下达停工指令，及时进行质量控制。第二，恢复施工指令的下达。承包单位经过整改，具备恢复施工条件时，承包单位向项目监理机构报送复工申请及有关材料，证明造成停工的原因已消失。经总监理工程师现场复查，认为已符合继续施工的条件，造成停工的原因确已排除，总监理工程师应及时签署工程复工报审表，指令承包单位继续施工。第三，总监理工程师下达停工指令和复工指令，应事先向建设单位报告。

3.作业技术活动结果的控制

（1）作业技术活动结果的控制内容

作业技术活动结果的控制是施工过程中间产品及最终产品质量控制的方式，只有作业活动的中间产品质量都符合要求，才能保证最终单位工程产品的质量，其主要内容有：基槽（基坑）验收；隐蔽工程验收；工序交接验收；联动试车或设备的试运转；单位工程或整个工程项目的竣工验收。

不合格的处理有以下内容：上道工序不合格——不准进入下道工序施工；不合格的材料、构配件、半成品——不准进入施工现场且不允许使用，已经进场的不合格品应及时做出标志、记录，指定专人看管，避免用错，并限期清除出现场；不合格的工序或工程产品——不予计价。

（2）作业技术活动结构检验程序

作业技术活动结果检验程序是：施工承包单位竣工自检——完成工程竣工报验单——总监理工程师组织专业监理工程师——竣工初验——初验合格，报建设单位——建设单位组织正式验收。

第三节　工程质量控制方法与手段

一、工程质量控制的方法

（一）审核有关技术文件、报告或报表

对技术文件、报告、报表的审核，是项目经理对工程质量进行全面控制的重要手段，具体内容有：审核有关技术资质证明文件；审核开工报告并经现场核实；审核施工方案、施工组织设计和技术措施；审核有关材料、半成品的质量检验报告；审核反映工序质量动态的统计资料或控制图表；审核设计变更、修改图纸和技术核定书；审核有关质量问题的处理报告；审核有关应用新工艺、新材料、新技术、新结构的技术核定书；审核有关工序的交接检查以及分项、分部工程的质量检查报告；审核并签署现场有关技术签证、文件等。

（二）现场质量检验

1.现场质量检查的内容

（1）开工前检查

开工前检查的目的是检查其是否具备开工条件，开工后能否连续、正常施工，能否保证工程质量。

（2）工序交接检查

工序交接检查是对于重要的工序或对工程质量有重大影响的工序，在自检、互检的基础上，还要组织专职人员进行工序交接检查。

（3）隐蔽工程检查

隐蔽工程检查指凡是隐蔽工程均应检查认证后再掩盖的检查。

（4）停工后复工前的检查

停工后复工前的检查指因处理质量问题或某种原因停工后需要复工时，亦应经检查认可后方能复工。

分项、分部工程完工后，应经检查认可，签署验收记录后才能进行下一工程项目施工。

（5）成品保护检查

成品保护检查指检查成品有无保护措施，或保护措施是否可靠。

另外，还应经常深入现场，对施工操作质量进行巡视检查；必要时，还应进行跟班或追踪检查。

2.现场质量检查工作的作用

（1）质量检验工作

质量检验就是根据一定的质量标准，借助一定的检测手段估计工程产品、材料或设备等的性能特征或质量状况的工作。

在检验每种质量特征时，质量检验工作一般包括以下几项：明确某种质量特性的标准，测量工程产品或材料的质量特征数值或状况，记录与整理有关的检验数据，将测量的结果与标准进行比较，对质量进行判断和估价，对符合质量要求的作出安排，对不符合质量要求的进行处理。

（2）质量检验的作用

要保证和提高施工质量，质量检验是必不可少的手段，其主要作用包括：

质量检验是质量保证与质量控制的重要手段。为了保证工程质量，在质量控制中，需要将工程产品或材料、半成品等的实际质量状况（质量特性等）与规定的某一标准进行比较，以便判断其质量状况是否符合所要求的标准，这就需要通过质量检验手段来检测实际情况。

质量检验为质量分析与质量控制提供了所需的有关技术数据和信息，所以质量检验是质量分析、质量控制与质量保证的基础。

通过对进场和使用的材料、半成品、构配件以及其他器材、物资进行全面的质量检验工作，可以避免因材料、物资的质量问题而导致工程质量事故的发生。

在施工过程中，通过对施工工序的检验取得数据，可以及时判断工程质量，采取有效措施，防止质量问题的延续与积累。

（三）现场质量检查的方法

现场进行质量检查的方法有目测法、实测法和试验法三种。

1.目测法

目测法其手段可归纳为“看”“摸”“敲”“照”四个字。

看，就是根据质量标准进行外观目测。如墙纸裱糊质量应是：纸面无斑痕、空鼓、气泡、折皱；每一墙面纸的颜色、花纹一致；斜视无胶痕，纹理无压平、起光现象；对缝无离缝、搭缝、张嘴；对缝处图案、花纹完整；裁纸的一边不能对缝，只能搭接；墙纸只能在阴角处搭接，阳角应采用包角等。又如清水墙面是否洁净，喷涂是否密实以及颜色是否均匀，内墙抹灰大面及口角是否平直，地面是否光洁平整，油漆浆活表面观感是否符合要求，施工顺序是否合理，工人操作是否正确等，均须通过目测检查、评价。观察方法的使用人需要其有丰富的经验，经过反复实践才能掌握标准、统一口径。所以这种方法虽然简单，但是难度最大，应给予充分重视，加强训练。

摸，就是手感检查，主要用于装饰工程的某些检查项目。如水刷石、干黏石黏结牢固程度，油漆的光滑度，漆面是否掉粉，地面有无起砂等，均可通过手摸加以鉴别。

敲，就是运用工具进行音感检查。对地面工程、装饰工程中的水磨石、面砖、马赛克和大理石贴面等，均应进行敲击检查，通过声音的虚实确定有无空鼓，或可根据声音的清脆和沉闷，判定其属于面层空鼓或底层空鼓。此外，用手敲玻璃，如发出颤动声响，一般是底灰不满或压条不实。

照，对于难以看到或光线较暗的部位，则可采用镜子反射或灯光照射的方法进行检查。

2.实测法

实测法就是通过实测数据与施工规范及质量标准所规定的允许偏差对照，来判别质量是否合格。实测检查法的手段，也可归纳为“靠”“吊”“量”“套”四个字。

靠，是用直尺、塞尺检查墙面、地面、屋面的平整度。如对墙面、地面等要求平整的项目都利用这种方法检验。

吊，是用托线板以线坠吊线检查垂直度。可在托线板上系以线坠吊线，紧贴墙面或在托板上下两端粘以凸出小块，以触点触及受检面进行检验。板上线坠的位置可压托线板的刻度，显示出垂直度。

量，是用测量工具和计量仪表等检查断面尺寸、轴线、标高、湿度、温度等的偏差。这种方法用得最多，主要是检查容许偏差项目。如外墙砌砖上、下窗口偏移用经纬仪或吊线检查，钢结构焊缝余高用“量规”检查，管道保温厚度用钢针刺入保温层和尺量检查等。

套，是以方尺套方，辅以塞尺检查。如对阴阳角的方正、踢脚线的垂直度、预制构件的方正等项目的检查。对门窗口及构配的对角线（窜角）进行检查，也是套方的特殊手段。

3.试验法

试验法是指必须通过试验手段才能对质量进行判断的检查方法。如对桩或地基的静载试验，确定其承载力；对钢结构的稳定性试验，确定其是否产生失稳现象；对钢筋对焊接头进行拉力试验，检验焊接的质量等。

（四）质量控制统计法

（1）排列图法

排列图法又称主次因素分析图法，是用来分析影响工程质量主要因素的一种方法。

（2）因果分析图法

因果分析图法又称树枝图或鱼刺图，是用来寻找某种质量问题的所有可能原因的有效方法。在工程实践中，任何一种质量问题的产生，往往是由多种原因造成的。这些原因有大有小，把这些原因依照大小次序分别用主干、大枝、中枝和小枝图形表示出来，以便一目了然地观察出产生工程质量问题的原因。运用因果分析图可以帮助我们制定对策，解决工程质量问题，从而达到控制工程质量的目的。

（3）直方图法

直方图法又称频数（或频率）分布直方图，是把从生产工序搜集来的产品质量数据，按数量整理分成若干级，画出以组距为底边，以根数为高度的一系列矩形图。通过直方图可以从大量统计数据中找出质量分布规律，分析、判断工序质量状态，进一步推算工序总体的合格率，并且能够鉴定工序能力。

（4）控制图法

控制图法又称管理图，它是反映生产随时间变化而发生的质量变动状态，即反映生产过程中各阶段质量波动状态的图形，是用样本数据分析判断工序（总体）是否处在稳定状态的有效工具。它的主要作用有两个：一是分析生产过程是否稳定，为此，应随机地连续收集数据，绘制控制图，观察数据分布情况并评定工序状态。二是控制工序质量，为此，要定时抽样取得数据，将其记录在图上，随时进行观察，以发现并及时消除生产过程中的失调现象，预防不合格产品出现。

（5）散布图法

散布图法是用来分析两个质量特性之间是否存在相关关系，即根据影响质量特性因素的各对数据，用点表示在直角坐标图上，以观察判断两个质量特性之间的关系。

（6）分层法

分层法又称分类法，是将收集的不同数据，按其性质、来源、影响因素等进行分类和分层研究的方法。它可以使杂乱的数据和错综复杂的因素系统化、条理化，从而找出主要原因，采取相应措施。

（7）统计分析表法

统计分析表法，是用来统计整理数据和分析质量问题的各种表格，一般根据调查项目，可设计出不同表格格式的统计分析表，对影响质量的原因做出粗略分析和判断。

二、工程质量控制的手段

（一）施工阶段质量控制点的设置

质量控制点是指为了保证工序质量而确定的重点控制对象、关键部位或薄弱环节。质量控制点的设置是保证达到工序质量要求的必要前提，监理工程师在拟订质量控制工作计划时，应予以详细的考虑，并以制度来保证其落实。对于质量控制点，一般要事先分析可能造成质量问题的原因，再针对原因制定对策和措施以进行预控。

1.质量控制点设置的原则

质量控制点设置的原则，是根据工程的重要程度，即质量特性值对整个工程质量的影响程度来确定的。为此，在设置质量控制点时，首先要对施工的工程对象进行全面分析、比较，以明确质量控制点；其次要进一步分析所设置的质量控制点在施工中可能出现的质量问题或造成质量隐患的原因，针对隐患的原因，相应地提出对策、措施予以预防。由此可见，设置质量控制点，是对工程质量进行预控的有力措施。

质量控制点的涉及面较广，应根据工程特点，视其重要性、复杂性、精确性、质量标准和要求进行判定，可能是结构复杂的某一工程项目，也可能是技术要求高、施工难度大的某一结构构件或分项、分部工程，还可能是影响质量关键的某一环节中的某一工序或若干工序。总之，无论是操作、材料、机械设备、施工顺序、技术参数，还是自然条件、工程环境等，均可作为质量控制点来设置，主要是视其对质量特征影响的大小及危害程度而定的。

2.质量控制点的设置部位

质量控制点一般设置在以下部位：重要的施工环节和部位；质量不稳定、施工质量没有把握的施工工序和环节；施工技术难度大、施工条件困难的部位或环节；质量标准要求高的施工内容和项目；对后续施工或后续工序质量或安全有重要影响的施工工序或部位；采用新技术、新工艺、新材料施工的部位或环节。

3.质量控制点的实施要点

将控制点的“控制措施设计”向操作班组进行认真交底，必须使工人真正了解操作要点，这是保证“制造质量”，实现“以预防为主”思想的关键一环。

质量控制人员在现场进行重点指导、检查、验收，对重要的质量控制点，质量管理人员应当进行旁站指导、检查和验收。

工人按作业指导书进行认真操作，保证操作中每个环节的质量。

质量控制人员按规定做好检查并认真记录检查结果，取得第一手数据。

质量控制人员运用数理统计方法不断进行分析与改进（实施人循环），直至质量控制点验收合格。

4.见证点与停止点

（1）见证点

见证点是指重要性一般的质量控制点。在这种质量控制点施工之前，施工单位应提前（例如24小时之前）通知监理单位派监理人员在约定的时间到现场进行见证，对该质量控制点的施工进行监督和检查，并在见证表上详细记录该质量控制点所在的建筑部位、施工内容、施工数量、施工质量和施工工时，并签字作为凭证。如果在规定的时间监理人员未能到达现场进行见证和监督，施工单位可以认为已取得监理单位的同意（默认），有权进行该见证点的施工。

（2）停止点

停止点是指重要性较高、其质量无法通过施工以后的检验来得到证实的质量控制点。例如，无法依靠事后检验来证实其内在质量或无法事后把关的特殊工序或特殊过程。这种质量控制点，在施工之前施工单位应提前通知监理单位，并约定施工时间，由监理单位派出监理人员到现场进行监督控制，如果在约定的时间监理人员未到现场进行监督和检查，则施工单位应停止该质量控制点的施工，并按合同规定，等待监理人员，或另行约定该质量控制点的施工时间。在实际工程实施质量控制时，通常由工程承包单位在分项工程施工前制订施工计划时，就选定设置的质量控制点，并在相应的质量计划中再进一步明确哪些是见证点，哪些是停止点，施工单位应将该施工计划及质量计划提交监理工程师审批。如监理工程师对上述计划及见证点与停止点的设置有不同的意见，应书面通知施工单位，要求予以修改，修改后再上报监理工程师审批后执行。

（二）施工项目质量控制的手段

1.检查检测手段

（1）日常性的检查

日常性的检查是在现场施工过程中，质量控制人员（专业工长、质检员、技术人员）对操作人员进行操作情况及结果的检查和抽查，及时发现质量问题或质量隐患，以便及时进行控制。

（2）测量和检测

测量和检测是利用测量仪器和检测设备对建筑物水平和竖向轴线、标高、几何尺寸、方位进行控制，对建筑结构施工的有关砂浆或混凝土强度进行检测，严格控制工程质量，发现偏差及时纠正。

（3）试验及见证取样

各种材料及施工试验应符合相应规范和标准的要求，诸如原材料的性能，混凝土搅拌的配合比和计量，坍落度的检查和成品强度等物理力学性能及打桩的承载能力等，均须通过试验的方法进行控制。

（4）实行质量否决制度

质量检查人员和技术人员对施工中存有的问题，有权以口头方式或书面方式要求施工操作人员停工或者返工，纠正违章行为，责令不合格的产品推倒重做。

（5）按规定的工作程序控制

预检、隐检应有专人负责并按规定检查，作出记录，第一次使用的配合比要进行开盘鉴定，混凝土浇筑应经申请和批准，完成的分项工程质量要进行实测实量的检验评定等。

（6）对使用安全与功能的项目实行竣工抽查检测

对于施工项目质量影响的因素，归纳起来主要有人、材料、机械、施工方法和环境五大方面的因素。

2.成品保护及成品保护措施

在施工过程中，有些分项分部工程已经完成，其他工程还在施工；或者某些部位已经完成，而其他部位正在施工。如果对成品不采取妥善的措施加以保护，就会造成损伤，影响质量。这样，不仅会增加修补工作量，浪费工料，拖延工期；更严重的是有的损伤难以恢复到原样，可能成为永久性的缺陷。因此，做好成品保护，是一个关系到工程质量、工程成本、按期竣工的重要环节。

加强成品保护，首先要教育全体参建人员树立质量观念，对国家、人民负责，自觉爱护公物，尊重他人和自己的劳动成果，施工操作时要珍惜已完成的成品和部分完成的半成品。其次要合理安排施工顺序，采取行之有效的成品保护措施。

（1）施工顺序与成品保护

合理地安排施工顺序，按正确的施工流程组织施工，是进行成品保护的有效途径之一。

遵循“先地下后地上”“先深后浅”的施工顺序，不破坏地下管网和道路路面。

地下管道与基础工程相配合进行施工，可避免基础完工后再打洞挖槽、安装管道，影响质量和进度。

先回填土后再做基础防潮层，可保护防潮层不致受填土夯实损伤。

装饰工程采取自上而下的流水顺序，可以使房屋主体工程完成后，有一定的沉降期；先做好屋面防水层，可防止雨水渗漏。这些都有利于确保装饰工程质量。

先做地面，后做顶棚、墙面抹灰，可以保护下层顶棚、墙面抹灰不致受渗水污染。在已做好的地面上施工，需对地面加以保护。若先做顶棚、墙面抹灰，后做地面时，则要求楼板灌缝密实，以免漏水污染墙面。

楼梯间和踏步饰面宜在整个饰面工程完工后，再自上而下地进行；门窗扇的安装通常在抹灰后进行；一般先安装门窗框，后安装门窗扇玻璃。这些施工顺序均有利于成品保护。

当采用单排外脚手砌墙时，由于砖墙上面有脚手洞眼，故一般情况下内墙抹灰需待同一层外粉刷完成、脚手架拆除、洞眼填补后才能进行，以免影响内墙抹灰的质量。

先喷浆后安装灯具，可避免安装灯具后又修理浆活，从而污染灯具。

当铺贴连续多跨的卷材防水屋面时，应按先高跨后低跨，先远（离交通进出口）后近，先天窗后铺贴卷材屋面的顺序进行。这样可避免在铺好的卷材屋面上行走和堆放材料、工具等物，有利于保护屋面。

以上示例说明，只要合理安排施工顺序，便可有效地提高成品的质量，也可有效地防止后道工序损伤或污染前道工序。

（2）成品保护的措施

成品保护主要有护、包、盖、封四种措施。

护就是提前保护，以防止成品可能发生的损伤和污染。如为了防止清水墙面污染，在脚手架、安全网横杆、进料口四周以及临近水刷石墙面上，提前钉上塑料布或纸板；清水墙楼梯踏步采用护棱角铁上下连通固定；门口在推车易碰部位，在小车轴的高度钉上防护条或槽形盖铁；进出口台阶应垫砖或方木，搭脚手板过人；外檐水刷石大角或柱子要立板固定保护；门扇安装好后要加楔固定等。

包就是进行包裹，以防止成品被损伤或污染。如大理石或高级水磨石块柱子贴好后，应用立板包裹捆扎；楼梯扶手易污染变色，油漆前应裹纸保护；铝合金门窗应用塑料布包扎；炉片、管道污染后不好清理，应包纸保护；电气开关、插座、灯具等设备也应包裹，防止喷浆时污染等。

盖就是表面覆盖，防止堵塞、损伤。如预制水磨石、大理石楼梯应用木板、加气板等覆盖，以防操作人员踩踏或物体磕碰；水泥地面、现浇或预制水磨石地面，应铺干锯末保护；高级水磨石地面或大理石地面，应用苫布或棉毡覆盖；落水口、排水管安装好后要加以覆盖，以防堵塞；散水交活后，为保水养护并防止磕碰，可盖一层土或沙子；其他需要防晒、防冻、保温养护的项目，也要采取适当的覆盖措施。

封就是局部封闭。如预制水磨石楼梯、水泥抹面楼梯施工后，应将楼梯口暂时封闭，待达到可上人强度并采取保护措施后再开放；室内塑料墙纸、木地板油漆完成后，均应立即锁门；屋面防水做完后，应封闭上屋面的楼梯门或出入口；室内抹灰或喷漆后，为调节室内温、湿度，应有专人开关外窗等。

总之，在工程项目施工中，必须充分重视成品保护工作。即使生产出来的产品是优质品、上等品，若保护不好，遭受损伤或污染，也会成为次品、废品、不合格品。所以，成品保护，除了合理安排施工顺序，采取有效的对策、措施，还必须加强对成品保护工作的检查。

第四节　建设工程施工质量的政府监督

一、工程质量政府监督

（一）工程质量政府监督的含义和内容

工程质量政府监督是建设行政主管部门或其委托的工程质量监督机构（统称质量监督机构）根据国家的法律、法规和工程建设强制性标准，对责任主体和有关机构履行质量责任的行为以及工程实体质量进行监督检查、维护公众利益的行政执法行为。

国务院建设行政主管部门对全国建设工程质量实行统一监督管理，国务院铁路、交通、水利等有关部门按照规定的职责分工，负责对全国有关专业建设工程质量的监督管理。各级政府质量监督机构对建设工程质量监督的依据是国家、地方和各专业建设管理部门颁发的法律、法规及各类规范和强制性条文。

政府对建设工程质量监督的职能包括两大方面：第一，监督工程建设的各方主体（包括建设单位、施工单位、材料设备供应单位、设计勘察单位和监理单位等）的质量行为是否符合国家法律法规及各项制度的规定。第二，监督检查工程实体的施工质量，尤其是地基基础、主体结构、主要设备安装等涉及结构安全和使用功能的施工质量。

工程质量政府监督的主要内容包括：对责任主体和有关机构履行质量责任的行为的监督检查；对工程实体质量的监督检查；对施工技术资料、监理资料以及检测报告等有关工程质量的文件和资料的监督检查；对工程竣工验收的监督检查；对混凝土预制构件及预拌混凝土质量的监督检查；对责任主体和有关机构违法、违规行为的调查取证和核实、提出处罚建议或按委托权限实施行政处罚；提交工程质量监督报告；随时了解和掌握本地区工程质量状况等。

（二）我国建设工程质量政府监督管理的沿革与现状

为了发展对建设项目质量的差异监控的研究和实践，可以从以下几个方面总结其特征：第一是引入一种灵活的监管体系，该体系具有基于经济和市场的手段，以鼓励项目单位提高责任感和质量意识，发挥项目单位和社会化监管者的作用，并提高自身的质量水平。第二是注意监督资源的分配效率，着眼于重要部分，检查现场施工项目的质量。第三是引入针对政府投资建设项目和私人投资建设项目的差异化管理模型。在一些工业化国家，必须对政府投资的建设项目进行招标，并且必须在整个过程中对项目质量进行监控。不得对私人投资的建设项目进行招标和投标。第四是着眼于专业协会和行业协会在区别监督中作为行业自律、工业服务、团队建设等之间桥梁和联系的作用，以协助政府改进制度，规范政府行为。市场单位可有效维护会员的合法权益，促进行业健康发展。第五是建立健全的差异监督系统和健全的监督系统，以有效监督建设项目的质量。第六是它实际上是面向应用程序的，并且充分吸收了长期处于技术质量管理前沿的人们的经验和意见。它强调理论研究来自实践，并且一旦被引入和测试就可以在实践中使用。

（三）施工质量政府监督的实施

1.工程质量监督申报

在工程项目开工前，监督机构接收建设工程质量监督的申报手续，并对建设单位提供的文件资料进行审查，审查合格签发有关质量监督文件。建设单位凭工程质量监督文件，向建设行政主管部门申领施工许可证。

2.开工前的质量监督

监督机构在工程开工前，召开项目参与各方参加的首次监督会议，公布监督方案，提出监督要求，并进行第一次监督检查。其重点是对工程参与各方的施工质量保证体系的建立以及情况是否完善进行审查。

第一次监督检查的具体内容为：检查项目参与各方质保体系的组织机构、质量控制方案、措施及质量责任制等制度建设情况；检查按建设程序规定的工程开工前必须办理的各项建设行政手续是否完备；审查施工组织设计、监理规划等文件及其审批手续；各参与方的工程经营资质证书和相关人员的资格证书；检查的结果需记录保存。

3.施工过程中的质量监督

在工程建设全过程，监督机构按照监督方案对项目施工情况进行不定期的检查，其中在基础和结构阶段每月安排监督检查。检查内容为工程参与各方的质量行为及质量责任制的履行情况、工程实体质量和质量控制资料。

监督机构对建设工程项目结构主要部位（如桩基、基础、主体结构）除常规检查外，在分部工程验收时进行监督，主要分部工程未经监督检查并确认合格，不得进行后续工程的施工。建设单位应将施工、设计监理、建设方分别签字的质量验收证明在验收后三天内报工程质量监督机构备案。

监督机构对施工过程中发生的质量问题、质量事故进行查处；根据质量检查状况，对查实的问题签发“质量问题整改通知单”或“局部暂停施工指令单”，对问题严重的单位也可根据问题性质发出“临时收缴资质证书通知书”等处理意见。

4.竣工阶段的质量监督

监督机构按规定对工程竣工验收备案工作实施监督。

竣工验收前，监督机构对质量监督检查中提出质量问题的整改情况进行复查，了解其整改情况。

监督机构收到建设单位的工程质量竣工验收通知后，应与建设单位约定竣工验收日期，并派监督人员参加质量竣工验收监督。监督的主要内容包括竣工验收条件是否符合工程竣工验收的组织形式，验收程序是否符合要求及验收结论是否明确。

编制单位工程质量监督报告，在竣工验收之日起五天内提交竣工验收备案部门，对不符合验收要求的责令改正，对存在问题进行处理，并向备案部门提出书面报告。

5.建立工程质量监督档案

建设工程质量监督档案按单位工程建立，要求归档及时，资料记录等各类文件齐全，经监督机构负责人签字后归档，按规定年限保存。

（四）工程质量监督申报的程序

施工单位在办理施工许可证之前应当到规定的工程质量监督机构办理工程质量监督注册手续。办理质量监督注册手续时需提供的资料包括：施工图设计文件审查报告和批准书；中标通知书和施工、监理合同；建设单位、施工单位和监理单位工程项目的负责人和机构组成；施工组织设计和监理规划（监理实施细则）；其他需要的文件资料。

施工单位在办理工程质量监督注册时，需要填写工程质量监督注册登记表、建筑工程安全质量监督申报表（正表）和建筑工程安全质量监督申报表（副表）。

工程质量监督机构在规定的工作日内，在工程质量监督注册登记表中加盖公章，并交付施工单位。进行工程质量监督注册后，工程质量监督机构确定监督工作负责人，发给施工单位工程质量监督通知书，并制订工程质量监督计划。

（五）工程施工许可证的管理

1.工程施工许可证的申请

根据我国《建筑工程施工许可管理办法》规定，从事各类房屋建筑及其附属设施的建造、装修装饰和与其配套的线路管道、设备的安装，以及城镇市政基础设施工程的施工，施工单位在开工前应当向工程所在地的县级以上人民政府建设行政主管部门申请领取施工许可证。施工单位未申请领取施工许可证的建筑工程，一律不得开工。工程投资额在30万元以下或者建筑面积在300m²以下的建筑工程，可以不申请办理施工许可证。

（1）申请领取施工许可证的条件

申请领取施工许可证，应当具备以下条件，并提交相应的证明文件：已经办理该建筑工程用地批准手续；在城市规划区的建筑工程，已经取得建设工程规划许可证；施工现场已经基本具备施工条件；已经确定施工企业；已经确定施工需要的施工图纸及技术资料；有保证工程质量和安全的具体措施；按照规定应当委托监理的工程已委托监理；建设资金已落实；法律、行政法规规定的其他条件。

（2）施工许可证的有关时间要求

建设单位应当自领取施工许可证之日起三个月内开工。因故不能按期开工的，应当在期满前向发证机关申请延期，并说明理由；延期以两次为限，每次不得超过三个月。既不开工又不申请延期或者超过延期次数、时限的，施工许可证自行废止。在建的建筑工程因故中止施工的，建设单位应当自中止施工之日起一个月内向发证机关报告，报告内容包括中止施工的时间、原因、在施部位、维修管理措施等，并按照规定做好建筑工程的维护管理工作。建筑工程恢复施工时，应当向发证机关报告；中止施工满一年的工程恢复施工前，建设单位应当报发证机关核验施工许可证。

2.施工许可证的办理程序

（1）报送资料

施工单位向当地建设行政主管部门报送相关资料。

（2）受理

建设行政主管部门按照受理标准查验申请资料，符合标准的，及时给予受理，并向申请人开具行政许可受理通知书，将有关材料转审查人员。

（3）审查

审查人员按照审查标准对受理人员移送的申请材料进行审查，符合标准的，在规定的时限内进行施工现场踏勘，对施工场地基本具备施工条件的，提出审查意见，递交有关材料给相关人员。

（4）决定

决定人员按照审定标准对施工许可申请作出行政许可决定、同意审查意见的，签署意见，转告知人员。

（5）告知

对准予批准的，告知人员向申请人出具行政许可事项批准通知书，并在决定之日起规定的时限内向申请人颁发、送达“建筑工程施工许可证”。

二、建设工程质量政府差别化监管模式

（一）建设工程质量政府监督管理内在行为分析

1.委托代理行为

代理理论发展于20世纪六七十年代，把客户与代理人之间的信息不对称困境作为其分支要求，该理论假设代理人具有信息优势，而客户信息劣势是由于利益冲突、招标人与代表之间以及信息不对称关系中，代表将利用招标人提供的信息进行销毁。代理人与委托人的利益一旦发生冲突，就容易造成代理人的行为“道德风险”，由房屋管理部门设立的建设工程质量管理机构依法对建设工程质量进行监督，两者之间是代理关系，国家建筑管理部门是客户，建设项目质量保证机构是客户。它们之间的监管信息不对称。与销售部门相比，监控部门具有专业技术优势。主管部门存在信息劣势，为进一步完善建筑市场，规范建筑质量监控管理，加强建筑和土木工程部门的妥善管理，对存在的效率低下、道德风险大、租赁法等问题进行深入剖析建筑业的问题从根本上讲是基于“委托代理理论的核心，它解决的是激励原则对委托代理的问题，受制于利益冲突和信息不对称，即代理问题”。

2.博弈管理行为

博弈管理行为也称为博弈论，它是指理性的个体或理性的群体。最重要的是决策者利用对手的策略来改变自己的策略，最终达到胜利的目的。博弈主要表现在合作博弈和非合作博弈。多年来，博弈论也逐渐成为管理循环或留任机制的设计理论，总结和完善了各种激励机制设计模型和方法的研究成果。因此博弈论可以认为是一套基于管理激励机制的理论方法，也是博弈论在管理领域的应用和发展，管理路线和留任机制实际上是管理者与被管理者之间的博弈。这是博弈论在管理应用中的出发点。实际行为上不是一个绝对理性的经纪人，而是一个有限的社会理性。个人或群体，由于管理环境的复杂性，管理者的需求

不同，管理目标的多样性，博弈论在管理中的应用极其复杂多样。现代管理的核心功能是激励和约束，需要“以人为本”的管理。有了适当的激励措施和适当的限制，人们的主观能动性就可以得到积极和充分的体现，最终可以实现双方在游戏中目标的统一。

（二）构建建设工程质量政府差别化监管模式

1.工程质量政府差别化监管原则

工程质量政府差别化监管原则主要包括：全面控制原则、动态控制原则、目标管理原则。

（1）全面控制原则

由于建设项目本身具有建设周期长、投资大、覆盖面广的特点，影响建设项目质量监督的因素涉及很多方面，增加了有关单位进行质量监督的难度。如果建设单位要进行有效的质量监控，则必须坚持完全控制的原则，即项目单位在整个施工过程的各个阶段和各个环节都进行全面的质量监控，同时对整个项目协调质量监控，达到可以进行有效监控整体质量的目的。全面控制原则要求建设项目的有关部门和部门共同努力，共同实现对项目各个方面的全面控制，从而达到质量控制的目的。

（2）动态控制原则

项目建设成本基本上是沉没成本，这意味着它们在使用一次后不予退还。这种沉没成本的存在给工程项目的质量控制带来了很大压力。在特定的施工过程中必须严格执行质量控制。建设项目本身的建设时间很长，有的甚至长达数年。在这段时间内会有很多变化，例如，原材料成本的增加和施工人员的变化。结果，对建设项目的质量监控通常是一个动态且不断变化的过程，并且公司通常面临更大的不确定性。为此，公司应考虑项目进展中可能出现的问题，并针对施工质量制订更详细的计划，以防止紧急情况影响项目质量。

（3）目标管理原则

目标管理原则基于建设项目的特征。由于建设项目是一个庞大的系统，并且需要较长的时间，因此其质量监控必须具有不同的阶段和总体控制目标。因此，可以执行项目的各个阶段和总体质量控制计划，以促进后续的施工过程。在制订控制目标时，不仅必须结合当前的项目环境，而且还必须对未来的环境做出一定的预测，以便可以长期看待。另外，由于建设项目比较复杂，因此最好提出具体措施以达到目标，同时还要设定质量控制目标，可以在以后的工作中加以补充。但是，应该在目标设定之初就形成具体的指导方针，以便为以后的工作指明方向。

2.建设工程政府质量链监督及其“蝴蝶效应”分析

（1）质量链监督的内涵

1996年“质量链”的概念是由加拿大哥伦比亚大学的科学家Troczynski提出的。它集成了质量开发功能，统计过程控制，供应链和过程绩效，产品属性，过程能力以及其他重要的质量概念。它充分表达了它们之间的有机联系。唐小芬、邓吉和金胜龙的研究表明，质量链理论的内涵包括质量流、质量链、链结、链节图、耦合效应和质量链管理。结构质量链主要基于质量流的定向流和正确提供，质量链中信息流的载体和渠道以及质量链的运行规则以及几个组织，要素和特定时间段内质量链最重要的节点、识别和控制。

（2）建设工程质量链特点

质量链管理的内容表明，质量链，特别是复杂的大型项目的质量链，反映了项目质量中复杂的链结构关系。质量链包括几个施工方和整个质量建设过程，并具有特殊的管理特性。

具有组合优化的特点。从质量链管理的概念和管理内容的角度来看，参与方的质量链管理和流程质量链管理的基本出发点是各种参与方组合或流程质量组合的拆卸和重组，质量链组合可以达到某些项目管理目标。因此，质量链管理本质上是根据众多组合选项中已建立的优化策略选择更好质量链组合的过程。

反思耦合与协作管理思想。耦合和协作管理的思想是合理安排、组合零件和数量以完成特定的工作或项目。由于质量链管理的基本思想是基于参与者和过程质量的结合，因此它也反映了排列和组合的最佳思想。因此，质量管理理念也体现了耦合和协同管理思想。参与方的不同组合或过程质量组合形成具有不同质量水平的质量链。如果参与方的质量参差不齐，则可能导致技能的质量协调。

考虑几个技术目标。工程项目是典型的系统工程，其中包含多个工程目标。在多目标优化的情况下，将对给定对象的多个目标的满意度进行全面调整。如果仅考虑项目的一个目标，那将是一个单一目标优化问题。

在管理工程项目时，通常会有多个管理目标，例如，质量、成本和进度。质量链管理的概念不仅可以考虑质量目标，而且还必须考虑成本或进度目标。在这个多目标环境中，质量链管理是管理大型复杂项目的一个中心难题。

（3）建设工程质量链监督的“蝴蝶效应”

“蝴蝶效应”是麻省理工学院气象学家洛伦兹于1963年提出的。在一个实验中，洛伦兹使用计算机求解了13个模拟地球大气的方程式，目的是使用计算机的高速计算来提高长期天气预报的准确性。为了更准确地检查结果，洛伦兹四舍五入了初始输入数据的小数点后第四位。他取出了“506”的临时解决方案，然后将其增加到“506127”，再将其发送回去。当他喝了一杯咖啡回来时，发现前后的结果相距数万公里，前后的两条曲线之间的相似性完全消失了。经过研究，洛伦兹得出结论：由于在这种情况下误差呈指数增长，因此即使误差和不确定性很小，在这种情况下也有可能在过程中累积结果并逐渐严重。随着时间的流逝，结果将有很大的不同。他称这个实验结论为“蝴蝶效应”。“蝴蝶效应”反映了混沌运动的一个重要特征，即系统所有者对初始条件的微妙依赖的长期行为。在不断增强系统之后，混沌系统中初始输入条件的细微变化，其未来状态会造成极大的差异，最主要的是细节不容忽视，细小的东西可能带来巨大损失。

建设项目的质量管理主要是指从计划和评估到建设项目的批准，勘察和计划，施工监督，使用和维护直至报废和拆解的各个阶段的管理。每个阶段都是相互联系的，并限于终身的质量管理体系。根据特定实践的顺序来衡量，行为质量和决策质量对产品质量的影响随着阶段的发展而越来越大。由项目计划、质量目标和投资额确定的项目目的对项目的形象和功能具有决定性的影响，同时从根本上决定了相关参与者的工作内容。对于建设项目，有紧接的之前和之后的程序。后面的过程通常只能在前一个过程的条件下执行。在建设项目的整个质量链中，建设过程越晚，对结果适应的影响就越小。如果此时需要调整特定过程的内容，越提前，时间和人力成本就越高。例如，如果在完成阶段调整计划，不仅先前的一些工作将无效，而且还可能会进行大量的结构加固和重塑，从而消耗大量资源、成本并付出很大的代价。为了尽可能达到最佳设置目的，应加强管理和沟通，以最大限度地减少不同阶段之间的信息丢失，并避免人为因素造成的不利影响。基于整个生命周期分析，投资决策阶段的质量疏忽在勘测和设计阶段成为质量缺陷，在施工阶段成为质量问题，最后在运营阶段成为质量安全事故。刘晓峰的调查表明，在设计单元中缺乏统一而有效的信息交换管理平台，常常导致电子数据分散存储在不同部门中，导致彼此之间缺乏联系形成信息孤岛，以致行政部门重复输入生产数据，导致数据版本相对较大。基本数据不一致，设计质量难以保证，这对设计时间有较大影响。这就是由设计单位中的管理问题引起的“蝴蝶效应”的表现。

（4）建筑工程质量链监督“蝴蝶效应”形成的原因

在项目施工生命周期的动态过程中，各种变量之间的复杂关系（决策的质量、调查的准确性、设计是否符合要求、施工技术和材料的选择等）以“蝴蝶效应”模型表示，变量的微小变化会导致完全不同的质量结果。中间的黑球代表建筑项目的质量。理想情况下，黑球应放在大球的中间。大球体仿真被用作动态系统中的整个设计过程。如果黑球正好在大球的中心，则表示质量已达到标准值，即理想状态。大球体中的白色球体代表了整个建设项目生命周期中建筑活动中的各种变量。白球的大小各不相同，并且白球的大小决定了白球对黑球的影响程度。受白球影响，黑球通常会偏离中心位置，而白球则处于在大球中徘徊的状态。同时，白球之间的干扰有时会抵消（例如，设计图纸中存在一些缺陷，这些缺陷会在图纸审查期间被及时纠正，或者在设计之前被发现，并且可以及时实施设计更改）。白球的轻微移动始终会影响黑球的位置，即建筑工程的质量。

（三）工程质量政府差别化监管因素辨识与风险评价

1.建设工程质量风险因素辨识

结合我国目前对质量风险控制和建设项目管理的研究，造成建设项目质量风险的主要因素是人力资源因素、物质因素、技术因素、设备因素和环境因素，即目前广泛使用的4M1E理论用于风险分析。一般来说，建设项目的质量风险分析主要是基于4M1E理论进行综合分析。建设工程质量风险对策，必须按照4M1E理论制定的风险识别清单进行编制。根据建设项目的具体情况总结以上风险分类条件和做法，将质量风险分为内部机制风险和外部环境风险两大类。

（1）内部机制风险

施工人员因素。人是建设项目的主要参与者和领导者。在施工人员的共同努力下，该建设项目将逐步完成。施工人员的质量、技术水平、操作技能和职业道德会对整个项目的质量产生重大影响。

技术设备因素。随着我国房地产建筑业的发展，工程机械设备在整个工程项目过程中的重要性逐渐提高。在整个过程中，建筑项目严重依赖于挖掘机、混凝土搅拌机和各种磨房等建筑设备、运输设备。由于整个工程机械对于整个过程的重要性，工程机械的数量、型号和操作技术对工程质量有一定的影响，例如，根据施工过程图纸、订单等对施工机械的安排必须符合特定的采购要求，并在保证工程机械质量的条件下进行规定的施工，以实现建设项目经济效益与质量管理的有机结合。

技术物质因素。施工过程中必须使用各种工程材料，例如，钢筋、管道、水泥、玻璃等，所有这些材料都是建筑活动中必不可少的。材料的质量直接影响工程项目。可以预见的是，在整个建设项目的过程中，如果建设项目的材料不合格，将直接导致整个建设项目的质量风险增高，危及整个建设项目的生命，并直接危害人的生命和安全。目前，在我国似乎有大量新闻，歪斜的建筑物和特定的质量问题直接导致整个建筑项目的质量不符合标准。因此，有必要加强对建筑材料的检测和动态监控，并建立合格材料的供应商管理机制。

方法（技术）因素。所使用的施工技术对项目的整体质量有直接影响，例如，规划钢筋在混凝土结构中的布置。项目建设过程包括技术演示、过程选择等，其中最重要的因素之一是计划修改和优化。根据现行法律法规，主管主要负责施工过程的技术监督，不参与项目的早期和后期管理。但是，主管必须对整个建设项目承担主要责任。某些建设项目的建设项目。关键链接需要监视单元主管的签名，以便能够进行下一个项目验收。从这个角度来看，监督工程师承担着更重要的责任。此外，施工方必须始终与施工单位协商整个施工项目。施工单位的工艺流程和具体施工技术必须不断改进。对于技术计量和变形监督以及其他宏观技术，有必要对其进行强化。研发的强度，尤其是技术测量的基本技术要求，必须确保整个建设项目的整体质量达到要求达到标准。

（2）外部环境风险

影响工程质量的客观因素差异很多，例如，地质、温度、湿度、地下水、污染、水文以及质量管理体系和法规以及施工人员的专业素质。环境因素对项目质量的影响是多种多样的。例如，冻结、暴风雨、干旱、大雨等对建筑物的质量影响不大。此外，很明显，该建设项目正在影响周围人们的生活。因此，需要进行全面分析，在开始施工前，有必要对施工环境进行良好的分析，尽可能地考虑各种外部影响因素，并采取有效的预防措施，以有效控制施工过程的外部风险。

2.建设工程质量风险评价

建设工程质量风险分析与评价的目的和步骤是风险评价的重要前提和任务。建设工程实施质量管理、风险管理，需要明确风险分析目标和适当的分析方法、质量风险分析与评价。建设工程质量风险的分析与评价，一般是在定性与定量相结合的基础上，分析建设工程质量风险的主要来源，为防范建筑质量风险奠定基础。

建设工程质量风险分析与评价的主要目标，特别是从建设工程总体水平制定风险评价指标，制定船舶重点关注建设项目在不同风险影响下的质量风险分析和识别；制定高风险项目的关键策略，对风险较大的项目或重要的建设环节进行风险防范；进行标识。建设项目的特点在质量控制、影响程度和风险因素上存在显著差异。因此，有必要将其风险评价指标作为评价建设项目质量风险和应对措施的参考指标。为了了解工程质量的整体风险，需要制定风险评估指标，对建设项目的具体相互依存关系进行最终的整体水平控制。通过对项目整体风险的评估，为项目整体风险的评估和风险的可承受性建立标准和依据。

（四）构建工程质量差别化监管模式

根据不同的结构单元和风险程度的差异，使用了差异化的监视方法，该方法分为三种模式：关键、常规和简化，可分别对应红色、蓝色和绿色这三种监视颜色。对于资质和资信水平低的建筑单位，以及技术难度高、政治影响较大、施工风险较高的项目，应采用关键的监控方式，而常规的监控方式则对应于资质中等项目。具有低风险和高风险的一般风险项目，它们所简化的监控模型对应于一般的低风险项目，在该项目中，具有较高技能和信誉的参与单位很容易保证项目的质量。

1.差别化监管模式的分类及特点

关键（红色）监管模式。相关政府机构已决定使用此类监视。对于建设项目在施工期间监督和随机检查（包括现场检查、定期随机检查和区域执法监督）的频率增加了30%。另外，必须进行连续的随访。一旦发现严重的项目质量风险或重大的项目质量状况，必须及时处理，并同时报告给负责的监督机构。

常规（蓝色）监管模式。由相关政府机构指定承担此监督级别的项目，应按照常规和正常的监督级别进行，并应按照规定的评估时间和频率进行记录。

简化（绿色）监管模式。由相关政府机构批准符合此类监管模式。对于建设项目，在建设过程中进行监视和随机检查的频率减少了30%。可以根据实际情况取消中间环节检查，例如，项目监控和公开环节，子项目检查和验收监控的工作量减少了30%。

2.差别化监管运行机制

合理运用差别化的监督和运行机制，可以有效提高政府机构对建设项目质量的监督效率。差别化监控包括：第一是针对参与项目建设的公司和员工的资格和绩效，以及项目质量的内部质量管理，采取差别化监控措施。第二是加强政府对具有重大社会影响和利益，与民生有关的各类项目的政府投资项目或公共项目的监督。第三是加强政府对各种项目实施环节的关键部分和建筑结构核心过程的监督。所谓差别化的项目质量状态监督，就是合理利用监督资源，达到合理分配监督资源的目的，提高监督效率和水平。

（1）对所有责任人的差别监督

监督机构对建设项目进行一段时间的质量监管后，为参与该项目的每个公司创建一个完整的绩效信用数据库，并根据每个参与公司的资格、违规记录、社会信用以及项目质量管理水平进行分类监视。通过对违规记录和不良的项目质量进行管理，加强政府对参与的建筑公司的监督。通过有效地进行精细的政府监督，可以进一步明确监督目标，掌握工作的关键和重点以监视项目质量，合理分配监督资源并提高监督的效率和水平。

差异化的组件监控。使用关键（红色）监管模式的公司必须遵循最严格的基础架构实施监督；对于使用常规（蓝色）和简化（绿色）监管模式的公司，应实施监督和管理行为，以指导和提高其对高质量项目的认识。

组件的差异化监控。由于建筑公司的资格不相同，且他们在项目质量保证方面的技能也不同，因此必须对建筑公司采取不同的监督措施。使用关键（红色）监管模式作为关键监视对象的公司的记录，增加了对在建项目的监视频率和强度，并为公司建设项目实施了较差的注册系统，即当项目遇到严重的质量问题或当公司治理存在重大缺陷和不良后果时，必须根据后果进行相应注册，以限制责任主体并鼓励他们注意质量控制。应用常规（蓝色）监管模式的公司应实施正常的质量监控步伐和强度，主要是针对公司最重要的环节和关键节点进行并促进监管审查，以便积极加强过程质量管理，应用简化（绿色）监管模式应该鼓励和支持进行质量建设项目，以提高公司的质量管理热情。

监控单元的差别化监控。为了加强监督，监督公司应采用关键（红色）监管模式，重点关注公司是否执行了与资格不符的项目，或员工是否违反法规，以及公司执行的项目数量监理工程师超过规定数量的限制要求等；对于使用常规（蓝色）和简化（绿色）监管模式的公司，主要检查是为其建筑项目创建数据文件的及时性和标准化，以及监视项目和其他监视技术人员在施工期间是否并肩工作，无论他们是否解决质量问题，都可以及时发现并解决建设项目。

对设计和测量单位进行差别化监管。对于使用关键（红色）监管模式的设计和勘测单位，着重调查是否存在高级设计和勘测操作，是否存在不符合设计规范的行为或未经授权的设计变更，是否具有一定的确定性后果；对于使用彩色和简化（绿色）监管模式的常规（蓝色）公司，应查看设计图和文件，以验证设计程序是否正确，是否严格按照技术标准进行了设计以及计划图是否符合强制性标准规格。

施工图检验机构的管理。对于使用关键（红色）监管模式的工程图审查机构，他们要做的主要事情是注意其资格，并检查工程图审查状态是否合格，是否有违规行为等；对于使用常规（蓝色）和简化（绿色）监管模式的公司，公司将审查其图纸审查和检查材料的管理，以及是否可以审查设计图纸和提交审查的材料中存在的问题。

（2）对不同类别工程的差别化监管

发现采用关键（红色）监管模式的项目。加强监控，增加抽查的频率并加强过程控制。如果发现不符合要求的情况，应立即停止纠正措施，并将不良情况记录下来报告给相应部门。加强对项目质量问题的预防和处理，每周至少对施工现场进行一次检查，增加监督的频率和强度。对于使用复杂技术且风险较高的工程链接和节点，需要在施工前对其进行验证，以确保它们符合设计和相关工程标准。

专用于常规（蓝色）监管模式的项目。严格按照合格标准进行控制，不仅要满足功能要求，还要满足环保节能要求，增强环境质量。日常质量监管主要基于支持和监控组织定期进行检查和抽查，每月至少要对现场进行两次检查。同时，应该及时记录监管过程，解决项目质量中发现的任何问题，并报告给负责的上级部门。

检测到简化（绿色）监管模式的项目。如果没有违反约束力的规范并且确定没有隐藏的风险因素，则可以同意，满足结构单元和合同协议要求的建设项目将在完成后交付并使用，从而专注于两端并简化中间，即专注于第一个条目。现场供认和接受完工可以轻松监控过程中的中间节点和现场检查。每日监控重点放在激励和促进上，并且每月至少检查一次建筑工地。将为此类项目引入定期监督和较低的监督频率，并及时记录监督过程。

3.建立差别化监管动态修正机制

建立差别化监控的动态校正机制，通过建立项目检查信息查询系统和项目位置远程监控系统，及时收集和掌握动态项目信息，并根据增量调整项目质量监控水平、项目建设内容和建设时间适当水平实行差别化监督，以达到合理利用监督资源的目的。当一般风险项目进入关键流程设计或主要危害点实施阶段时，需要将项目监视级别调整为高价值，并应适当采用关键监管模式以确保各个方面的项目安全和质量，如组织和资源分配保证。当项目的关键过程完成并且高风险项目中的高风险因素被消除或远低于临界值时，随着时间的推移，项目风险级别将降低为正常风险或低风险，即项目监控级别降低监管水平，并相应地进行常规或简化监管，采用模式化分配监控资源，以补充高风险项目的监控和管理。

建立动态校正机制，对项目质量进行差别化监督，实施动态质量管理，进一步提高项目监督技能。重点是实现“四项措施”，即主要监督是积极主动的，监督和抽查是灵活的，监督部门是协调的，监督信息的分析是自动的。强调过程管理，对项目的动态跟踪和监视，对施工过程中各种行为的跟踪和检查以及对施工质量的过程控制。及时对施工现场进行预警和风险源处置，以确保对项目质量全过程的监管。根据动态管理的要求，如果被监视对象的“颜色”发生变化，质量部门必须在一个月内以书面形式通知相关负责机构。

建立技术检验信息查询系统。通过系统内网及时上传并保存各种项目质量检查数据和不合格项目的质量检查报告。检索各种项目质量审查合同的记录以及相关质量报告的审查结果。国家工程监督部门借助该平台可以及时了解各种建材的检测数据，及时发现并处理不合格的技术检测项目，实现对建设项目质量的动态监控。

建立项目信息报告系统。该系统可以在现场有效地记录全面的监管信息。施工单位，监督单位和其他施工单位必须定期、迅速地报告基本信息，例如，基本项目概况、参股公司的详细信息以及最重要的管理人员的资格，并且项目必须反映有关信息。声明具有更大风险的子元素，例如，每个阶段主要危害的内容、实施时间和现有管理措施。

建立项目现场远程监控系统。在施工过程中，远程实施了深基坑，大型设备的安装，桩基的抬升以及其他无法严密监视的关键部分，以实时监控操作和违反操作者的情况。关于具体实施，可以将视频监视设备安装在施工现场的关键点上。如在塔式起重机的顶部，并实时传输到远程终端。专人负责对项目运行动态和施工人员的操作行为进行监管和及时跟踪，以便及时调整监管水平，尽快发布纠正指示并进行纠正。管理部门、施工或监视单位以及安置机构特别注意对重要过程和隐蔽项目的动态远程监管，这些过程会损害施工过程的安全性。如果动态远程监控平台检测到施工现场的任何质量和安全问题，则应记录并立即通知施工现场负责人，有关部门应根据情况迅速进行纠正或暂停施工，有关单位的整改情况必须及时报告有关单位。如果项目的建设、施工、监督和设计由单位人员负责，则项目质量和安全监管人员将进入施工现场以履行职责，并登录现场人脸识别设备。

建立紧急短信群发系统。当前，房地产开发建设公司数量逐渐增加，建设项目数量巨大。诸如电话通知之类的传统通信方法不仅效率低下，价格低廉，而且通知数量少。他们大多数是相关部门的负责人和管理层。这些部门在中国联通的网络信息平台的基础上，开发并运行短信群发系统，以保证项目质量和安全。该系统的实施和运行可以有效地补充计算机网络发布、纸质文件发布和电话通知。相关部门有必要通过短信群发的方法，增强基于蜂窝网络信息平台的短信群发系统的工程质量和安全性，向有关建筑单位发送有关质量风险的预警信息。建筑单位和监控机构以及系统不断运行以改善和整合资源。在重大节日、高级别会议、重大事件、旺季、高温和其他极端天气情况下，系统会发送短消息通知项目经理，及时做出反应并预防，并提供及时、便捷和有效的动态监控建设项目服务。

第六章　建筑工程项目资源、环境与安全管理

第一节　建筑工程项目资源管理

一、资源管理概述

（一）资源

资源，亦称为生产要素，指的是创造产品所需的各种因素，即形成生产力的各个要素。在建筑工程项目中，资源通常指投入施工的人力资源、材料、机械设备、技术和资金等多个要素。这些要素是完成施工任务的重要手段，也是实现建筑工程项目的关键保证。

1.人力资源

人力资源是在一定时间和空间条件下，劳动力数量和质量的综合体。劳动力广义上指能够从事生产活动的体力和脑力劳动者，是施工活动的主体，是构成生产力的主要因素，同时也是最活跃的因素，具有主观能动性。人力资源掌握生产技术，应用劳动手段，对劳动对象起作用，从而形成生产力。

2.材料

材料是指劳动在生产过程中被施加的物质资料，包括原材料、设备和周转材料。通过对这些材料进行改造，形成各种产品。

3.机械设备

机械设备是指在生产过程中用以改变或影响劳动对象的各种物质因素，包括机械、设备工具和仪器等。

4.技术

技术指人类在改造自然、改造社会的生产和科学实践中积累的知识、技能、经验及总结这些的劳动资料。包括操作技能、劳动手段、劳动者素质、生产工艺、试验检验、管理程序和方法等。科学技术是构成生产力的首要因素，其水平决定和反映了生产力的水平。科学技术被劳动者掌握，并融入劳动对象和劳动手段中，方能形成提高生产力水平的科学

技术。

5.资金

在商品生产条件下，进行生产活动、发挥生产力作用、改造劳动对象都需要资金。资金是一定货币和物资的价值总和，是一种流通手段。投入生产的劳动对象、劳动手段和劳动力，只有支付一定的资金才能得到；同时，只有得到一定的资金，生产者才能将产品销售给用户，从而维持再生产活动或扩大再生产活动。

（二）建筑工程项目资源管理

建筑工程项目资源管理，是按照建筑工程项目一次性特点和自身规律，对项目实施过程中所需要的各种资源进行优化配置，实施动态控制，有效利用，以降低资源消耗的系统管理方法。

二、建筑工程项目资源管理的内容

（一）人力资源管理

人力资源管理是指为了实现建筑工程项目的既定目标，采用计划、组织、指挥、监督、协调、控制等有效措施和手段，全面开发和利用项目中的人力资源进行的一系列活动的总称。

目前，我国企业或项目经理部在人员管理方面引入了竞争机制，采用多种用工形式，包括固定工、临时工、劳务分包公司所属合同工等。项目经理部进行人力资源管理的关键在于强化对劳务人员的教育培训，提升他们的综合素质，加强思想工作，确立责任制，激发职工的积极性，加强对劳务人员作业的检查，以提高劳动效率，保证作业质量。

（二）材料管理

材料管理是指项目经理部为顺利完成工程项目施工任务进行的材料计划、订货采购、运输、库存保管、供应加工、使用、回收等一系列的组织和管理工作。

材料管理的重点在现场，项目经理部应建立完善的规章制度，强调节约和减少损耗，力求降低工程成本。

（三）机械设备管理

机械设备管理是指项目经理部根据承担的具体工作任务，优化选择和配备施工机械，并对其合理使用、保养和维修等各项活动进行管理的工作。机械设备管理包括选择、使用、保养、维修、改造、更新等多个环节。

机械设备管理的关键在于提高机械设备的使用效率和完好率，实施责任制，严格按照操作规程加强机械设备的使用、保养和维修。

（四）技术管理

技术管理是指项目经理部运用系统的观点、理论和方法对项目的技术要素与技术活动过程进行计划、组织、监督、控制、协调的全过程管理。

技术要素包括技术人才、技术装备、技术规程、技术资料等；技术活动过程指技术计划、技术运用、技术评价等。技术的发挥，除了取决于技术本身的水平，很大程度上还依赖于技术管理水平。

建筑工程项目技术管理的主要任务是科学组织各项技术工作，充分发挥技术的作用，确保工程质量；努力提高技术工作的经济效果，使技术与经济有机地结合起来。

（五）资金管理

资金，从流动过程来看，首先是投入，即将筹集到的资金投入工程项目上；其次是使用，也就是支出。资金管理，即财务管理，指项目部经理根据工程项目施工过程中资金流动的规律，编制资金计划，筹集资金，投入资金，资金使用，资金核算与分析等管理工作。项目资金管理的目的是保证收入、节约支出、防范风险和提高经济效益。

1.资金收入预测

项目资金收入通常指预测收入。在项目实施过程中，应从按合同规定收取工程预付款开始，每月按工程进度收取工程进度款，一直到最终竣工结算。因此，应根据施工进度计划和合同规定按时测算价款数额，制作项目收入预测表，制图显示项目资金按月收入和按月累加收入情况。

项目资金收入的主要来源包括：按合同规定收取的工程预付款、按工程进度每月收取的工程进度款、各分部分项、单位工程竣工验收合格和工程最终验收合格后的竣工结算款，以及自有资金的投入或为弥补资金缺口而获得的有偿资金。

2.资金支出预测

项目资金支出主要用于购买或租赁其他资源、支付劳动者工资以及管理施工现场的费用等。资金支出的预测依据主要有：项目责任成本控制计划、施工管理规划以及材料和物资的储备计划。

项目资金预测支出包括：支付消耗人力资源的费用，支付消耗材料及相关费用的费用，支付消耗机械设备、工器具等的费用，以及支付其他直接费用和间接费用的费用。此外，还包括自有资金投入后的利息损失或投入有偿资金后的利息支付。

3.资金预测结果分析

将项目资金收入预测累计结果和支出预测累计结果绘制在同一坐标图上进行分析。

4.建筑工程项目资金的使用管理

（1）企业内部银行

内部银行指的是企业内各核算单位的结算中心，按照商业银行运作机制，为各核算单位开设专用账户，核算各单位货币资金的收支情况。内部银行对存款单位负责，“谁账户的资金谁使用”，不得透支、存款有息、贷款付息，违规将会受到处罚，实行金融市场化管理。

同时，内部银行还承担企业财务管理职能，进行项目资金的收支预测，统一对外收支与结算，负责对外办理贷款筹集资金和内部单位的资金借款，并组织企业内部各单位的利税和费用上缴等工作，充分发挥企业内部的资金调控管理职能。项目经理部在施工项目所需资金的运作上具有相当的自主性，以独立身份在企业内部银行设立项目专用账户，包括存款账号和贷款账号。

（2）项目资金的使用管理

项目资金的管理实际上反映了项目施工管理的水平。从施工方案的选择、进度安排，到工程的建造，都需要运用先进的施工技术和科学的管理方法，以提高生产效率、保证工程质量、降低各种消耗，努力实现以较少的投入创造较大的经济效益。

为此，建立健全项目资金管理责任制，明确由项目经理负责项目资金的使用管理，财务管理人员负责组织日常管理工作。同时，明确项目预算员、计划员、统计员、材料员、劳动定额员等管理人员的资金管理职责和权限，以实现统一管理、专人负责。

明确了职责和权限后，还需有具体的落实。针对资金使用过程中的重点环节，项目部经理可在管理层与操作层之间灵活运用市场和经济手段，其中在管理层内部主要采用经济手段。总之，所有具有市场规则性、物质性、经济性、激励和惩罚性的手段，都可供项目经理部在管理工作中选择并有效地加以利用。

三、建筑工程项目资源管理的主要环节

（一）制定资源配置计划

编制资源配置计划的目标是根据业主需求和合同要求，合理规划各类资源的投入量、投入时间和投入步骤，以满足施工项目的实施需求。该计划是实现资源的优化配置和组合的工具。

（二）资源供应

为确保资源的供应，应根据资源配置计划，指定专人负责组织资源的获取，进行优化选择，并将其投入施工项目，以实现计划并满足项目的需求。

（三）高效使用资源

基于各种资源的特性，科学地配置和组合，协调投入，合理使用，并不断纠正偏差，以达到节约资源、降低成本的目标。

（四）核算资源使用情况

通过对资源投入、使用和产出情况的核算，了解资源的投入和使用是否得当，最终实现资源的节约使用目标。

（五）分析资源使用效果

一方面，对管理效果进行总结，找出经验和问题，评估管理活动；另一方面，为管理提供储备和反馈信息，以指导未来（或下一循环）的管理工作。

四、建筑工程项目资源管理的意义

建筑工程项目资源管理的根本目的在于通过市场调研，合理配置资源，并在项目管理过程中强化管理，以追求在较小的投入下取得较好的经济效益。这一理念具体体现在以下几个方面：（1）进行资源的优化配置，即在适当的时机、适量的情况下，以适当的比例和合适的位置配置或投入资源，以满足工程的需求。（2）进行资源的优化组合，确保投入工程项目的各种资源在项目中协调搭配，有效形成生产力，及时、合格地生产出产品（工程）。（3）进行资源的动态管理，即根据项目内在规律，有效规划、组织、协调、控制各项资源，使其在项目中合理流动，在动态过程中追求平衡。动态管理的目标和前提是进行资源的优化配置与组合，动态管理旨在成为优化配置和组合的手段和保障。（4）在建筑工程项目运行中，以合理、节约的方式使用资源，以降低工程项目的成本。

第二节　建筑工程项目环境管理

一、环境管理基础

（一）施工项目现场管理的概念

建设工程现场是指用于进行该施工项目的施工活动，经有关部门批准占用的场地。这些场地可用于生产、生活或两者兼有，当该项工程施工结束后，这些场地将不再使用。施工现场包括红线以内或红线以外的用地，但不包括施工单位自有的场地或生产基地。施工项目现场环境管理是对施工项目现场内的活动及空间所进行的管理。施工项目部负责人应负责施工现场文明施工的总体规划和部署，各分包单位按各自的划分区域和施工项目部的要求进行现场环境管理并接受项目部的管理监督。

（二）施工项目现场环境管理的目的

施工项目的现场环境管理就是要做到“文明施工、安全有序、整洁卫生、不扰民、不损害公众利益”。

施工项目的现场环境管理是项目管理的一个重要部分。优秀的现场环境管理使场容美观整洁，道路畅通，材料放置有序，施工有条不紊，安全、消防、保安均能得到有效的保障，有关单位都能满意。相反，低劣的现场环境管理会影响施工进度，为事故的发生埋下隐患。施工企业必须树立良好的信誉，防止事故的发生，增强企业在市场的竞争力，必须做好现场的文明施工，确保施工现场井井有条、整洁卫生。

（三）施工项目现场环境管理的意义

1.作为一个城市贯彻国家有关法规和城市管理法规的窗口体现

在工程施工中，施工单位与城市各部门、企业人员的交往频繁。与工程相关的单位和人员都会关注施工现场环境的好坏。现场环境管理涉及城市规划、市容整洁、交通运输、消防安全、文明建设、居民生活、文物保护等方面。因此，施工项目现场环境管理是一个极为严肃的问题，稍有不慎就可能对社会安定造成危害。现场管理人员必须具有强烈的法制观念。

2.体现施工企业的形象和面貌

通过观察施工现场，可一目了然地了解施工现场环境管理的情况。施工现场环境管理的水平直接反映了施工企业的管理水平和企业的形象。一个文明的施工现场能够产生良好的社会效益，赢得广泛社会赞誉；反之则可能损害企业声誉。施工现场的环境管理在一定程度上体现了企业的形象和社会效益。

3.施工现场是一个周转站，管理得好与坏直接影响施工活动

在施工现场，有大量的物资设备和人员聚集。若管理不善，可能引发窝工、材料二次搬运、交叉运输等问题，从而直接影响施工活动。因此，合理布置现场是确保工程项目能够顺利施工并按时完成的关键所在。

4.施工现场将各专业管理紧密联系在一起

施工现场集结了土建工程、给排水工程、电气工程、智能化工程、园林工程、市政工程、热能工程、通风空调工程、电梯工程等各专业。各专业在施工现场合理分工、分头管理、紧密合作，相互之间既相互影响又相互制约。这种联系使得施工现场成为一个综合协同的工作空间。

（四）施工项目现场环境管理的内容

1.合理规划施工用地，确保场内占地使用得当

在满足施工条件的前提下，要紧凑地布置，尽量避免占用或减少对农田的占用。如果场内空间无法满足施工需求，应与业主（建设单位）一同向规划部门、公安交管等相关部门申请，经批准后方可获取并使用场外临时施工用地。

2.在施工组织设计中，科学进行施工总平面设计

施工总平面设计的目的是对施工场地进行科学规划，合理利用空间，以确保工程能够顺利进行。

3.根据施工进度的实际需求，按阶段调整施工现场的平面布置

不同的施工阶段有不同的需求，因此现场的平面布置应根据施工阶段的变化进行调整。

4.强化对施工现场使用的检查

现场管理人员应定期检查现场布置是否符合平面布置图要求，如有不符合之处应及时纠正，以确保按照施工现场的布置进行施工。

5.文明施工

文明施工是指按照相关法规的要求，使施工现场范围和临时占地范围内的施工秩序井然有序。

文明施工有助于提升工程和工作质量，增强企业信誉。

6.完工清场

在工程施工完成后，要及时组织人员清理现场，拆除施工临时设施，将剩余物资移出现场，并将现场的材料和机械转移到新场地。

（五）施工项目现场环境管理组织体系

施工项目现场环境管理的组织体系因项目管理情况而异。业主可以将现场环境管理的全部工作委托给总包单位，由总包单位担任现场环境管理的主要责任人。

除了现场单位，现场环境管理还受到当地政府有关部门（如市容管理、消防、公安等部门）、现场周围的公众、居民委员会以及总包、施工单位的上级领导部门的影响。因此，现场环境管理工作的负责人应将现场管理纳入经常性的巡视检查内容，融入日常管理，并与其他工作有机结合。应主动听取有关政府部门、附近单位、社会公众以及其他相关方面的意见和反馈，及时进行整改，争取获得他们的支持。

施工单位内部对现场环境管理工作的归口管理存在差异，有些企业将其分配给安全部门，有些则分配给办公室或企业管理办公室，还有些分配给器材科。尽管分配部门不同，但考虑到现场管理的复杂性和政策性，应安排能够全面了解工作并协调各部门工作的人员进行管理。

在施工现场管理的负责人应组织各参建单位，成立现场管理组织。该组织的任务包括根据国家和政府的法令，向参建单位传达现场环境管理的重要性，并提出具体要求。对参建单位进行现场管理区域的划分，进行定期和不定期的检查，及时提出改正措施并限期改正，进行项目内外的沟通，包括与当地有关部门和其他相关方的沟通，听取他们的意见和要求。在业主和总包的授权下，对参建单位有表扬、批评、培训、教育和处罚的权利和责任，并审批使用明火、停水、停电、占用现场内公共区域和道路的权利。

（六）项目现场环境管理的考核

现场环境管理的检查考核是进行现场管理的有效手段。除了现场专职人员的日常专职检查，现场的检查考核还可以分级、分阶段、定期或不定期进行。例如，现场项目管理部门可每周进行一次检查，并以例会的方式进行沟通；施工企业基层可每月进行一次检查；施工单位的公司可每季进行一次检查；总公司或集团可每半年进行一次检查。有必要时，可以组织有关单位针对现场环境管理问题进行专门的专题检查。

由于现场环境管理涉及面广、范围广，检查出问题也往往不是一个部门所能解决的。因此，有的企业将现场环境管理与质量管理、安全管理等其他管理工作结合在一起进行综合检查，既能节约时间，又可成为一项综合的考评。

二、施工项目现场场容管理

（一）场容的基本要求

（1）现场入口需设置企业标志，标志应清晰显示建筑企业名称以及所属项目部序号。

（2）项目经理部在现场入口的显眼位置应设置公示牌，公示牌的内容包括以下要点：①工程概况，包括工程规模、性质、用途，发包人、设计人、承包人和监理单位的名称，以及施工起止年月日等。②安全纪律，包括安全警示牌，安全生产和消防保卫制度。③防火须知牌。④安全无重大事故计时牌。⑤安全生产和文明施工牌。⑥施工总平面图。⑦项目经理部组织结构及主要施工管理人员名单图，其中包括施工项目负责人、技术负责人、质量负责人、安全负责人、器材负责人等。

（二）场容管理

施工现场场容规范化的建立应基于科学合理的施工平面图设计和物料器具定位管理标准化。承包人应根据本企业的管理水平，制定并完善施工平面图管理和现场物料器具管理标准，为项目经理部提供场容管理策划依据。

项目经理部需要结合施工条件，在施工方案和施工进度计划的要求下，根据施工各个阶段的具体情况，分阶段认真进行施工平面图的规划、设计、布置、使用和管理。

施工平面图应根据指定的施工用地范围和现场施工各个阶段进行布置和管理。其内容应包括：

（1）建筑现场的红线，可临时占用的地区，场外和场内交通道路，现场主要入口和次要入口，以及现场临时供水供电的入口位置。

（2）测量放线的标志桩，现场的地面大致标高。在地形复杂的大型现场，应包括地形等高线和现场临时平整的标高设计。项目需要取土或弃土时，应标明取、弃土区域位置。

（3）已建建筑物、地上或地下的管道和线路，以及拟建的建筑物、构筑物。在进行管网施工时，应标示拟建的永久管网位置。

（4）现场主要施工机械位置及其工作范围，包括垂直运输机械、搅拌机械等。

（5）材料、构件和半成品的堆场位置及其占地面积。

（6）生产、生活临时设施，如临时变压器、水泵、搅拌站、办公室、供水供电线路、仓库的位置。现场工人的宿舍应尽量安置在场外，如果必须安置在场内，应采取分隔措施并与现场施工区域隔离。

（7）消防入口、消防道路、消火栓以及消防器材的位置。

（8）平面图比例、采用的图例、方向、风向和主导风向等标记。

施工总平面布置要求保持紧凑，最大限度地减少施工用地。减少施工用地既可以减少施工管线，又能减少场内二次搬运和运输距离。根据材料的使用时间顺序，应尽可能靠近使用地点，以确保施工的顺利进行，既节约劳动力，又减少材料多次转运中的损耗。在保证施工顺利进行的前提下，尽可能减少临时设施费用。临时设施的布置应方便施工管理和工人的生产生活。

施工现场必须符合劳动保护、安全技术、防火、环保、市容、卫生等要求，并且易于管理。同时，应考虑减少对邻近地区居民的影响。单位工程施工平面图应根据不同施工阶段的需求设计成阶段性施工平面图，并在阶段性进度目标开始实施前，通过施工协调会议确认后实施。项目经理部应按照已审批的施工总平面图或相关单位工程施工平面图划定的位置进行布置。

施工项目现场布置包括机械设备、脚手架、密封式安全网和围挡、模具、施工临时道路，供水、供电、供气管道或线路，施工材料制品堆场及仓库、土方及建筑垃圾存放区、变配电间、消火栓、警卫室，现场的办公、生产和生活临时设施等。施工现场物料器具应按照施工平面图指定位置就位布置，并根据特点和性质规范布置，执行码放整齐、限宽限高、上架入箱、按规格分类、挂牌标识等管理标准。施工现场周边应设置临时围护设施，市区工地的周边围护设施高度不得低于1.8m。临街脚手架、高压电缆、起重机回转半径伸至街道的，均应设置安全隔离棚。危险物品仓库附近应设有明显标志和围挡设施。施工现场应建立畅通的排水沟渠系统，场地不得积水、积泥浆，道路应硬化坚实。室内保持整洁，墙面上应挂有有关人员职责牌，常用应急电话号码告示牌。

（三）环境管理

施工现场的泥浆和污水未经处理不得直接排入城市排水设施、河流、湖泊、池塘。在施工现场，禁止熔化沥青和焚烧油毡、油漆，严禁焚烧产生有毒有害烟尘和恶臭气味的废弃物，也不得将有毒有害废弃物用于土方回填。建筑垃圾和渣土应当在规定的堆放地点放置，并每日进行清理。对于高空施工产生的垃圾和废弃物，必须采用密闭式串筒或其他有效措施进行清理和搬运。

运载建筑材料、垃圾或渣土的车辆应采取有效的措施，如覆盖车辆顶部，以防尘土飞扬、洒落或流溢。根据需要，施工现场应设置机动车辆冲洗设施，所有进出施工现场的车辆都必须经过冲洗，以防止车辆的污泥带到城市道路上造成道路污染，冲洗的污水应经过处理。

在居民和单位密集区域进行爆破、打桩等施工作业前，项目经理部应按规定进行申请批准。同时，应向受影响范围的居民和单位通报作业计划、影响范围、影响程度及有关保护措施等情况，取得各方的支持和配合。对施工机械的噪声与振动扰民，采取相应措施予以管理。经过施工现场的地下管线，由发包人在施工前通知承包人，标出位置，加以保护。建筑工程现场环境管理与安全管理经过施工现场的地下管线时，发包人在施工前应通知承包人，标出管线位置并采取必要的保护措施。施工中发现文物、古迹、爆炸物、电缆等情况时，应立即停止施工，保护现场，并及时向有关部门报告，按规定处理后方可继续施工。在需要停水、停电、封路而影响环境的情况下，必须向有关部门报告，经批准后，应提前告示，并在施工现场设置警示标志。在行人和车辆通行的地方进行施工时，应设置沟、井、坎、穴覆盖物和警示标志。施工现场应进行必要的绿化。

（四）消防保安管理

现场设立门卫传达，根据需要设置警卫，负责施工现场保卫工作，并采取必要的防盗措施。施工现场的主要管理人员在施工现场应当佩戴证明其身份的证卡，其他现场施工人员也要有标识。如有条件，可对进出场人员使用磁卡进行管理。承包人必须切实按照《中华人民共和国消防法》的规定，建立和执行消防管理制度。现场必须配备满足消防车辆出入和行驶的道路，并设置符合要求的防火报警系统和固定式灭火系统，保持消防设施完好备用状态。在易发火灾地区进行施工、储存或使用易燃、易爆器材时，承包人应采取特殊的消防安全措施。施工现场严禁吸烟，必要时可设立吸烟室。通道、消防出入口、紧急疏散楼道等地方应设有明显标志或指示牌。有高度限制的区域应设置限高标志。进行爆破作业时，承包人必须经政府主管部门审查批准，并提供爆破器材的品名、数量、用途、爆破地点、与周边单位及建筑物的距离等相关文件和安全操作规程。在所在地县、市（区）公安局申领“爆破物品使用许可证”后，由具备爆破资质的专业队伍按照相关规定进行施工。

（五）卫生防疫管理

卫生防疫管理的关键问题是食堂管理和现场卫生。在组织施工时，食堂管理应提前策划。现场食堂应根据就餐人数合理规划食堂面积、设施，并配备足够的炊事员和管理人员。食堂卫生必须符合《中华人民共和国食品卫生法》及其他有关卫生规定，符合建筑工程项目管理的要求。炊事人员应经过定期体格检查并合格后方可上岗。炊具应当严格消毒，生熟食物应分开处理。原料及半成品必须通过检验合格后方可使用。现场食堂不得售卖酒精饮料，现场工作人员在工作时间内严禁饮用酒精饮料。确保现场人员的饮水供应，尤其在炎热季节要提供清凉饮料。生产和生活区域要进行有效分隔。施工现场不宜设置职工宿舍，必须设置时应尽量远离施工场地。施工现场应备有必要的医务设施，在办公室内显著位置张贴急救车和有关医院的电话号码。夏天施工时，应根据需要采取防暑降温和消毒、防毒的措施。施工作业区与办公区应明确划分。现场厕所应符合卫生要求。

第三节　建筑工程项目安全管理

一、施工项目安全管理概述

（一）施工项目安全管理的概念

安全管理涉及施工企业采取措施，确保项目在施工过程中无危险，避免事故，防止人身伤亡和财产损失。安全不仅包括人身安全，还包括财产安全。

“安全生产管理”是指经营管理者对安全生产工作进行的一系列活动，包括策划、组织、指挥、协调、管理和改进，旨在确保在生产经营活动中保障人身安全和资产安全，促进生产的发展，维护社会的稳定。

安全生产一直是我国的基本方针，不仅是为了保护劳动者的生命安全和身体健康，还为了促进生产的发展，必须得到贯彻执行。同时，安全生产也是维护社会安定团结、促进国民经济稳定、持续、健康发展的基本条件，是社会文明程度的重要标志。

安全与生产的关系是辩证统一的，而非对立矛盾的。安全与生产的统一性表现在：一方面，生产必须是安全的，因为安全是生产的前提条件，不安全就无法正常进行生产；另一方面，安全可以促进生产，通过强化安全工作，为员工创造安全、卫生、舒适的工作环境，可以更好地调动员工的积极性，提高劳动生产率，同时减少因事故而带来的不必要损失和麻烦。

（二）施工项目安全管理的特点

1.施工项目安全管理的难点繁多

由于受到自然环境的显著影响，施工在冬、雨季更为频繁，涉及高空作业、地下作业、大型机械操作、用电作业、易燃易爆物料较多，因而导致安全事故发生的潜在因素众多，使得安全管理面临众多挑战。

2.安全管理的劳保责任重大

在建筑施工中，手工作业普遍存在，人员数量众多，交叉作业频繁，尤其是高空作业存在较大危险性，因此劳动保护责任显得尤为重要。

3.施工项目安全管理是企业安全管理的一个子系统

企业的安全系统包含安全组织系统、安全法规系统和安全技术系统，而这些系统与施工项目的安全密切相关。安全法规系统涵盖国家、地方和行业的安全法规，对所有企业都有执行要求；安全组织系统包括企业内部的安全部门和安全管理人员，是安全法规的执行者；安全技术系统则涵盖国家针对不同工种和行业所制定的技术安全规范。

4.施工现场是安全管理的重点和难点

由于施工现场人员众多、物资集中，作为作业场所，事故往往发生在现场。因此，施工现场成为安全管理的关注重点，也是出现难题的地方。

（三）施工项目安全管理的原则

1.坚持“安全第一，预防为主”的原则

在生产活动中，将安全置于首要位置，当生产与安全存在矛盾时，必须让生产服从安全，即实现“安全第一”。预防为主是实现“安全第一”的基础，为确保安全生产，首先需采取有效的预防措施。

2.明确安全管理的目标性

安全管理涉及对生产中的人、物、环境等因素状态进行管理。通过有效管理人员的不安全行为和物品的不安全状态，可以消除或避免事故的发生。

3.坚守全方位、全过程的管理

由于生产活动存在事故可能性，因此必须坚持全员、全过程、全方位、全天候的安全管理状态。

4.持续提升安全管理水平

随着社会的发展，生产活动不断变化，安全管理工作也需随之调整。施工企业应不断总结安全管理经验，提高安全管理水平。

5.“生产必须安全，安全促进生产”

许多企业强调“质量是企业的生命，安全是企业的血液”，凸显了对安全的高度重视。在劳动过程中，“生产必须安全”要求创造必要的安全卫生条件，积极克服不安定和不卫生因素，以防止伤亡事故和职业性毒害的发生。同时，“安全促进生产”要求安全工作紧密围绕生产活动展开，不仅要保护职工的生命安全和身体健康，还要促进生产的持续发展。

安全管理是生产管理不可或缺的组成部分，只有确保安全才能促进生产的发展。特别是在生产任务繁忙时，更需妥善处理二者之间的关系，越是繁忙的生产任务，越要高度重视安全工作。否则，工伤事故的发生既会妨碍生产，又可能影响企业的声誉。因此，生产和安全是相互联系、相互依存的，需要正确处理二者之间的关系。

（四）施工项目安全管理的程序

1.制定施工安全目标

根据企业的生产经营需求，确立整体安全目标，各部门和员工根据企业总目标，从上至下制定实际可行的分目标，构建一套完整的安全目标管理体系。

2.制订项目安全保障计划

按照企业的要求，各部门员工制定各自的安全计划。

3.履行施工项目安全计划

在确立目标后，企业与各部门员工和项目签署协议，以使其自觉为实现这些目标而共同努力。

4.核实施工项目安全保障计划

各部门员工在执行安全管理时，需总结执行情况，验证目标完成情况。

5.持续改进施工项目安全管理

在达到安全管理目标后，制定新一轮的安全目标，以进一步完善安全目标体系。

6.履行合同承诺

按照协议的规定对员工进行奖惩。

（五）安全管理体系

1.“企业负责”

“企业负责”表示企业在其经营活动中必须对本企业的安全生产负全面责任。企业对安全生产负责的关键是确保“三个到位”，即责任到位、投入到位、措施到位。

责任到位即全面落实各级安全生产责任制；投入到位确保对安全生产的资金投入；措施到位要严格按照国家有关安全生产的法律、法规和方针政策，结合本单位、本项目的实际情况，制定详尽周密的安全生产计划，并认真按照计划执行。

2.“行业管理”

“行业管理”即各级行业主管部门对用人单位的职业健康安全工作提供指导，充分发挥行业主管部门对本行业职业健康安全工作的管理作用。

3.“国家监察”

“国家监察”即各级政府部门对用人单位遵守职业健康安全法律、法规进行监督检查，并对违反职业健康安全管理体系法律、法规的用人单位实施行政处罚。

国家监察是具有执法性质，主要监察国家法律、法规、政策的执行情况，预防和纠正违反法律、法规、政策的行为，但不干预企事业单位内部执行法律、法规、政策的具体方法、措施和步骤等事务。它不能替代行业管理部门的日常管理和安全检查。

4.“群众监督”

“群众监督”规定工会依法对用人单位的职业健康安全工作进行监督，劳动者对违反职业健康安全法律、法规和危害生命及身体健康的行为有权提出批评、检举和控告。

5.“劳动者遵章守纪”

安全生产目标的实现取决于全体员工素质的提高，劳动者需自觉履行安全法律责任。按照劳动法的规定，即“劳动者在劳动过程中，必须严格遵守安全操作规程”。要“珍惜生命，爱护自己，勿忘安全”，广泛深入地开展“三不伤害”活动，自觉遵章守纪、遵纪守法，确保安全。

二、施工项目安全管理体系

（一）安全保证计划

1.“确定施工安全目标”

项目经理部应根据项目施工安全目标的要求配置必要的资源，以确保施工安全并保证目标的实现。对于专业性较强的施工项目，应编制专项安全施工组织设计并采取相应的安全技术措施。项目安全保证计划应在项目开工前编制，并经项目经理批准后实施。

2.“项目安全保证计划书”

项目安全保证计划的内容包括工程概况、管理程序、管理目标、组织结构、职责权限、规章制度、资源配置、安全措施、检查评价、奖惩制度。项目经理部应根据工程特点、施工方法、施工程序、安全法规和标准的要求，采取可靠的技术措施，消除安全隐患，以确保施工的安全。

对于结构复杂、施工难度大、专业性强的项目，除了制定项目安全技术总体安全保证计划，还必须制定单位工程或分部、分项工程的安全施工措施。对于高空作业、井下作业、水上作业、水下作业、深基础开挖、爆破作业、脚手架上作业、有害有毒作业、特种机械作业等专业性强的施工作业，以及从事电气、压力容器、起重机、金属焊接、井下瓦斯检验、机动车和船舶驾驶等特殊工种的作业，应制定单项安全技术方案和措施，并对管理人员和操作人员的安全作业资格和身体状况进行合格审查。

安全技术措施应包括防火、防毒、防爆、防洪、防尘、防雷击、防触电、防坍塌、防物体打击、防机械伤害、防溜车、防高空坠落、防交通事故、防寒、防暑、防疫、防环境污染等方面的措施。

（二）安全保证计划的实施

1.落实安全责任制

（1）项目经理的安全职责包括

认真贯彻安全生产方针、政策、法规和各项规章制度，制定和执行安全生产管理办法；严格执行安全考核指标和安全生产奖惩办法；切实执行安全技术措施审批和施工安全技术措施交底制度；定期组织安全生产检查和分析，针对可能产生的安全隐患制定相应的预防措施；在施工过程中发生安全事故时，项目经理必须按照安全事故处理的预案和有关规定程序及时上报和处置，并制定防止同类事故再次发生的措施。

（2）安全员的安全职责包括

负责实施安全设施的设置；对施工全过程的安全进行监督，纠正违章作业；协助有关部门排除安全隐患；组织安全教育和全员安全活动；监督劳保用品质量和正确使用。

（3）作业队长的安全职责包括

向作业人员进行安全技术措施交底，组织实施安全技术措施；对施工现场安全防护装置和设施进行验收；对作业人员进行安全操作规程培训，提高作业人员的安全意识，避免发生安全事故；在发生重大或恶性工伤事故时，应保护现场，立即上报并参与事故调查处理。

（4）班组长的安全职责包括

在安排施工生产任务时，向本工种作业人员进行安全措施交底；严格执行本工种安全技术操作规程，拒绝违章指挥；作业前应对本次作业所使用的机具、设备、防护用具及作业环境进行安全检查，消除安全隐患，检查安全标牌是否按规定设置，标识方法和内容是否正确完整：组织班组开展安全活动，召开上岗前安全生产会议；每周应进行安全讲评。

（5）操作工人的安全职责包括

认真学习并严格执行安全技术操作规程，不违规作业；自觉遵守安全生产规章制度，执行安全技术交底和有关安全生产的规定；服从安全监督人员的指导，积极参加安全活动；爱护安全设施；正确使用防护用具；对不安全作业提出意见，拒绝违章指挥。

（6）承包人对分包人的安全生产责任的管理

审查分包人的安全施工资格和安全生产保证体系，不应将工程分包给不具备安全生产条件的分包人；在分包合同中应明确分包人安全生产责任和义务；对分包人提出安全要求，并认真监督、检查；对违反安全规定冒险蛮干的分包人，应令其停工整改；承包人应统计分包人的伤亡事故，按规定上报，并按分包合同约定协助处理分包人的伤亡事故。

（7）分包人的安全生产责任包括

分包人对本施工现场的安全工作负责，认真履行分包合同规定的安全生产责任；遵守承包人的有关安全生产制度，服从承包人的安全生产管理，及时向承包人报告伤亡事故并参与调查，处理善后事宜。

2.实施安全教育的规定

（1）项目经理部的安全教育内容包括

深入学习安全生产法律、法规、制度和安全纪律，同时详细解读安全事故案例。

（2）作业队安全教育内容包括

全面了解所承担施工任务的特点，积极学习施工安全基本知识、安全生产制度及相关工种的安全技术操作规程；掌握机械设备和电器使用、高处作业等安全基本知识；学习防火、防毒、防爆、防洪、防尘、防雷击、防触电、防高空坠落、防物体打击、防坍塌、防机械伤害等知识以及紧急安全救护知识；了解安全防护用品发放标准，熟悉防护用具、用品的正确使用。

（3）班组安全教育内容包括

充分了解本班组作业特点，认真学习安全操作规程、安全生产制度及纪律；熟悉正确使用安全防护装置（设施）及个人劳动防护用品的知识；了解本班组作业中的不安全因素及防范对策，了解作业环境及所使用的机具的安全要求。

3.安全技术交底

在单位工程开工前，项目经理部的技术负责人有责任向承担施工的作业队负责人、工长、班组长和相关人员进行工程概况、施工方法、施工工艺、施工程序、安全技术措施的详细交底。对于结构复杂的分部分项工程施工，项目经理部的技术负责人应有针对性地进行全面、详细的安全技术交底。项目经理部必须妥善保存双方签字确认的安全技术交底记录。

（三）施工项目的安全检查

安全检查是为了预防安全事故的重要措施。其目的在于及时发现事故隐患，堵塞事故漏洞，防患于未然，因此必须建立安全检查制度。安全检查的形式包括普通检查、专业检查和季节性检查。检查的内容分为现场检查和资料检查两部分。

项目经理应当组织项目经理部定期对安全管理计划的执行情况进行检查、考核和评价。针对施工中存在的不安全行为和隐患，项目经理部应进行原因分析，并制定相应的整改和防范措施。项目经理部需根据施工过程的特点和安全目标的要求，明确安全检查的内容。在进行安全检查时，项目经理部应配备必要的设备或器具，确定检查负责人和检查人员，并明确检查的内容和要求。安全检查应采取随机抽样、现场观察和实地检测相结合的方法，并记录检测结果。对于现场管理人员的违章指挥和操作人员的违章作业行为，应及时纠正。安全检查人员应对检查结果进行分析，找出安全隐患部位，并确定其危险程度。

最后，项目经理部应编写安全检查报告。

（四）施工项目安全管理事故的处理

1.安全隐患处理

项目经理部应针对“通病”“顽症”“首次出现”“不可抗力”等类型的隐患，采取修订和完善安全整改措施。

项目经理部应立即向检查出的隐患发出安全隐患整改通知单。受检单位应对安全隐患原因进行分析，制定纠正和预防措施。这些措施在得到检查单位负责人批准后方可实施。

安全检查人员应当在检查中发现违章指挥和违章作业行为时，立即向责任人指出，并规定限期进行纠正。

安全员应跟踪检查纠正和预防措施的实施过程和效果，并保存验证记录。

2.项目经理部进行安全事故处理

（1）安全事故

安全事故发生后，受伤者或最先发现事故的人员应立即通过最快的传递手段将事故的时间、地点、伤亡人数、事故原因等情况上报至企业安全主管部门。根据事故造成的伤亡人数或直接经济损失情况，企业安全主管部门应按规定向政府主管部门报告。

（2）事故处理

在处理事故时，需要迅速抢救伤员、排除险情，防止事故蔓延扩大，并做好标识，保护现场。

（3）事故调查

项目经理应指定技术、安全、质量等部门的人员，与企业工会代表一同组成调查组，展开调查。

（4）调查报告

调查组应将事故发生的经过、原因、性质、损失责任、处理意见、纠正和预防措施撰写成调查报告，并在全体调查组人员签字确认后报企业安全主管部门。

（五）施工项目安全管理的继续改进和兑现合同承诺

工程竣工后应及时提交安全控制总结报告，概括施工过程中的安全控制经验和存在的不足，以便为未来工作积累经验。同时，需要履行合同中有关安全事故奖罚承诺的责任。

第七章　建设工程进度管理

一个建设项目能否在预定的时间内完成，是建设项目最为重要的问题之一，也是进行项目管理所追求的目标之一。建设项目进度管理是指在既定的工期内，编制出经济合理的施工进度计划，并据此检查工程项目进度计划的执行情况。若发现实际执行情况与进度计划进度不一致时，及时分析原因，并采取必要的措施对原工程进度计划进行调整、修改。工程项目进度控制的最终目的是确保建设项目按合同或业主要求的预定时间交付或提前交付使用。工程项目能否按时交付使用直接影响到业主投资效益的实现及施工企业能否降低成本。因此，做好建设项目的进度管理是建筑企业工程管理的主要目标之一。

要有效控制工程进度，在进行建设工程管理的过程中，需要对工程项目建设各阶段的工作内容、工作程序、持续时间和衔接关系，根据进度总目标及资源优化配置的原则编制计划并付诸实施，然后在进度计划的实施过程中经常检查实际进度是否在按计划要求进行，对出现的偏差情况进行分析，采取补救措施或调整、修改原计划再付诸实施。如此循环，直到建设工程竣工验收交付使用。

第一节　建设工程项目进度控制目标与任务

一、建设工程项目进度控制的目的

进度控制的目的是通过控制实现建设工程的进度目标。

建设项目是在动态条件下实施的，因此进度控制也必须是一个动态的管理过程。

（1）进度目标分析和论证的目的是论证进度目标是否合理、是否有可能实现。如果经过科学的论证，目标不可能实现，则必须调整目标。

（2）在搜集资料和调查研究的基础上编制进度计划。

（3）进度计划的跟踪检查与调整包括定期跟踪检查所编制进度计划的执行情况，若其执行有偏差，则采取纠偏措施，并视情况调整进度计划。

二、建设工程项目进度控制的任务

建设工程项目管理有多种类型，代表不同利益方的项目管理方（业主方和项目参与各方）都有进度控制的任务，其控制的目标和时间范畴是不相同的。

业主方进度控制的任务是控制整个项目实施阶段的进度，包括设计准备阶段的工作进度、设计工作进度、施工进度、物资采购工作进度，以及项目动用前准备阶段的工作进度。

设计方进度控制的任务是根据设计任务委托合同对设计工作进度的要求对设计工作进行进度控制，这是设计履行合同的义务。另外，设计应尽可能使设计工作的进度与招标、施工和物资采购等工作进度相协调。

施工方进度控制的任务是依据施工任务委托合同对施工进度的要求控制施工进度，这是施工方履行合同的义务。

施工方是工程实施的一个重要参与方。许许多多的工程项目，特别是大型重点建设工程项目，工期要求十分紧迫，施工方的工程进度压力非常大，数百天的连续施工，一天两班制施工，甚至24h连续施工时有发生。非正常有序的施工、盲目赶工，会导致施工质量问题和施工安全问题，并且会引起施工成本的增加。因此，施工进度控制不仅关系到施工进度目标能否实现，还直接关系到工程的质量和成本。在工程施工实践中，必须树立和坚持一个最基本的工程管理原则，即在确保工程质量的前提下，控制工程进度。

供货方进度控制的任务是依据供货的要求控制供货进度，这是供货方履行合同的义务。供货进度计划应包括供货的所有环节，如采购、加工制造、运输等。

三、建设工程项目总进度目标的论证

（一）总进度目标论证的内容

建设工程项目的总进度目标指的是整个工程项目的进度目标，它是在项目决策阶段项目定义时确定的。建设项目进度管理的主要任务是在项目的实施阶段对项目的进度目标进行控制。在进行建设工程项目总进度目标控制前，首先应分析和论证进度目标实现的可能性。若项目总进度目标不可能实现，则项目管理者应提出调整项目总进度目标的建议，并提请项目决策者审议。

在项目的实施阶段，项目总进度主要包括以下内容：

（1）设计前准备阶段的工作进度。

（2）设计工作进度。

（3）招标工作进度。

（4）施工前准备工作进度。

（5）工程施工和设备安装进度。

（6）工程物资采购工作进度。

（7）项目动用前的准备工作进度。

建设工程项目总进度目标论证应分析和论证上述各项工作的进度，以及上述各项工作进展情况的相互关系。在进行建设工程项目总进度目标论证时，往往还没有掌握比较详细的设计资料，也缺乏比较全面的有关工程发包的组织、施工组织和施工技术等方面的资料，以及其他有关项目实施条件的资料。因此，总进度目标论证并不是总进度规划的编制工作，而是涉及许多工程实施条件的分析和工程实施策划方面的问题。

（二）项目总进度目标论证的工作步骤

建设工程项目总进度目标论证的工作步骤如下：

（1）调查研究和搜集资料。

（2）项目结构分析。

（3）进度计划系统的结构分析。

（4）项目的工作编码。

（5）编制各层进度计划。

（6）协调各层进度计划的关系，编制总进度计划。

（7）若所编制的总进度计划不符合项目的进度目标，则设法调整。

（8）若经过多次调整，进度目标无法实现，则报告给项目决策者。

四、建设工程项目进度计划系统

（一）建设工程项目进度计划系统的内涵

建设工程项目进度计划系统是由多个相互关联的进度计划组成的系统，它是项目进度计划控制的依据。由于各种进度计划编制所需要的必需资料是在项目进展过程中逐步形成的，因此项目进度计划系统是逐步形成的，其建立和完善需经过一个过程。

（二）不同类型的建设工程项目进度计划系统

根据项目进度控制不同的需要和不同的用途，业主方和项目各参与方可以构建多个不同的建设工程项目进度计划系统。

（1）由多个相互关联的不同计划深度的进度计划组成的计划系统。

（2）由多个相互关联的不同计划功能的进度计划组成的计划系统。

（3）由多个相互关联的不同项目参与方的进度计划组成的计划系统。

（4）由多个相互关联的不同计划周期的进度计划组成的计划系统等。

建设工程项目进度计划系统示例的第二个层次是多个相互关联的不同项目参与方的进度计划系统；其第三和第四个层次是多个相互关联的不同计划深度的进度计划组成的计划系统。

（三）由不同深度的计划构成进度计划系统

（1）建设项目总进度计划。

（2）建设项目子系统进度计划。

（3）建设项目子系统中的单项工程进度计划等。

（四）由不同功能的计划构成进度计划系统

（1）控制性进度计划。

（2）指导性进度计划。

（3）实施性（操作性）进度计划等。

（五）由不同项目参与方的计划构成进度计划系统

（1）业主方编制的整个项目的进度计划。

（2）设计进度计划。

（3）施工和设备安装进度计划。

（4）采购和供货进度计划等。

（六）由不同周期的计划构成进度计划系统

（1）建设项目5年建设进度计划。

（2）年度、季度、月度和旬进度计划等。

（七）工程项目进度计划系统中的内部关系

在建设工程项目进度计划系统中，各进度计划或各子系统进度计划编制和调整时必须注意其相互间的联系和协调。

（1）总进度计划、项目子系统进度计划与项目子系统中的单项工程进度计划之间的联系和协调。

（2）控制性进度计划、指导性进度计划与实施性进度计划之间的联系和协调。

（3）业主方编制的整个项目实施的进度计划、设计方编制的进度计划、施工和设备安装方编制的进度计划与采购和供货方编制的进度计划之间的联系和协调等。

第二节　建设工程项目进度计划的类型及作用

一、进度计划的类型

建设工程项目是一个复合的功能实体，各种功能在时间上交叉衔接，在空间上既有集合，又有分散。为了理清这样的复杂关系，实施全过程的管理及进度计划就要自始至终涵盖整个工程项目。建设项目进度计划可以按照以下层次进行分类。

（一）建设项目总进度计划

它是以建设项目的整个建设周期为对象，对项目的勘察、设计、施工、竣工验收和交付使用的全过程进行时间安排，实行一体化项目管理，这个计划应由总承包商编制。总进度计划深度应按照项目情况和承担的经营方式而定。

（二）阶段进度计划

根据各主要阶段的相对独立性，具体编制每个阶段的进度安排，确定关键线路和关键工作，为管理和控制提供依据，如勘察设计进度计划、施工前期准备进度计划、施工进度计划、采购进度计划、竣工验收进度计划等。阶段进度计划可以按单项或单位工程编制，这部分计划一般由阶段承包单位编制。

（三）分部、分项进度计划

将单项工程或单位工程阶段进度计划分解到各个分部、分项工程，为现场管理人员提供工程进度控制标准。这部分计划由各专业部门（分包单位）按本单位的定额水平制订。

以上三级计划，从上到下对应着各管理操作层次，为各级管理人员提供行动指南和进度控制工作标准。

二、进度计划的作用

（一）工程项目的施工进度计划的作用

一个工程项目的施工总进度计划是工程项目的控制性施工进度计划。建设工程项目总进度计划是整个项目各参与方进度计划编制和进度控制的纲领性文件，是组织和指挥工程项目近期顺利进行的依据，也是协调设计进度、物资采购计划和制订资金使用计划等的重要参考文件。

建设项目施工总进度计划的主要作用如下：

（1）论证施工总进度目标。

（2）进行总进度目标的分解，确定里程碑事件的进度目标。

（3）编制项目各参与方进度计划的依据。

（4）编制与该项目相关的其他各种进度计划的依据或参考依据，如子项目施工进度计划，单体工程施工进度计划，项目施工的年度施工计划、季度施工计划等。

（5）施工进度动态控制的依据等。

（二）分部、分项工程进度计划的作用

项目的分部、分项工程进度计划是用于直接组织施工作业的计划，它是实施性施工进度计划。分项工程进度计划是分部工程进度计划中的具体安排。分部、分项工程进度计划的编制应结合工程施工的具体条件，并以分部、分项工程进度计划所确定的里程碑事件的进度目标为依据。

针对一个项目的分项工程进度计划，应体现出在这个施工阶段将进行的主要施工作业的名称、实物工程量、工作持续时间、所需的施工机械名称、施工机械的数量等；还需体现各施工作业相应的时间安排，以及各施工作业的施工顺序。

分部、分项工程进度计划的主要作用如下：

（1）确定施工作业的具体安排。

（2）确定该分项工程施工阶段的人工需求（工种和相应的数量）。

（3）确定该分项工程施工阶段的施工机械的需求（机械名称和数量）。

（4）确定一个月度或旬的建筑材料的需求（建筑材料的名称和数量）。

（5）确定一个月度或旬的资金的需求等。

第三节　建设工程项目进度计划的编制与调整

一、横道图进度计划的编制方法

横道图又称甘特图，是建筑工程中安排施工进度计划和组织施工时常用的一种表达方式。它是一种最简单、运用最广泛的传统的进度计划方法。

（一）横道图的形式

横道图是以时间为横坐标，以各分项工程或施工工序为纵坐标，按一定的先后施工顺序和工艺流程，用表示时间比例的水平横道线表示对应项目或工序持续时间的施工进度计划图。

（二）横道图的特点

（1）能够清楚地表达各项工作的开始时间、结束时间和持续时间，计划内容排列整齐有序，形象直观，计划的工期一目了然。

（2）不但能够安排工期，还可以在横道图中加入各分部、分项工程的工程量、机械需求量、劳动力需求量等，从而与资金计划、资源计划、劳动力计划相结合并实现优化。

（3）使用方便，制作简单，易于掌握。

（4）不容易分辨计划内部工作之间的逻辑关系，一项工作的变动对其他工作或整个计划的影响不能清晰地反映出来。

（5）没有通过严谨的进度计划时间参数计算，不能确定计划的关键工作、关键路线与时差。

（6）计划调整只能用手工方式进行，其工作量较大，难以适应大的进度计划系统。

（三）应用范围

（1）可以直接应用于一些简单的较小项目的施工进度计划。

（2）项目初期由于复杂的工程活动尚未揭示出来，一般都采用横道图作总体计划，以供决策。

（3）作为网络分析的输出结果。现在，几乎所有的网络分析程序都有横道图输出功能，而且已被广泛使用。

二、工程网络计划的编制方法

网络计划技术是一种有效的系统分析和优化技术，是指用网络计划图表示计划中各项工作之间相互制约和依赖的关系，并在此基础上，通过各种计算和分析，寻求最优计划方案的计划管理技术。它来源于工程技术和管理实践，是20世纪50年代国外陆续出现的一项计划管理的新方法。由于这种方法将计划的工作关系建立在网络模型上，把计划的编制、协调、优化和控制有机地结合起来，并在如何保证或缩短时间、降低成本、提高效率、节约资源等方面取得了显著的成效。我国引进和应用网络计划理论，除国防科研领域外，以土木建筑工程建设领域最早。

网络计划图（简称网络图）是指由箭线和节点按一定规则绘成的，用来表示工作流程的有向、有序网状图形。

（一）网络计划基础

1.网络计划的基本原理

（1）利用网络图的形式表达一项工程计划方案中各项工作之间的相互关系和先后顺序关系。

（2）通过计算找出影响工期的关键工序和关键线路，并不断调整网络计划，寻求最优方案并付诸实施。

（3）在计划实施过程中采取有效措施对其进行控制，以合理使用资源，高效、优质、低耗地完成预定任务。

2.网络图的特点

（1）能明确表达各项工作开展的先后顺序和反映出各项工作之间的相互依赖、相互制约的关系。

（2）能进行各种时间参数的计算，并能找出关键工作和关键线路，便于在工作中体现主要矛盾。

（3）显示机动时间，便于更好地控制和监督，也能更好地调配人力、物力。

（4）能够进行计划的优选比较，从而选择最佳方案。

（5）它不仅可以用于控制项目的施工进度，还可用于控制工程费用。例如，在一定的费用下工期最短和一定的工期内费用最低等的网络计划的优化。

（6）在计算劳动力需求量及资源消耗时，与横道图相比较为困难，也没有横道图简单、直观。

3.网络计划的分类

为适应不同用途的需要，建设工程网络计划的内容和形式可按多种形式分类。

（1）按工作的持续时间是否已知，划分为肯定型网络计划、非肯定型网络计划和随机网络计划等。

（2）按工程项目的组成及应用范围划分为总体网络计划、单项工程网络计划和单位工程网络计划。

（3）按计划目标的多少划分为单目标网络计划和多目标网络计划。

（4）按工作和事件在网络图中表达的不同含义划分为双代号网络计划和单代号网络计划。双代号网络计划和单代号网络计划均属于项目管理方法中的关键线路法。双代号网络计划每项工作由一根箭线和两个节点表示，其中箭线代表工作，节点表示工作间的逻辑关系。单代号网络计划工作由一个节点组成，以节点代表工作，箭线表示工作间的逻辑关系。在双代号网络计划中，按箭线的长短与工作持续时间的关系可分为一般双代号网络计划和时间坐标网络计划（简称时标网络计划）。

（二）一般双代号网络计划

1.双代号网络图的构成

双代号网络图是应用较为普遍的一种网络计划形式，由工作、节点和线路3个要素构成。

双代号网络图中的工作用箭线表示。工作名称标注在箭线上方，完成该项目工作的持续时间（或需要资源数量）写在箭线下方，箭尾表示工作开始，箭头表示工作结束。

双代号网络图中的工作可以分为以下三种类型：

（1）既需要消耗时间，又需要消耗资源的工作，如支模板、浇筑混凝土。

（2）只需要消耗时间，不需要消耗资源的工作，如混凝土养护、屋面基层干燥等技术间歇。

（3）既不需要消耗时间，又不需要消耗资源的工作，即虚工作。虚工作只表示工作与相邻前后工作之间的逻辑关系，一般有工作之间的联系、区分和隔开三个作用。

在双代号网络图中，节点是指工作开始或完成的时间点，通常用圆圈（或方框）表示。节点表示的是工作之间的交接点，它既表示该节点前一项或若干项工作的结束，也表示该节点后一项或若干项工作的开始，箭线两端各与一个节点衔接，它表示各工作之间的相互关系。它既表示房屋基础施工的结束时刻，也表示发射塔基础施工、房屋主体施工和管沟施工的开始时刻。

代表工作的箭线，其箭尾节点表示该工作的开始，称为工作的开始节点；其箭头指向的节点表示该工作的结束，称为工作的结束节点。任何工作都可以用其箭线上方的工作名称和箭线两端的两个节点的编号来表示，开始节点编号在前，结束节点编号在后。所有的节点都应统一编号，进行编号时，箭尾节点的号码应小于箭头节点的号码。

网络图中的第一个节点称为起点节点，它表示一项工程或任务的开始；网络图的最后一个节点称为终点节点，它表示一项工程或任务的完成；其余的节点均称为中间节点。

网络图中，从起点节点出发，沿着箭头方向连续通过一系列箭线和节点，直至到达终点节点的“通道”，即称为线路。网络图中的线路有多条，一条线路上的所有工作的持续时间之和称为该线路的长度。在各条线路中，所有工作的持续时间之和最长的线路称为关键线路。除关键线路之外的其他线路都称为非关键线路。位于关键线路上的工作称为关键工作，除关键工作之外的其他工作称为非关键工作。

关键工作用较粗的箭线或双箭线来表示，以区别于非关键工作。非关键线路上的工作，既有关键工作，也有非关键工作。任何一条线路上，只要有一项非关键工作，这条线路就是非关键线路，它的总长度小于关键线路。

2.双代号网络图的绘制

网络图必须正确地表达整个工程或任务的工艺流程和各工作开展的先后顺序及它们之间相互依赖、相互制约的逻辑关系。因此，绘制网络图时必须遵循一定的基本规则和要求。

在一个网络图中，可以有许多工作通向一个节点，也可以有许多工作由同一个节点出发。把通向某节点的工作称为该节点的紧前工作；把从某节点出发的工作称为节点的紧后工作；从同一起始节点开始的工作称为平行工作。

（1）各种逻辑关系的正确表示方法

各工作间的逻辑关系表达得是否正确，是网络图能否反映工程实际情况的关键，而且若将逻辑关系搞错，图中各项工作参数的计算及关键线路和工程工期都将随之发生变化。

在绘制网络图时，应特别注意虚箭线的使用。在某些情况下，必须借助虚箭线才能正确地表达工作之间的逻辑关系。

（2）双代号网络图的绘制规则

绘制双代号网络图，必须遵守一定的基本规则，才能明确地反映出工作的内容，准确地表达出工作间的逻辑关系，并且使所绘出的图易于识读和操作。

①不得有两个或两个以上的箭线从同一节点出发且同时指向同一节点。表达工作之间平行的关系时，可以增加虚工作来表达它们之间的关系。

②一个网络计划只能有一个起点节点和一个终点节点。

③在网络图中不得存在闭合回路。

④同一项工作在一个网络中不能重复表达。

⑤表达工作之间的搭接关系时不允许从箭线中间引出另一条箭线。

⑥网络图中不允许出现双向箭线和无箭头箭线。

⑦网络图中节点编号自左向右、由小到大，应确保工作的起点节点的编号小于工作终点节点的编号，并且所有节点的编号不得重复。

编号可采用水平编号法，每行自左向右，然后自上而下逐行进行编号，也可采用垂直编号法，由上而下，然后自左向右进行编号。编号可以用非连续的编号，以便于以后修改。

⑧绘制网络图时，宜避免箭线交叉。

当箭线交叉不可避免时，可采用搭桥法或指向法表示。

⑨当双代号网络图的某些节点有多条外向箭线或多条内向箭线时，为使图形简洁，可使用母线法绘制（但应满足一项工作用一条箭线和相应的一对节点表示）。

⑩网络图应条理清楚、布局合理。

在正式绘图以前，应先绘出草图，然后再做调整。在调整过程中要做到突出重点工作，即尽量把关键线路安排在醒目的位置，把联系紧密的工作尽量安排在一起，使整个网络条理清楚、布局合理。

（3）双代号网络图的绘制步骤

双代号网络图的绘制方法，视各人的经验而不同，但从根本上说，都要在既定施工方案的基础上，根据具体的施工客观条件，以统筹安排为原则。一般的绘图步骤如下：

①任务分解，划分施工工作。

②确定完成工作计划的全部工作及其逻辑关系。

③确定每一工作的持续时间，制定工程分析表。

④根据表7-1所示工程分析表（或工作关系表），绘制并修改网络图。

表7-1 工程分析表

序号	工作名称	工作代号	紧前工作	紧后工作	持续时间	资源强度
1						
2						
3						
4						
5						

（三）双代号时标网络计划

1.双代号时标网络计划的概念

双代号时标网络计划简称时标网络计划，实质上是在一般双代号网络图上加注时间坐标，它所表达的逻辑关系与原网络计划完全相同，但箭线的长度不能任意画，应与工作的持续时间相对应。

2.时标网络计划的特点

（1）时标网络计划兼有网络计划与横道计划的优点，在时标网络计划中，网络计划中的各个时间参数可以直观地表达出来，可直观地进行判读。

（2）时标网络计划能在图上直接显示出各项工作的开始与完成时间、工作的自由时差及关键线路。

（3）利用时标网络计划，可以很方便地绘制出每一个单位时标资源需要量，便于进行资源的优化和调整。

（4）在时标网络计划中，可以利用前锋线方法对计划进行动态跟踪和调整。

（5）由于箭线受到时间坐标的限制，当情况发生变化时，对网络计划的修改比较麻烦，往往要重新绘图。但在使用计算机以后，这一问题则较容易得到解决。

3.时标网络计划的绘制

时标网络计划可按最早时间和最迟时间两种方法绘制，使用较多的是最早时标网络计划。

按最早时间绘制时标网络计划，在绘制前，首先应根据确定的时间单位绘制出一个时间坐标表，时间坐标单位可根据计划的长短确定（可以是小时、天、周、旬、月或季等），见表7-2；时间坐标一般标注在时标表的顶部或底部，也可在顶部或底部同时标注，要注明时标单位。时标表中的刻度线应为细实线，为使图面清晰，此线一般不画或少画。

表7-2　时间坐标表

日历	24/4	25/4	26/4	29/4	30/4	6/5	7/5	8/5	9/5	10/5	13/5	14/5	15/5	16/5	17/5
时间单位/d	1	2	3	4	5	6	7	8	9	10	11	12	13	14	15
网络计划															
时间单位															

在时标网络计划中，以实线表示工作，自由时差（实线后不足部分）用波形线表示，虚工作应垂直于时间坐标（画成垂直方向），用虚箭线表示。如果虚工作的开始节点与结束节点不在同一时刻上，水平方向的长度用波形线表示，垂直部分仍应画成虚箭线。

绘制时标网络计划时，应遵循以下规定：

（1）代表工作的箭线长度在时标表上的水平投影长度，应与其所代表的持续时间相对应。

（2）节点的中心线必须对准时标的刻度线。

（3）在箭线与其结束节点之间有不足部分时，应用波形线表示。

（4）在虚工作的开始与其结束节点之间，垂直部分用虚箭线表示，水平部分用波形线表示。

绘制时标网络计划应先绘制出无时标网络计划（逻辑网络图）草图，然后再按间接绘制法或直接绘制法绘制。

（1）间接绘制法（或称先算后绘法），是指先计算时标网络计划草图的时间参数，然后再在时标网络计划表中进行绘制的方法。

绘制步骤如下：

①先绘制网络计划草图；计算每项工作的最早时间并标注在图上。

②在时标表上，按工作最早开始时间确定每个节点位置（图形尽量与草图一致），节点的中心线必须对准时标的刻度线。

③按各工作的时间长度画出相应工作的实线部分，使其水平投影长度等于工作时间；由于虚工作不占用时间，所以应以垂直虚线表示。

④用波形线把实线部分与其紧后工作的开始节点连接起来，以表示自由时差。

绘制时，一般先绘制出关键线路，然后再绘制非关键线路。

（2）直接绘制法，是指不经时间参数计算而直接按双代号网络计划草图绘制时标网络计划。

绘制步骤如下：

①将网络计划起点节点定位在时标表的起始刻度线上（第一天开始点）。

②按工作持续时间在时标表上绘制起点节点的外向箭线。

③工作的箭头节点必须在其所有内向箭线绘出以后，定位在这些箭线中完成最迟的实箭线箭头处。

④某些箭线长度不足以到达该节点时，用波形线补足，即为该工作的自由时差。

⑤用上述方法自左向右依次确定其他节点的位置，直到终点节点定位绘完为止。

三、工程网络计划有关参数的计算与应用

（一）双代号网络计划时间参数计算

双代号网络计划时间参数计算的目的在于通过计算各项工作的时间参数，确定网络计划的关键工作、关键线路和计算工期，为网络计划的优化、调整和执行提供明确的时间参数。

1.双代号网络图的时间参数

时间参数计算应在各项工作的持续时间确定之后进行。双代号网络图的时间参数主要有：

（1）工作持续时间$D_{i,j}$

它是指一项工作从开始到完成的时间。

（2）计算工期T_c

它是指根据时间参数计算得到的工期。

（3）工作最早开始时间ES

它是指在各紧前工作全部完成后，工作（i，j）有可能开始的最早时刻。

（4）工作最早完成时间EF

它是指在各紧前工作全部完成后，工作（i，j）有可能完成的最早时刻。

（5）工作最迟开始时间LS

它是指在不影响整个任务按期完成的前提下，工作（i，j）必须开始的最迟时刻。

（6）工作最迟完成时间LF

它是指在不影响整个任务按期完成的前提下，工作（i，j）必须完成的最迟时刻。

（7）总时差TF

它是指在不影响总工期的前提下，工作（i，j）可以利用的机动时间。

（8）自由时差FF

它是指在不影响其紧后工作最早开始时间的前提下，工作（i，j）可以利用的机动时间。

在计算各种时间参数时，规定工作的开始时间或结束时间都是以单位时间的终了时刻为计算标准。例如，$ES_{i,j}=6$表示工作（i，j）的最早开始时间为第6天末。

2.双代号网络计划时间参数的计算

双代号网络计划时间参数的计算有“按工作计算法”和“按节点计算法”两种。按工作计算法是以网络计划中的各项工作为对象，直接计算各项工作的时间参数，并将计算结果标注在箭线之上。

时间参数计算程序如下。

（1）计算工作最早开始时间和最早完成时间

工作的最早开始时间应从网络计划的起点节点开始，顺着箭线方向自左向右依次逐项计算，直到终点节点为止。

以网络计划起点节点为开始节点的工作的最早开始时间，如无规定时，其值等于零。例如，网络计划起点节点代号为i，则

$$ES_{i,j}=0\ (i=1)$$

工作最早完成时间等于其最早开始时间与该工作持续时间之和。工作（i，j）的最早完成时间，即

$$EF_{i,j}=ES_{i,j}+D_{i,j}$$

其他工作的最早开始时间等于其各紧前工作的最早完成时间的最大值（$i<j<k$），即

$$ES_{j,k}=\max\left\{EF_{i,j}\right\}$$

或

$$ES_{j,k}=\max\left\{EF_{i,j}+D_{i,j}\right\}$$

（2）确定网络计划计算工期

网络计划的计算工期，以T_c表示。它等于以网络计划终点节点n为完成节点的各项工作的最早完成时间的最大值，即

$$T_c=\max\left\{EF_{i,n}\right\}$$

（3）计算工作最迟开始时间和工作最迟完成时间

工作的最迟时间受工期的约束，故而工作的最迟完成时间应从网络计划的终点节点开始，逆着箭线方向自右向左依次进行计算，直到起点节点为止。

以网络计划终点节点为完成节点的工作的最迟完成时间，即

$$LF_{i,n}=T_c$$

工作最迟开始时间等于其最迟完成时间与该项工作的持续时间之差，即

$$LS_{i,j}=LF_{i,n}-D_{i,j}$$

其他工作的最迟完成时间等于其各项紧后工作的最迟开始时间的最小值（$i<j<k$），即

$$LF_{i,j}=\min\left\{LS_{j,k}\right\}$$

或

$$LF_{i,j}=\min\left\{LS_{j,k}-D_{i,j}\right\}$$

（4）计算工作时差

工作总时差是指在不影响工期的前提下，一项工作所拥有的机动时间，以$TF_{i,j}$表示。总时差等于工作的最迟开始时间减去最早开始时间，或等于最迟完成时间减去最早完成时间，即

$$TF_{i,j}=LS_{i,j}-ES_{i,j}$$

$$TF_{i,j}=LS_{i,j}-EF_{i,j}$$

工作的自由时差，即从本工作最开始时间与其紧后工作的最早开始时间之间扣除本工作的持续时间后所剩余时间的最小值（$i<j<k$）。自由时差即为

$$EF_{i,j}=\min\left\{ES_{j,k}-EF_{i,j}\right\}$$

或

$$EF_{i,j}=\min\left\{ES_{j,k}-EF_{i,j}-D_{i,j}\right\}$$

注意：工作的自由时差是该工作总时差的一部分。当其总时差为零时，其自由时差也必然为零。

（二）时标网络计划关键线路和时间参数的判定

1.关键线路的判定

时标网络计划的关键线路，应从终点节点至起点节点进行观察，凡自始至终没有波形线（自由时差）的线路即为关键线路。

2.时间参数的计算

时标网络计划计算工期等于终点节点与起点所在位置的时标值之差。

（1）工作的最早时间

在时标网络计划中，每条箭线尾节点中心所对应的时标值，即为该工作的最早开始时间。没有自由时差的工作的最早完成时间为其箭头节点中心所对应的时标值；有自由时差工作的最早结束时间为其箭线实线部分右端点所对应的时标值。

（2）工作自由时差值

其等于其紧后工作的最早开始时间与本工作的最早结束时间之差。每条波形线的末端，就是该条波形线所在工作的紧后工作的最早开始时间；波形线的起点就是它所在工作

的最早完成时间；波形线的水平投影就是这两个时间之差，即自由时差值。也就是说，工作自由时差值等于其波形线（或虚线）在坐标轴上的水平投影长度。

（3）工作总时差值

在时标网络计划中，工作总时差不能被直接观察，但可利用工作自由时差进行判定。工作总时差值应自右向左逆箭线推算。

工作总时差值等于其紧后工作的总时差加大工作与该工作的紧后工作之间的时间间隔之和的最小值，即

$$TF_{i,j}=\min\left\{TF_{j,k}+LAG_{i,j}\right\}$$

两项工作之间的时间间隔$LAG_{i,j}$指本工作的最早完成时间与其紧后工作最早开始时间之间的差值。

四、进度计划的检查与调整

（一）影响建设项目工程进度的因素

1.工程建设各相关单位

例如：向有关部门提出各种申请审批手续的延误；合同签订时遗漏条款、表达不当；计划安排不周密，组织协调不力，导致停工待料、相关作业脱节；领导不力，指挥失当，使参加工程建设的各个单位、各个专业、各个施工过程之间交接、配合上发生矛盾等。

2.物资供应

例如：材料、构配件、机具、设备供应环节的差错，品种、规格、质量、数量、时间不能满足工程的需要；不合理使用特殊材料及新材料；施工设备不配套、选型失当、安装失误、有故障等。

3.资金

建设单位没有按照合同要求及时提供工程预付款，施工单位不能正常进行施工准备，导致工程无法按期开工；建设单位未能及时支付工程进度款，造成工程资金紧张，影响进度。

4.设计变更

在施工过程中，由于原设计与施工现场条件不符或原设计出现错误，以及业主提出新的设计变更等，需停工等待新的设计方案，延误工程进度；或由于按照之前的设计方案施工导致需返工引起的进度延长。

5.施工条件

例如：复杂的工程地质条件；不明的水文气象条件；地下埋藏文物的保护、处理；洪水、地震、台风等不可抗力。

6.各种风险因素

例如：外单位临近工程施工干扰；节假日交通、市容整顿的限制；临时停水、停电、断路；法律及制度变化，如经济制裁、战争、骚乱、罢工、企业倒闭等。

7.承包单位自身管理水平

例如，施工工艺错误，施工方案不合理，施工安全措施不当，不可靠技术的应用，计划不周，施工现场管理混乱，施工中各种问题解决不及时，等等。

（二）进度计划的检查方法

在建设项目施工的过程中，必须建立相应的检查制度，定期地对计划的实际执行情况进行跟踪检查，搜集反映实际进度的有关数据。

对所搜集的数据进行加工处理，搜集的反映实际进度的原始数据量大、面广，必须对其进行整理、统计和分析，形成与计划进度具有可比性的数据，以便分析判断工程进度的实际状况，及时发现进度偏差，为进度计划的调整提供依据。

常见的进度计划检查方法有以下几种。

1.横道图比较法

横道图比较法，是把在项目施工中检查实际进度搜集的信息，经整理后直接用横道线并列标于原计划的横道线下，进行直观比较的方法。

2. “S”形曲线比较法

“S”形曲线比较法是以横坐标表示时间，纵坐标表示累计完成任务量，绘制一条按计划时间累计完成任务量的“S”形曲线，然后将工程项目实施过程中各检查时间实际累计完成任务量的“S”形曲线也绘制在同一坐标系中，进行实际进度与计划进度比较的一种方法。

3. “香蕉”曲线比较法

“香蕉”曲线是两条“S”形曲线组合成的闭合曲线。以各项工作的最早开始时间安排进度而绘制的“S”形曲线，称为ES曲线；以各项工作的最迟开始时间安排进度而绘制的“S”形曲线，称为LS曲线。“S”形曲线都是从计划的开始时刻开始和完成时刻结束，因此两条曲线是闭合的。一般情况下，ES曲线上的各点均落在LS曲线相应点的左侧，形成一个形如“香蕉”的曲线，称为“香蕉”曲线。在项目的实施中进度控制的理想状态是任一时刻按实际进度描绘的点，应落在该“香蕉”曲线的区域内。

4.前锋线比较法

前锋线，是指在原时标网络计划上，从检查时刻的时标点出发，依次将各项工作实际进展位置点连接而成的折线。前锋线比较法就是通过实际进度前锋线与原进度计划中各工作箭线交点的位置来判断工作实际进度与计划进度的偏差，进而判定该偏差对后续工作及总工期影响程度的一种方法。

5.列表比较法

列表比较法是指记录检查正在进行的工作名称和已进行的天数，然后列表计算有关参数，根据原有总时差和尚有时差判断实际进度与计划进度的比较方法，见表7–3。

表7–3 某网络计划工作逻辑关系及持续时间表

工作编号	工作名称	检查时尚需工作天数	按计划最迟尚有天数	总时差		自由时差		情况分析
				原有	目前尚有	原有	目前尚有	

（三）进度计划的调整

1.网络计划调整的内容

（1）调整关键线路的长度。

（2）调整非关键工作时差。

（3）增、减工作项目。

（4）调整工作间的逻辑关系。

（5）重新确定某些工作的持续时间。

（6）对资源的投入做相应调整。

2.网络计划调整的方法

（1）调整关键线路的方法

①当关键线路的实际进度比计划进度拖后时，应在尚未完成的关键工作中，选择资源投入小或费用低的工作缩短其工期，并重新计算未完成部分的时间参数，将其作为一个新计划实施。

②当关键线路的实际进度比计划进度提前时，应选用资源占用量大或者直接费用高的后续关键工作适当延长其持续时间，以降低其资源强度或费用。当确定要提前完成计划

时，应将计划尚未完成的部分作为一个新计划，重新确定关键工作的持续时间，按新计划实施。

（2）非关键工作的调整方法

非关键工作主要利用其时差进行调整，调整的幅度应在其时差的范围内进行，以便更充分地利用资源、降低成本或满足施工的需要。每一次调整后都必须重新计算时间参数，观察该调整对计划全局的影响。可采用以下几种调整方法：

①将工作在其最早开始时间与最迟完成时间范围内移动。

②延长非关键工作的持续时间。

③缩短非关键工作的持续时间。

（3）增、减工作项目时的调整方法

①不打乱原网络计划总的逻辑关系，只对局部逻辑关系进行调整。

②在增、减工作后应重新计算时间参数，分析对原网络计划的影响。当对工期有影响时，应采取调整措施，以保证计划工期不变。

（4）调整逻辑关系

逻辑关系的调整只有当实际情况要求改变施工组织时才可进行。调整时应避免影响原定计划工期和其他工作。

（5）调整工作的持续时间

当发现某些工作的原持续时间估计有误或实现条件不充分时，应重新估算其持续时间，并重新计算时间参数，尽量使原计划工期不受影响。

（6）调整资源的投入

当资源供应发生异常时，应采用资源优化方法对计划进行调整，或采取应急措施，使其对工期的影响最小。

网络计划的调整，可以定期进行，亦可根据计划检查的结果在必要时进行。

第四节　建设工程项目进度控制的措施

一、建设工程项目进度控制的组织措施

组织体系是目标能否实现的决定性因素，为实现项目的进度目标，应充分重视及健全项目管理的组织体系。在项目组织结构中应有专门的工作部门和符合进度控制岗位资格的

专人负责进度控制工作。

从管理构架入手，理顺各职能管理部门之间的关系，建立精简、高效的组织体系，使工程进展过程中的各种信息流得以高效、快捷地上传下达，并及时对进度计划做微幅调整，优化资源管理，将进度偏差控制在较小的范围内。各部门职能分工如下。

（一）工程技术部

工程技术部负责工程总进度、年进度计划的编制；及时掌握工程进展情况的汇总信息，对总进度计划实施动态控制；参加监理单位定期召开的进度会议，接受监理人员的指示和协调；必要时根据监理人员的指示对工程进度计划进行调整。

（二）计划合同部

计划合同部负责工程季度、月度进度计划的编制，制定工程进度考核管理办法及奖罚制度；及时掌握工程进展情况的汇总信息；参加监理人员定期召开的进度会议，接受监理人员的指示和协调；必要时根据监理人员的指示对工程进度计划进行调整。

（三）生产调度室

生产调度室根据计划合同部下达的月进度计划和工程实际进展情况制订周计划，下达给各工区，并监督实施；根据工程进度考核管理办法，对各工区执行奖罚措施；接受各工区关于工程进度的合理化建议并适时传达给计划合同部。

（四）施工队

施工队是周进度计划的具体执行人，和工程进展信息资料的搜集、整理、反馈人一起，接受工程部的安排、监督和奖罚，并对工程进度提出合理化建议。由于工区是进度计划的实施者，因而必须采取有效措施，提高一线作业员工的积极性，使进度计划落到实处。工程进度奖罚措施必须合理、可行，并及时兑现。

二、建设工程项目进度控制的管理措施

（一）技术管理措施

认真调查、研究工程地质、水文、气象资料和市场情况，结合类似工程施工经验，制订切合工程实际的各施工阶段的技术方案、措施及应急技术措施，做好技术交底，建立技术档案，使技术管理科学化、信息化。

抓好新技术、新材料、新工艺的推广运用，充分发挥承包人在类似工程施工技术方面

的优势，组织科技攻关小组，及时解决施工中出现的问题、难题。

对工程进展中出现的进度问题提出相应的建议和措施，必要时根据监理人的指示制订切实可行能够加快工程进度的措施。

聘请单位内有经验的专家对重大技术问题进行咨询，在征得监理人同意后付诸实施。

（二）现场管理措施

建立健全质量保障体系，确保施工质量，避免因质量事故引发工期延误。

建立健全施工安全保证体系，采取有效的安全保障措施，组织好现场安全施工，做好文明施工，创造一个安全、文明、有序的施工环境。

在进度实施过程中抓住关键工作，加大人力、物力投入，特别是高峰期的投入，确保主要工序和关键线路按期完工，同时兼顾其他项目。

加强人员和设备管理，提高设备的利用率和劳动生产率。

充分利用好发包人提供的有关施工设备，同时根据工程进展新购或从上级部门调配施工需要的设备进场，以充分满足施工需要。

充分利用网络管理技术，对施工所需材料、配件进行网络查询和采购，对物资存储进行科学管理，保证正常的物资采购和供应。尽量避免因材料、配件的短缺等造成施工延误。

对工程款项进行科学管理，用好、用活资金，必要时从母体单位本部或采取其他手段调配充足的资金，保障施工生产对资金的需求。

（三）质量管理措施

承包人将按照“提高员工素质、规范工作行为、追求完美品质、满足用户要求”的质量方针，建立健全以项目经理为第一责任人的质量管理体系，结合工程实际，编制适合本工程的质量计划，严格按照计划中的过程、程序和项目实施，实行质量责任终身制，层层落实到个人，真正做到全员、全方位、全过程的有效控制，保证工程总体质量达到优良标准；消灭一切质量事故，坚决杜绝由于质量问题引起的误工、返工现象，确保工程顺利进行。

项目经理将充分授权给项目部的质量管理部，赋予质量管理部门针对质量事故防范与处理的奖罚权力，让质量管理者说话有分量、管理有力度。这样将加快各道工序合格施工及验收，避免误工、返工、工序衔接拖延导致工期延长。

（四）施工资源管理保证措施

设备物资、综合及财务部门，根据施工组织设计及总进度计划的要求，超前编制并落实好各阶段的人力、机械设备、材料物资及资金供应计划，确保施工进度的需要；主要的机械设备、材料物资保证有必要和足够的备用；不适合的设备及时更换，不得影响施工，以确保达到施工强度的要求。

三、建设工程项目进度控制的经济措施

建设工程项目进度控制的经济措施涉及资金需求计划、资金供应的条件和经济激励措施等。为确保进度目标的实现，应编制与进度计划相适应的资源需求计划（资源进度计划），包括资金需求计划和其他资源（人力和物力资源）需求计划，以反映工程实施的各阶段所需要的资源。通过对资源需求的分析，可发现所编制的进度计划实现的可能性，若资源条件不具备，则应调整进度计划。资金需求计划也是工程融资的重要依据。

资金供应条件包括可能的资金总供应量、资金来源（自有资金和外来资金）及资金供应的时间。在工程预算中应考虑加快工程进度所需要的资金，其中包括为实现进度目标将要采取的经济激励措施所需要的费用等。

四、建设工程项目进度控制的技术措施

建设工程项目进度控制的技术措施涉及对实现进度目标有利的设计技术和施工技术的选用。

不同的设计理念、设计技术路线、设计方案会对工程进度产生不同的影响。在设计工作的前期，特别是在设计方案评审和选用时，应对设计技术与工程进度的关系做分析比较。在工程进度受阻时，应分析是否存在影响设计技术的因素、为实现进度目标有无设计变更的可能性。

施工方案对工程进度有直接的影响，在决策是否选用时，不仅应分析技术的先进性和经济性，还应考虑其对进度的影响；在工程进度受阻时，应分析是否存在施工技术的影响因素，以及为实现进度目标有无改变施工技术、施工方法和施工机械的可能性。

第八章　建设工程招投标管理

第一节　招投标管理主体职能规范化及招标过程技术问题

一、建设工程项目招投标管理主体职能规范化

针对目前我国招投标管理主体职能方面存在的各种问题，通过明确各方主体职能，提出一些规范主体职能的对策和建议，使部分问题得到有效解决。

（一）政府主体职能规范化

在工程项目招投标中，政府的职能主要体现在两个方面：一方面，政府以业主的身份向社会提供公共物品。在政府投资建设工程中，政府作为市场经济主体参与经济活动，政府的行为应该遵守市场经济的规则，遵循公平竞争的原则，同时拥有获利的机会并承担相应的风险，作为市场交易中真正的利益主体，他以利润最大化和投资效益最大化为目标。另一方面，政府作为市场的管理者，以制定市场秩序为己任，以法律为依据，以颁布法律、法规、规章、命令及裁决为手段，对微观经济主体的不正当市场交易行为进行直接或间接的控制和干预。这一职能又体现在两个方面：

1.立法

按照新制度经济学理论，市场规则的产生可以分为两种情况：市场主体在利益冲突和竞争中自发形成的规则，即诱致性制度；市场不能形成的规则，需要市场以外的强制力量来制定，即强制性制度。前者强调的是市场调节，后者强调的是政府干预。我国政府在工程项目招投标领域制定了相关的法律、法规等强制性制度，使各项工作有法可依，从而保护当事人各方的正当利益，规范市场秩序。

2.监督管理

政府对招投标活动的监督管理就是政府依据相应的法律法规对招投标的整个过程进行全程监督管理。包括事前监督、事中监督、事后监督。事前监督是对招标企业资质进行

审查，对应该招标的项目是否按规定采取相应的招标方式进行审查，对施工企业资质进行规范管理等；事中监督是对招标过程与内容的合法性进行监督；事后监督是从中标人确定之后到合同履约完成阶段，必须进行跟踪检查，防止非法分包和转包，并对工程质量跟踪检查。

（二）招投标双方主体职能规范化

1.招标主体职能规范化

招标人应是提出招标项目，进行招标的法人或者其他组织。招标人应当有进行招标项目的相应资金或者资金来源已经落实，并应当在招标文件中如实载明，同时，招标人具有编制招标文件和组织评标能力的，可以自行办理招标事宜。按照建设部的有关规定，依法必须进行施工招标的工程，招标人自行办理施工招标事宜的，应当具有编制招标文件和组织评标的能力：有专门的施工招标组织机构；有与工程规模、复杂程度相适应并具有同类工程施工招标经验，熟悉有关工程施工招标法律法规的工程技术、概预算及工程管理的专业人员。招标人符合法律规定自行招标条件的，可以自行办理招标事宜。任何单位和个人不得强制其委托招标代理机构办理招标事宜。不具备上述条件的，招标人应当委托具有相应资格的工程招标代理机构代理施工招标。

对于规范招标人的职能有以下两个方面建议：

一方面是更加具体界定公开招标与邀请招标的范围，根据需要适当扩大公开招标的范围，对应该招标的项目有关部门要严格按照程序，监督招标工作的履行；另一方面应按照法律规定对招标人资质条件进行严格审查，对不符合条件的招标人，要禁止其擅自组织招标，开展项目工作。

招标人规避招标工作的目的是在此阶段减轻工作量，节省部分资源，但同时增加了后期施工过程的风险因素。在建设工程项目中采取招投标的形式，有效引入了竞争机制，可以择优选择更有竞争力的投标人，降低工程成本的同时有效保证工程优质优量完成，从整体角度使招标人在主观上愿意开展招投标工作。

2.投标主体职能规范化

投标人是响应投标、参加投标竞争的法人或者其他组织。投标人应当具备承担招标项目的能力。施工招标的投标人是响应施工招标、参与投标竞争的施工企业。投标人应当具备相应的施工企业资质，并在工程业绩、技术能力、项目经理资格条件、财务状况等方面满足招标文件提出的要求。投标人应具备以下两个条件：应当具备承担招标项目的能力；应当符合招标文件规定的资格条件。

针对前述工程项目招投标过程中投标人存在的问题，在此提出以下几点建议，用以规范投标人的职能。首先，加大行业监督力度。在此，可以借鉴市场经济发达国家和国际组织的经验，分别设置招投标管理监督机构和具体执行机构。相应有一个与招投标执行机构完全分开实行统一监督管理的部门，而不受政府作为招标主体的行政干预。有一套完善的监督管理措施和办法，设立完善的监督管理系统，对各类招投标活动实施有效的监督管理。从而解决实践中经常出现的监督不到位，无人监督或无法监督问题。其次，加大法律执行力度。我国相关招标投标的法律法规日趋完善，然而执行力度不够，导致了不少企业为利益所驱，敢于铤而走险。所以，法律应该加大对有违规行为企业的惩罚力度，对有违法行为的企业可以取消其投标资格1～3年，并将相应的责任制度落实到人，提高企业职工的监督意识，增强企业法人代表的法纪意识。最后，由于造成企业之间无序竞争的原因主要是市场界定不清，导致很多中小企业小而全但不精，要想和大企业在同等条件下竞争，就得投机取巧，甚至违法违规。因此，有关部门应调整好专业结构，加强对业主分包一级市场的管理，逐步开发总承包商与分承包商之间的二级市场，培育装饰装修和劳务分包等三级市场，从而扩大市场容量，缓解供需矛盾。另外，应该针对企业自身特点，资金雄厚、资质等级高、实力强大的大型施工企业集中在一级市场，提高自身素质和能力，参与国际化竞争。而资金有限、资质等级低、实力较弱的中小施工企业应输入二、三级市场，走专业化道路，充分发挥其优势和专长，开拓适合自身特点的市场业务，从而避免一级市场的过度竞争，这样，也有利于招标投标市场和建筑业走良性发展道路，逐步形成以总承包企业为龙头，专业分包为骨干，装饰装修和劳务分包为补充的合理建筑业专业结构，提高中小企业专业化水平，实现细分，改变小而全但不精的状况。

（三）招标代理机构职能规范化

申请工程招标代理机构资格的单位应具备以下条件：是依法设立的中介组织；与行政机关和其他国家机关没有行政隶属关系或者其他利益关系；有固定的营业场所和开展工程招标代理业务所需设施及办公条件；有健全的组织机构和内部管理的规章制度；具备编制招标文件和组织评标的相应专业力量；具有可以作为评标委员会成员人选的技术、经济等方面的专家库。我国将工程招标代理机构资格分为甲、乙两级。招标代理机构在招标人委托的范围内承担的招标事宜包括：拟订招标方案，编制和出售招标文件、资格预审文件；审查投标人资格；编制标底；组织投标人踏勘现场；组织开标、评标，协助招标人定标；草拟合同；招标人委托的其他事项。并且，法律规定招标代理机构不得无权代理、越权代理，不得明知委托事项违法而进行代理，不得接受同一招标项目的招标代理和投标咨询业务，未经招标人同意，不得转让招标代理业务。

针对工程项目招投标实际工作中，招标代理机构存在的问题，提出以下几点建议，以规范招标代理机构的职能：加大招标代理机构的独立性。招标代理机构属于依法设立的中介组织，独立完成相关业务，而不应依附于政府部门，这也是法律法规中明文规定的，需要相关部门严格贯彻执行、加强监管力度；提高招标代理机构人员素质。有利于加强招标代理机构承担业务能力和市场竞争能力，加强招标代理机构专业能力和执业道德，以及把握政策的原则性，从而保证招标代理项目目标的实现，并站在公正的立场上，维护招标人的利益和投标方的合法权益；加强招标代理机构的市场化运作。招标代理机构就其性质来说是工程项目招投标市场的服务性机构，属于营利性的企业单位，法人实体，独立经营，自负盈亏，自担风险。招标代理机构在依法获得执业资格后，依据市场经济规律运转，承担相应的经济法律责任，并接受市场监督，同时也起到监督招投标活动的作用。

二、建设工程项目招标过程技术问题

（一）招标文件编制研究

1.招标文件的重要意义

招标文件是建设工程项目招标投标过程中重要的法律文件。招标文件包含了完整的招标程序，提出了各项技术标准和施工要求，并且规定了拟定合同的主要内容。其作用在于为投标人编制投标文件参加投标提供了依据；为评标委员会评标提供了依据；为合同订立奠定了基础。

招标文件作为建设工程项目招投标及施工过程的纲领性文件，对整个项目造价具有控制性意义。招标文件全面、准确地体现了招标人的意愿，有利于为招标人选择最适合本项目的承包人；有利于监督工程质量和控制工程造价；有利于工程施工管理的顺利进行。规范、严密的招标文件可以避免招标人陷入追加造价的陷阱，降低承包商利用文件漏洞高价索赔的风险。

2.招标文件中的工程量清单编制

（1）工程量清单计价招投标概述

采用工程量清单计价模式，就要求招标方在招标文件中包括相应的工程量清单。工程量清单计价招投标是指招标人在招标文件中为投标人提供实物工程量项目和技术性措施项目的数量清单（工程量清单），投标人在国家定额或地方消耗量定额或本企业自身定额的指导下，结合工程特点、市场竞争情况和本企业的实力，并充分考虑各种风险因素，自主填报清单开列项目的综合单价（包括直接工程费、管理费、利润、考虑风险因素）并合计汇总价，再加上规费和税金，最后得出工程总报价，而且所报的综合单价一般不予调整的一种招投标方式。

（2）工程量清单计价招投标包括两个环节

第一步，招标人根据工程施工图纸，按照招标文件要求及统一的计价规范，为投标人提供工程实物量清单和技术措施项目数量清单；第二步，投标人根据招标人提供的工程量清单及拟建工程情况描述和要求，结合项目特点、市场环境、风险因素及企业综合实力自主报价。工程量清单计价招投标采用了市场计价模式，是对传统计价模式的改良与创新。其基本特征为：在计价依据上实行了“量价分离”；在管理方式上实行“控制量、指导价、竞争费”；在工程量清单编制上实行“四统一”（项目编码统一、项目名称统一、计量单位统一、计算规则统一原则），从而由市场竞争形成价格。

（3）工程量清单计价招投标优点

与传统定额计价模式相比，工程量清单计价模式招投标具有以下优点：

①体现了公平与竞争原则。工程量清单为投标人提供了一个公平的条件，即统一的工程量，投标人根据自身实力情况来填写单价，这一过程同时体现了竞争性，反映了投标人的技术实力与管理水平，有利于招标人在竞争状态下获得最合理的工程造价。

②有利于业主拨付工程款、控制投资和确定最终造价。工程量清单计价模式下的中标价是合同价的基础，相应的投标清单单价就成为拨付工程款的依据，业主根据施工企业完成的工程数量确定进度款的拨付额。同时，工程量清单计价可以让业主对设计变更工程量引起的造价变化一目了然，决定是否变更或进行方案比选，从而达到控制投资的目的。工程竣工后，业主直接根据各种变更引起的工程量增减与对应单价相乘，确定最终造价。

③有利于投标企业在中标后精心组织施工，控制成本。中标企业可以根据中标价和投标文件的承诺，周密分析、统筹考虑单位成本及利润，精心选择施工方案，优化组合人工、机械、材料等，从而履行承诺，保证工程进度和质量。

④体现了风险共担与责、权、利关系对等原则。在工程量清单计价方式下，投标单位只对自己所报的成本、单价负责，由此承担工程价格波动的风险。而工程量的计算错误或变更所产生的风险则相应地由招标单位来负责。因此，工程量清单计价招投标方式更符合风险共担与责、权、利关系对等原则，可以同时保障招投标双方的利益。

（4）如何实施工程量清单计价招标工作

招标单位在施工方案、初步设计或部分施工图设计完成后，可委托招标代理机构按照当地统一的工程量计算规则，以单位工程为对象，计算列出各分部分项工程的工程量清单，并附有相关施工内容说明，作为招标文件的组成部分发放给各投标单位。要想有效地实施工程量清单计价招标，就得保证工程量清单编制的准确程度，这取决于工程项目的设计深度以及编制人员的技术水平和经验。工程量清单为投标者提供了一个共同的投标基础，也便于招标人评标定标，进行价格比选，合同总价调整与工程结算等工作的实施。在有标底招标的情况下，标底编制单位按照工程量清单计算直接费，进行工料分析，然后根据现行定额或招标单位拟定的工、料、机价格和取费标准、取费程序及其他条件计算综合单价，包括直接费、间接费、材料价差、利润、税金的所有费用和综合总价，经汇总成为标底。投标人根据工程量清单及招标文件的内容，综合考虑自身实力和竞争形势，评估工程施工期间所要承担的风险因素，提出有竞争力的综合单价、综合总价、总报价及相关材料进行投标。另外，在项目招标文件和施工承包合同中，都规定了中标单位投标的综合单价在结算时不作调整，当实际施工工程量超过原工程量一定范围时，可以按实际调整，即调量不调价。而对于不可预见的工程施工内容，可以采取虚拟工程量招标单价或明确结算时补充综合单价的办法。

采用工程量清单计价招标，可以更加充分考虑经济、技术、质量、进度、风险等因素，并将其体现在综合单价的确定上，既有助于投标方投标报价，也便于招标方实施工程项目管理。

（二）评标问题

评标办法是招标文件不可或缺的组成部分，体现了招标人选择中标人的标准，指导投标人按招标人的要求进行投标决策，指引投标人如何竞争，是评标委员会评标的依据，是评标工作的游戏规则。游戏规则的合理与否直接关系到评标结果的合理与否，从而决定招投标结果的质量。作为游戏规则，评标办法不仅包含评标的标准和方法，还应约定评审程序、评审内容、评审方法、评审条件和标准、评标委员会组成及来源、确定中标人的原则等诸多问题。

评标的目的不仅在于确定中标人，而且有助于招标人与中标人之间形成并订立一份可执行的合同，通过评标，招标人和投标人对招标文件和投标文件的理解达成一致，并将所有可能导致合同执行过程中出现纠纷的问题解决在双方签约之前。评标办法正是对此项工作的指导。由评标办法决定的评标过程甚至可以理解为评标委员会代招标人与潜在中标人进行合同谈判的过程。评标办法是体现招标投标活动之“三公”原则以及科学择优原则的重要手段。

评标办法体现的基本原则，即公开、公平、公正、诚实信用、科学、择优。上述原则中，公开性原则对评标办法来说是最为重要的。

招标文件与评标办法之间的呼应关系。评标办法是招标文件不可或缺的组成部分，其与招标文件其他组成内容有不可分割的联系。招标文件其他组成部分需要与评标办法相互呼应和衔接。例如，投标须知需要对构成废标的要求进行详细和明确的规定。再如，采用经评审的最低投标价法评标时涉及的需要投标人提交的文件资料，有些需要包括在投标文件中，有些则是在评标委员会质疑时才需要投标人提交，投标须知中应当就此提出明确要求。

（三）综合评估法

“综合评估法”特征和适用范围。“综合评估法”的要义和法律内涵是通过评审，判断投标文件能否最大限度地满足招标文件规定的各项综合评价标准。关键问题之一是“招标文件规定的各项综合评价标准”。“招标文件规定的各项综合评价标准”应划分为两类：一是必须满足招标文件中列举的实质性条件或要求。一般通过废标条件来表达，以定性的方式评审，得到的成果应该是“有效投标”。二是体现竞争、区分优劣的条件或要求。一般不外乎商务部分（投标报价）和技术部分（施工组织设计）。至于企业信誉和综合实力部分，通过定性评审和定量评分，可以得到带排序的中标候选人。关键问题之二是何为“最大限度地满足”。最简捷、合理的方式就是首先筛选出满足招标文件实质性要求的投标人，对其中体现竞争性要求的各项评价标准分别评审并量化打分，最后综合加权，得分最高的就是“最大限度地满足”。

以上两个关键问题的分析与解决体现了综合评估法这一评标办法的核心内容。各项竞争性评价标准之间的权重分配体现了招标人对其的重视程度，技术部分还可以进一步划分不同的评分因子，以体现招标项目的特点。在此建议商务部分直接按总价评分，报价构成的合理性通过清标和质疑程序解决。实际操作中，有些地区商务部分不按总价评分，而是划分成进一步的评分因子，如分部分项工程报价、措施项目报价、主要材料设备报价等若干小项。

综合评估法适用范围：建设规模大，技术复杂，工期长，施工方案对质量、工期和造价影响大，工程管理要求高的施工招标的评标。在没有彻底解决如何判定投标价格是否低于成本的情况下，综合评估法有更广泛的适用空间，对于不得低于成本的要求，回避这一问题的空间较大。

（四）经评审的最低投标价法

“经评审的最低投标价法”的要义和法律内涵是通过评审，判断投标文件能否满足招标文件的实质性要求，并且经评审的投标价格最低，但是投标价格低于成本的除外。关键问题之一是“投标文件能否满足招标文件的实质性要求”。一般通过废标条件来表达，以定性的方式得出评审结论，从而得到“有效投标”。关键问题之二是如何判断投标价格不低于成本。实践中很难找到简捷有效的方法判定投标价格是否低于成本，因此限制了此类评标办法的使用。困难主要来自如何界定成本，并且此处的成本是指投标人的个别成本，投标人的个别成本千差万别，很难让评标委员会在短时间内做出判断，并且这种判断的影响又如此之大。对以上关键问题的分析与解决正是经评审的最低投标价法评标办法真正的核心内容。

经评审的最低投标价法适用范围：建设规模相对较小，技术成熟或采用通用技术，工期较短，施工方案对质量、工期和造价影响不大，工程管理要求不高的施工项目招标评标。

第二节　完善我国建筑工程招投标工作的对策

建筑工程招投标作为一种典型的经济行为，是我国社会主义市场经济的重要组成部分。完善建筑工程招投标是我国市场经济体制改革的重要内容，也是促使我国建筑业健康发展的重要手段。完善我国建筑招投标工作可以从以下几个方面入手：

一、建立统一的建筑工程交易市场监管机构

设立中央政府和省、直辖市、自治区两级统一的管理机构执行建筑工程交易市场的行政监督管理，制定统一的标准和规范，改变目前多部门监管的现状，彻底放开行业的限制。

充分发挥行业协会的作用，由招投标行业协会依照国家法律法规按照统一的标准进行招投标代理资格认定等事务性管理工作。

在全国各大中城市建立招标采购交易中心，集招标、评标、开标、信息、咨询、支付等服务与管理功能于一体，各招标采购交易中心各建信息数据库，相互联网，实现招标项目信息、投标单位资信及评标专家信息的共享，既方便承发包双方及中介机构的交易活动，又有利于管理部门的集中指导监督。

二、加强对建筑市场主体行为的监管

（一）建设单位行为的监管和规范策略

由于政府投资的项目或由政府参股的工程项目其建设单位并非真正意义上的业主，因此，建设单位的不规范行为也主要发生在这类项目中。规范建设单位行为主要从以下方面着手：

第一，积极努力探索和完善政府投资建设工程项目的管理模式，从制度上规范建设单位的行为。

第二，加强对政府投资建设工程项目招投标的监管，并分阶段对整个招标过程进行监管。在招标时，应对其发布招标公告的范围进行严格监督，调动起更广泛的市场积极性，从而使建设单位的行为得以收敛、规范；在评标时，应对评标委员会的组成以及标底的保密情况进行严格的监督管理，规避建设单位操纵评标的可能性；开标定标时，应对中标人

在等同于发布招标公告的媒体上进行公示，接受社会的监督。

（二）建筑施工承包商行为的监管和规范策略

规范建筑施工承包商的行为，可以从以下几个方面入手：

在全社会范围内建立建筑领域的企业信誉档案。市场经济也是信誉经济，在全社会范围内建立建筑领域的企业信誉档案，可以有效地对企业形成道德和市场两方面的约束，从而规范建设施工承包商的行为。

继续加大对在招投标活动中围标、串标企业的调查和惩处力度。加大对招投标活动中的违规行为的调查力度及其惩处力度，使建筑施工承包商在投标过程的博弈中放弃侥幸心理，规范运作。

邀请舆论媒体关注整个招投标活动，特别是评标阶段，尽可能地增加招投标的透明度，借用舆论媒体对施工承包商的行为进行监管，从而达到规范的目的。

敦促建筑施工承包商根据自身施工管理水平，建立企业定额，以减少其在投标报价时的盲目性，增强市场竞争力。政府管理部门定期组织专家对建筑施工企业的定额与其施工管理水平的一致性进行评估，并在对建筑施工企业资质进行分级评价时，将经过评估后的企业定额作为一项评价指标。

（三）中介组织机构行为的监管和规范策略

规范中介组织机构的行为，可以从以下几个方面入手：

组建成立行业协会，建立与中介组织机构服务相应的行业协会及行业准则。通过脱钩改制，组建独立的招投标代理等中介组织机构，并成立与中介组织机构服务相应的行业协会，建立行业准则，从权、责、利等诸方面规范中介组织机构的行为。

建立健全招投标代理等中介组织机构的市场准入和退出制度。通过推行市场准入和退出制度，形成一种优胜劣汰的市场净化机制。

推行个人职业资格制度。招投标代理及工程咨询等中介服务属于咨询工作的范畴，其强调的是个人的能力、素质和水平，因此，应将目前我国实行的针对中介组织机构的职业资格管理转变为对其从业人员的资格管理，建立招投标代理个人执业资格制度、个人诚信档案及其问责制度。

建立中介组织机构及其从业人员的信誉评价制度。以推行招投标代理个人职业资格制度、建立个人诚信档案为契机，形成由招投标行业协会对从业人员的信誉进行评价，进而对其所在单位进行评价的管理制度。

三、推行互联网招投标，建立统一、开放的建筑工程交易市场

（一）推行互联网招投标的现实意义

有利于打破地方保护和行业垄断，建立统一、开放的建筑工程交易市场；有利于政府实现对建筑工程招投标的统一监督和管理；有利于克服主观人为因素对招投标的影响，保证工程招投标的公平、公正；可以有效地缩减招投标程序，降低招投标成本，节约社会资源。

（二）互联网招投标系统功能设计

要实现互联网招投标，首要的是建立一个科学、合理的招投标网络系统。该招投标网络系统应由政府管理部门建设管理，且应包括以下功能：

1.建设项目信息管理

这一功能主要是对建设项目的报建审批情况、建设资金的来源情况等进行审查管理。

2.建筑工程交易市场主体管理

这一功能主要包括：建设单位性质及其资质能力管理与审核；工程承包单位资质和信誉管理与审核；中介组织机构资质和信誉管理与审核。

3.招投标相关信息发布与查询

这一功能主要实现招投标初期招标公告的发布、后期中标信息的发布、招投标双方的资信情况查询及其过程中的其他信息的发布与查询。

4.文件的上传及下载

这一功能主要实现招标书的上传与下载、投标书的上传与下载以及其他一些答疑文件的上传与下载。

5.评标专家信息库管理

这一功能主要实现对具有评标能力的专家按照专业类别等进行划分管理，以及在评判过程中按照工程类别进行随机抽取。

6.评标、开标

这一功能主要实现对投标人商务标的评审，以及最终评审结果的综合计算。

7.电子支付

这一功能主要实现投标人对标书的认购支付。

（三）互联网招投标系统及工作流程构想

（1）招标人在招投标系统网络平台上注册一个用户，进入系统填写拟建工程项目招

标申请书，提交招标人的合法证明、拟建项目报建审批文件及建设资金来源证明等信息，并加注电子签名，提交系统进行审核确认。

（2）系统对招标人提交的信息进行审核，如果不符合要求则在说明原因后拒绝申请；如果审核通过，则系统返回申请确认，并在投标人确认后分配给招标人一个专用于该项目招标的项目用户名、识别密码和账户。

（3）招标人在招投标系统网络平台上输入项目用户名和识别密码登录系统，按照系统中格式发布招标公告，并上传发售招标书。

（4）招投标管理系统数据库中的满足招标工程资质要求的工程承包单位响应招标公告，通过电子支付认购、下载招标书。对于不满足招标工程资质要求的工程承包单位，系统会自动过滤。

（5）投标人对招标书中不清楚的问题通过网络平台质询，招标人通过系统网络平台进行答疑反馈。

（6）投标人上传标书进行投标。在开标之前，所有的投标书均由系统管理，包括政府管理部门和招标人在内的任何一方都不可见。

（7）系统自行对投标人的商务标进行排序，同时，从专家库中随机抽选专家对技术标进行评审，并将评审结果反馈至系统。

（8）系统综合商务标、技术标的评审结果，以及各投标人的资信情况进行综合评审排序，择优选出中标人。

（9）系统发出中标确认，中标人支付签约保证金并确认中标。

（10）系统在网络公开平台发布中标公示。

（11）招标人与中标人签订承包合同，系统备案。

在上述的工作流程中，为了便于系统进行自动识别，包括招标申请书、招标文件、投标文件、技术标评审反馈结果在内的用“人机”交流的一切文本文件都应采用系统识别的统一格式。

四、建立以市场竞争为主导的建筑产品价格形成机制

建立以市场竞争为主导的建筑产品价格形成机制，将建筑产品价格交由市场来决定，是实行招投标制度的核心所在。分析目前我国建筑产品价格的形成，究其根本原因还是在于我国的建筑施工企业没有建立起能够真实反映自身技术和管理水平的企业定额。

建筑产品价格有广义和狭义之分。广义的建筑产品价格是指由建筑产品的发包方与承包方两方面的费用和新创造的价值所构成的；而狭义的建筑产品的价格是指建筑产品的发包方为建筑产品的建造而向承包方支付的全部费用，是建筑产品的“出厂价”。在建筑工程交易市场，建筑产品的价格多指其狭义价格。

在建筑工程招投标阶段，建筑产品价格的计算，主要涉及建筑产品的工程量、相应的（人、材、机）消耗量定额及其价格，以及管理费费率、规费费率、利润率、税率等几个要素。而在这几个要素之中，对同一建筑产品而言，其工程量、规费费率和税率一般是相对确定的，只有消耗量定额及其价格、管理费费率、利润率是不确定的，由各建筑施工企业根据自身的技术管理水平而决定。因此，建立以市场竞争为主导的建筑产品价格形成机制的突破点就是敦促建筑施工企业根据自身的施工管理水平建立自己的企业定额，并以此为基础投标竞价，这样脱离政府管理部门编制的定额而形成的建筑产品价格就是市场价格。换言之，建立以市场竞争为主导的建筑产品价格形成机制，就是让施工企业建立自己内部的企业定额，在投标竞价中最大限度地发挥自己的价格和技术优势，并不断提高自己企业的管理水平，推动竞争，从而在竞争中形成一个良性的市场机制。

五、建立以工程担保（保险）为基础的市场约束机制

工程担保是指在工程建设活动中，由保证人向合同一方当事人（受益人）提供的，保证合同另一方当事人（被保证人）履行合同义务的担保行为，在被保证人不履行合同义务时，由保证人代为履行或承担代偿责任。

在工程建设领域引入工程担保机制，增加合同履行的责任主体，根据企业实力和信誉的不同实行有差别的担保，用市场手段加大违约失信的成本和惩戒力度，使工程建设各方主体行为更加规范透明，有利于转变建筑市场监管方式，有利于促进建筑市场优胜劣汰，有利于推动建设领域治理商业贿赂工作。

（一）以工程担保（保险）为基础的市场约束机制的体系构成

1.工程担保（保险）的类别和模式

目前，国际上常用的工程担保（保险）主要有投标担保、履约担保、业主支付担保、付款担保、保修担保、预付款担保、分包担保、差额担保、完工担保、保留金担保等几种形式。这些不同形式的工程担保，其差异主要体现在申请担保内容的不同、申请担保主体的不同。

关于工程担保（保险）的模式，主要有由银行充当担保人，出具银行保函；由保险公司或专门的担保公司充当担保人，开具担保书；由一家具有同等或更高资信水平的承包商作为担保人，或者由母公司为其子公司提供担保；“信托基金”模式等4种模式。目前，国际上通用的工程担保形式是保函形式的保证担保。我国工程担保的主要形式是银行出具保函。所谓银行保函是银行向权利人签发的一种信用证明。若被担保人因故违约，银行将按约定付给权利人一定数额的赔偿金。银行保函根据担保责任的不同，又分为投标保函、履约保函、维修保函、预付款保函等。其中，履约保函有两种类型：一种是无条件履约保

函，亦称“见索即付”，即无论建设单位何时提出声明，认为承包商违约，只要其提出的索赔日期、金额，在保函有效期和担保限额内，银行就要无条件地支付赔偿；另一种是有条件履约保函，即银行在支付赔偿前，建设单位必须提供承包商确未履行义务的证据。世界银行招标文件、合同文件中提供的银行履约保函格式，都是采用无条件履约保函的形式。

2.以工程担保（保险）为基础的市场约束机制的体系构成

工程担保的类别和模式很多，但无论何种类别何种模式的工程担保，其参与主体无外乎建设单位、承包商和担保人三方。这三方以工程建设为出发点，以各种类别和模式的担保为核心，相互依赖，相互制约，从而形成建筑市场的约束体系。

（二）以工程担保（保险）为基础的市场约束机制的作用机理

以工程担保（保险）为基础的市场约束机制的运行主要经历这样3个环节：

为了工程建设，建设单位要求承包商就投标、履约、保修及工期等内容进行担保，同时，对自己工程价款的支付寻求担保；承包商为了投标承包工程内容，须按建设单位的要求寻求担保；担保人在接受建设单位或承包商的担保申请之前，须对建设单位的资金来源及落实情况、信誉及履约情况等进行考查和审查，须对承包商的业务能力、资信状况、履约情况等进行考查和审查，最终决定是否提供担保。

在上述3个紧紧相扣的环节中，起最终约束作用的是担保人的担保。首先，担保人为了接受某工程担保，需要对申请担保人进行严格的考查和审查，接受合格的，拒绝不合格的，这就大大限制了不合格的承包商参加投标与工程承包活动。其次，担保人一旦接受了某项工程担保，必将承担担保责任，其会在工程招投标及建设全过程对被担保人的行为进行全程的考核、监督，从而约束被担保人的行为，使其强化合同意识，履行合同内容。即使被担保人在中途违约，担保人也可以通过建立信誉档案等制约被担保人以后在建筑市场的竞争力。

综上分析，建立健全以工程担保（保险）为基础的市场约束机制，对于规范我国建筑工程交易市场主体行为及完善我国建筑市场运行机制具有重要的意义。

六、积极推行招标代理制度，完善建筑工程招投标运行机制

（一）建筑工程交易市场推行招标代理制度的现实意义

在建筑工程交易市场推行招标代理制度具有以下现实意义：

在建筑工程交易市场推行招标代理制度是完善建筑工程交易市场运行机制的需要。招标代理机构作为建筑工程交易市场联系招标人和投标人的中介机构，也是建筑工程交易市

场重要的参与主体。它们三者共同运动作用，构成了建筑工程交易市场基本的运行体系。近年来，随着我国基础建设的加大，建筑市场空前繁荣，使得越来越多的招标人需要通过委托代理招标，解决自身在专业技术力量和招标能力不足等方面的难题。与此同时，政府监督管理部门也希望通过市场机制自身的运行来维持招投标活动依法公正、规范地开展。在这种背景下，招标代理机构应运而生，为工程建设招标提供智力服务，建起招标人和投标人之间的纽带，同时还对建设工程的招投标起到一定的社会监督作用。因此，可以说在建筑工程交易市场推行招标代理制度是完善建筑工程交易市场运行机制的需要。

在建筑工程交易市场推行招标代理制度是深化建筑市场改革，防止腐败的需要。在建筑工程交易市场推行招标代理制度，使招标代理机构成为建筑工程交易市场新的参与主体，打破了原有的市场分配格局，使建筑市场的交易更趋科学和合理。一方面，招标代理机构以其自身的专业技能为招标人提供服务，弥补了招标人专业技术力量和招标能力不足等方面的问题，使建设工程招标工作规范有序进行；另一方面，招标代理机构作为一个独立的社会群体，介入建筑工程交易过程，也对招标人和投标人进行社会监督，有效防止在招标过程中以权谋私、索贿受贿等不正当行为和腐败现象的发生。

在建筑工程交易市场推行招标代理制度是我国建筑市场在国际建筑市场大环境中改革与发展的必然。目前，国际上进行工程招标的普遍做法是业主将招标前期的准备工作及招标、评标等事务全部委托于招标代理机构代理。而我国目前，招标代理机构兴起不久，一方面，招标代理机构自身建设还不够成熟；另一方面，业主对招标代理的认识还不足，即使委托某招标代理机构从事代理工作，也对招标工作干涉太多，使得招标代理机构无法独立工作。由于这种情况，我国招标代理机构的发展一度受阻。但是，随着全球经济的一体化，我国的建筑市场已成为国际建筑市场的一部分，为了使我国的建筑市场能在国际建筑市场的大环境中良好运行，在我国建筑工程交易市场推行招标代理制度是我国招投标制度改革与发展的必然。

（二）建筑工程交易市场推行招标代理制度的策略

脱钩改制，组建完全独立的招标代理机构。工程招标代理机构作为一个提供智力服务的中介机构，其应该是独立的，能客观、公平地对待业主与投标人两大建筑市场交易的主体，不偏袒其中任何一方，也不应受其中任何一方或第三方的干扰。但是，目前我国大多数工程招投标代理机构与政府管理部门存在严重的附属关系，这严重影响了招标代理机构作为中介机构应有的独立性。因此，在建筑工程交易市场推行招投标代理制度，必须使招标代理机构脱离与政府管理部门的附属关系，脱钩改制，组建完全独立的招投标代理机构。

加强自身建设，提高从业人员的综合素质。招投标代理是一项较复杂的系统工程，其涉及国家法律法规、市场信息、商务、技术及合同等诸多内容，同时，它又涉及规划、设计、土建、安装、装饰等诸多领域，这就要求招标代理机构必须拥有工程建设专业领域的各种综合性人才，为招标人提供更优质的服务。然而，目前我国招投标代理行业从业人员水平参差不齐，无法满足招投标行业发展的需要。因此，必须加强招投标从业人员的自身建设，提高从业人员素质。

加强招投标代理法规制度建设。招标代理缺乏相应的、统一的组织管理机构，给招标代理的监管带来了许多的不便，这也是目前国内招投标活动极不规范的主要原因之一。因此，为了确保招标代理行业的整体素质，防止在招标代理过程中弄虚作假等违规现象发生，必须尽快制定相关实施细则；通过完善法规制度，使管理部门有法可依，使招标人和招标代理机构有章可循；通过完善监督措施，来规范招标代理行业的整体行为，保障招标活动公平、公正地开展。

加大引导与宣传力度，为推行建筑工程招标代理制度营造良好的外部环境。一方面，政府要加强正确的引导和宣传，让社会重新认识招标代理机构在工程招标中的性质、功能和作用，改变招标代理机构在人们心目中的“皮包公司”形象，同时，通过建立和完善设计招标代理制度，维护招标代理的独立性和客观性；另一方面，招标代理机构要加强自身建设，通过提供优质服务，展现代理招标的社会价值，树立良好社会形象，并在实践中不断总结创新，充分发挥代理招标在规范招投标活动中的重要作用。

七、建立健全招投标体制，确保建筑工程招投标机制有效运转

从管理学角度来说，“体制”是指国家机关、企事业单位的机构设置和管理权限划分及其相应关系的制度，其包含两个要素，一是“组织机构”，二是“规范制度”。

对于建筑工程招投标体制而言，“组织机构”是指运行建筑工程招投标机制的各级政府管理机构，“规范制度”主要是指建筑工程招投标机制和确保建筑工程招投标机制发挥作用的运转制度两个方面。换言之，建筑工程招投标体制可定义为：由运行建筑工程招投标机制的各级政府管理机构、建筑工程招投标机制，以及确保建筑工程招投标机制发挥作用的运转制度等诸方面构成的统一体。其中，建筑工程招投标管理机构主要承担建立健全招投标机制和宏观调控招投标运行的职能，招投标机制是为招投标运行模式的设计与运行提供全面周密的思想指导，招投标运转制度为招投标各参与主体提供具体的行为规范。

第九章 建筑工程造价管理

第一节 建筑工程项目全过程造价管理理论

一、工程造价管理的概述

建筑工程造价是建筑产品的建造价格，它的范围和内涵具有很大的不确定性。

（一）工程造价的含义

工程造价就是工程的建造价格，是指为完成一个工程的建设，预期或实际所需的全部费用的总和。

中国建设工程造价管理协会（简称“中价协”）学术委员会在界定“工程造价”一词的含义时，分别从业主和承包商的角度给工程造价赋予了不同的定义。

从业主（投资者）的角度来定义，工程造价是指工程的建设成本，即为建设一项工程预期支付或设计支付的全部固定资产投资费用。这些费用主要包括设备以及工器具购置费、建筑工程及安装工程费、工程建设其他费用、预备费、建设期利息、固定资产投资方向调节税。尽管这些费用在假设项目的竣工决算中，按照新的财务制度和企业会计准则核算新增资产价值时，并没有全部形成新增固定资产价值，但是这些费用是完成固定资产建设所必需的。因此，从这个意义上说，工程造价就是建设项目固定资产投资。

从承发包角度来定义，工程造价是指工程价格，即为建成一项工程，预计或实际在土地、设备、技术劳务以及承包等市场上，通过招投标等交易方式形成的建筑安装工程的价格和建设工程总价格。在这里，招投标的标可以是一个建设项目，也可以是一个单项工程，还可以是整个建设工程中的某个阶段，如建设项目的可行性研究、建设项目的设计以及建设项目的施工阶段等。

工程造价的两种含义是从不同角度来把握同一事物的本质。对于投资者而言，工程造价是在市场经济条件下，“购买”项目要付出的“货款”，因此，工程造价就是建设项目投资。对于设计咨询机构、供应商、承包商而言，工程造价就是他们出售劳务和商品的价值总和。工程造价就是工程的承包价格。

（二）工程造价管理的含义

工程造价有两种含义，相应地，工程造价管理也有两种含义：一是建筑工程造价管理；二是工程造价价格管理。

建筑工程造价管理是指为了实现投资的预期目标，在拟订的规划、设计方案的条件下，预测、确定和监控工程造价及其变动的系统活动。建筑工程造价管理属于投资管理范畴，它既涵盖了微观层次的项目投资费用管理，也涵盖了宏观层次的投资费用管理。建筑工程造价价格管理属于价格管理范畴。在市场经济条件下，价格管理一般分为两个层次：在微观层次上，是指生产企业在掌握市场价格信息的基础上，为实现管理目标而进行的成本控制、计价、定价和竞价的系统活动。在宏观层次上，是指政府部门根据社会经济发展的实际需要，利用现有的法律、经济和行政手段对价格进行管理和调控，并通过市场管理来规范市场主体价格行为的一系列活动。

这两种含义是不同的利益主体从不同的利益角度管理同一事物，但由于利益主体的不同，建筑工程造价管理与工程造价价格管理有着明显的区别：第一，两者的管理范畴不同。工程造价管理属于投资者管理范围，而工程价格管理属于价格管理范畴。第二，两者的管理目的不同。工程造价管理的目的在于提高投资效益，在决策正确、保证质量与工期的前提下，通过一系列的工程管理手段和方法使其不超过预期的投资额甚至是降低投资额。而工程价格管理的目的在于使工程价格能够反映价值与供求规律，保证合同双方合理合法的经济利益。第三，两者管理范围不同。工程投资管理贯穿于从项目决策、工程设计、项目招投标到施工过程、竣工验收的全过程。由于投资主体的不同，资金的来源不同，涉及的单位也不同；对于承包商而言，由于承发包的标的不同，工程价格管理可能是从决策到竣工验收的全过程管理，也可能是其中某个阶段的管理，在工程价格管理中，不论投资主体是谁，资金来源如何，主要涉及工程承发包双方之间的关系。

二、建筑工程项目全过程造价管理的概念

建筑工程全过程是指建筑工程项目前期决策、设计、招投标、施工、竣工验收等各个阶段，全过程工程造价管理涵盖建筑工程前期决策及实施的各个阶段，包括前期决策阶段的项目策划、投资估算、项目经济评价、项目融资方案分析；设计阶段的限额设计、方案比选、概预算编制；招投标阶段的标段划分、承发包模式及合同形式的选择、标底编制；施工阶段的工程计量与结算、工程变更控制、索赔管理；竣工验收阶段的竣工结算与决算等。

建筑工程项目全过程造价管理是一种全新的建筑工程项目造价管理模式，一种用来确

定和控制建筑工程项目造价的管理方法。它强调建筑工程项目是一个过程，建筑工程造价的确定与控制也是一个过程，是一个项目造价决策和实施的过程，人们在项目全过程中都需要开展对于建筑工程项目造价管理的工作。同时建筑工程项目全过程造价管理是一种基于活动和过程的建筑工程项目造价管理模式，是一种用来科学确定和控制建筑项目全过程造价的方法。它先将建筑项目分解成一系列的工程工作包和工程活动，然后测量和确定出项目及其每项活动的工程造价，通过消除和降低工程的无效与低效活动以及改进工程活动的方法去控制工程造价。

三、建筑工程项目全过程造价管理各阶段的主要内容

（一）建筑工程项目决策阶段

决策阶段主要内容：建筑工程项目决策阶段与工程造价的关系；项目可行性研究；项目投资估算；项目投资方案的比较和选择；项目财务评价。

（二）建筑工程项目设计阶段

设计阶段主要内容：项目设计阶段与工程造价的关系；设计方案的优选；设计方案的优化；设计概算和施工图预算的编制与审查。

（三）建筑工程项目招投标阶段

招投标阶段主要内容：项目招投标概述；工程项目标底的确定；标底价及中标价控制方法；工程投标价的确定；项目投标价控制方法。

（四）建筑工程项目施工阶段

施工阶段主要内容：项目施工阶段与工程造价的关系；工程变更与合同价款调整；工程索赔分析和计算；资金使用计划的编制和应用。

（五）建筑工程项目竣工阶段

竣工阶段主要内容：项目竣工阶段与工程造价的关系；竣工结算；竣工决算；竣工资料移交和保修费用处理。

四、建筑工程项目全过程造价管理各阶段的目标设定

现代建筑项目管理理论认为：建筑工程项目是由一系列的建筑项目阶段构成的一个完整过程。一个工程项目要经历投资前期、建设时期及生产经营时期三个时期，而各个项目

阶段又是由一系列的建筑工程项目活动构成的一个工作过程。

按照建设程序，建筑工程从项目建议书或建设构想提出，历经项目鉴别、选择、科研、决策、立项、勘察、设计、发包、施工、验收、使用等各个有机联系环节构成了建筑工程项目的总过程。其中每个环节又由诸多相互关联的活动构成相应的具体过程，因此，要进行建筑工程项目全过程的造价管理与控制，必须掌握识别建筑工程项目的过程和应用“过程方法”，把建筑工程项目的全部活动划分为项目决策阶段、设计阶段、招投标阶段、实施阶段、竣工结算阶段五个阶段，分别进行管理。

（一）建筑工程项目决策阶段

决策阶段是运用多种科学手段综合论证一个工程项目在技术上是否可行、实用和可靠；在财务上是否盈利；作出环境影响、社会效益和经济效益的分析和评价以及工程项目抗风险能力等的结论。决策阶段对拟建项目所做的投资估算是项目决策的重要依据。一个建设项目投资控制一般要求尽量做到预算不超概算，概算不超估算，由此可见，投资估算对一个项目投资控制的重要程度，而要提高建设投资估算的精确度，我们必须注意以下几点：

明确投资估算的内容。估算的费用要包括项目从筹建、设计、施工到竣工投产所需的全部费用（建设资金及流动资金）。

确定投资估算的主要依据。不仅要依据项目建设工程量、有关工程造价的文件、费用计算方法和费用标准，我们还要在参考已建同类工程项目的投资档案资料基础上，充分考虑影响建设工程投资的动态因素，如利率、汇率、税率资金等资金的时间价值。

为避免投资决策失误，必要时要对项目风险进行不确定性分析（盈亏平衡分析、敏感性分析及概率分析）。必须加强对投资估算的审查工作，以确保项目投资估算的准确性和估算质量。

（二）建筑工程项目设计阶段

1.推行限额设计

推行限额设计，即按照批准的投资估算控制初步设计，按批准的初步设计总概算控制施工图设计。各专业在保证使用功能的前提下，按分配的投资限额控制设计，严格控制技术设计和施工图设计的不合理变更。

2.加强对设计概算的审查

合理、准确的设计概算可使下阶段投资控制目标更加科学合理，可以避免投资缺口或突破投资的漏洞，缩小概算与预算之间的差距，可提高项目投资的经济效益。

（三）建筑工程项目施工招标阶段

准确编制标底预算。审查标底时要重点做到四审，达到四防：审查工程量，防止多算错算；审查分项工程内容，防止重复计算；审查分项工程单价，防止错算错套；审查取费费率，防止高取多算，同时在坚持严格的评标制度下，确定招标合同价。

（四）建筑工程项目施工阶段

建筑工程项目施工阶段涉及的面很广，涉及的人员很多，与投资控制相关的工作也很多。

对于由施工引起变更中的内容及工程量增减，要由监理（甲方代表）进行现场抽项实测实量，以保证变更内容的准确性；大项的变更，应先做概算；同时要注重变更的合理性，对于不必要的变更坚决不予通过。

在工程建设中，设备材料必须坚持以大渠道供货为主，市场自行采购为辅。在自行采购时力求质优价廉，大型的设备订货可采取招标方式，在签订的合同中要明确质量等级和双方责任义务。

严格审核承包商的索赔事项，防止不合理索赔费用的发生。

（五）建筑工程项目竣工决算阶段

建立严格的审计制度，审减率直接和岗位责任、评功评奖等挂钩，只有坚持严格的办法和程序，才能保证决算的真实性、严肃性。

五、建筑工程项目竣工结算阶段造价的审核方法

由于工程建设过程是一个周期长、数量大的建造过程，具有多次性计价的特点。因此采用合理的审核方法不仅能达到事半功倍的效果，而且将直接关系到审查的质量和速度。主要审核方法有以下几种：

（一）全面审核法

全面审核法就是按照施工图的要求，结合现行定额、施工组织设计、承包合同或协议以及有关造价计算的规定和文件等，全面地审核工程数量、定额单价以及费用计算。这种方法实际上与编制施工图预算的方法和过程基本相同。这种方法常常适用于初学者审核的施工图预算；投资不多的项目，如维修工程；工程内容比较简单（分项工程不多）的项目，如围墙、道路挡土墙、排水沟等；建设单位审核施工单位的预算等。这种方法的优点是：全面和细致，审查质量高，效果好；缺点是：工作量大，时间较长，存在重复劳动。

在投资规模较大，审核进度要求较严格的情况下，这种方法是不可取的，但建设单位为严格控制工程造价，仍常常采用这种方法。

（二）重点审核法

重点审核法就是抓住工程预结算中的重点进行审核的方法。这种方法类似于全面审核法，其与全面审核法之区别仅是审核范围不同而已。该方法是有侧重的，一般选择工程量大而且费用比较高的分项工程的工程量作为审核重点。如基础工程、砖石工程、混凝土及钢筋混凝土工程，门窗幕墙工程等。高层结构还应注意内外装饰工程的工程量审核。而一些附属项目、零星项目（雨篷、散水、坡道、明沟、水池、垃圾箱）等，往往忽略不计。其次重点核实与上述工程量相对应的定额单价，尤其重点审核定额子目容易混淆的单价。另外对费用的计取、材差的价格也应仔细核实。该方法的优点是工作量相对减少，效果较佳。

（三）对比审核法

在同一地区，如果单位工程的用途、结构和建筑标准都一样，其工程造价应该基本相似。因此在总结分析预结算资料的基础上，找出同类工程造价及工料消耗的规律性，整理出用途不同、结构形式不同、地区不同的工程的单方造价指标、工料消耗指标；然后，根据这些指标对审核对象进行分析对比，从中找出不符合投资规律的分部分项工程，针对这些子目进行重点计算，找出其差异较大的原因。

常用的分析方法有：单方造价指标法，通过对同类项目的每平方米造价的对比，可直接反映出造价的准确性；分部工程比例，基础、砖石、混凝土及钢筋混凝土、门窗、围护结构等各占定额直接费的比例；专业投资比例，土建、给排水、采暖通风、电气照明等各专业占总造价的比例；工料消耗指标，对主要材料每平方米的耗用量的分析，如钢材、木材、水泥、砂、石、砖、瓦、人工等主要工料的单方消耗指标。

（四）分组计算审查法

分组计算审查法就是把预结算中有关项目划分若干组，利用同组中一个数据审查分项工程量的一种方法。采用这种方法，首先把若干分部分项工程，按相邻且有一定内在联系的项目进行编组。利用同组中分项工程间具有相同或相近计算基数的关系，审查一个分项工程数量，就能判断同组中其他几个分项工程量的准确程度。如一般把底层建筑面积、底层地面面积、地面垫层、地面面层、楼面面积、楼面找平层、楼板体积、天棚抹灰、天棚涂料面层编为一组，先把底层建筑面积、楼地面面积求出来，其他分项的工程量利用这些基数就能得出。这种方法的最大优点是审查速度快，工作量小。

（五）筛选法

筛选法是统筹法的一种，通过找出分部分项工程在每单位建筑面积上的工程量、价格、用工的基本数值，归纳为工程量、价格、用工三个单方基本值表，当所审查的预算的建筑标准与“基本值”所适用的标准不同时，就要对其进行调整。这种方法的优点是简单易懂，便于掌握，审查速度快，发现问题快。但解决差错问题尚需继续审查。

在结算审核过程中，不能仅偏重审核施工图中工程量的计算和定额费率套用正确与否，而对开工前招投标文件、工程承包合同、施工组织设计、施工现场实际情况及竣工后送审的签证资料及隐蔽工程验收单等不够重视，这是不对的。因为无论是施工组织设计还是签证资料均和施工图一起组成了工程造价的内容，均对工程造价产生直接的影响。只有对工程实行全过程的跟踪审核，才能有效地控制工程造价。例如，在审核某地块建筑工程施工组织设计时，发现施工单位采用了一类大型吊装机械，虽然该工程的建筑总面积符合采用一类大型吊装机械的条件，但该建筑工程的结构属于砖混结构，不可能采用一类大型吊装机械，最多采用一般塔吊机械。又如在建造某住宅区附属工程自行车棚时，现场发现实际情况和图纸不符。车棚的一面外墙是利用原有居民住宅的围墙，而在施工决算中，施工单位已经计取了所有外墙的工程量，在审核中应扣除多计的工程量。

第二节　建筑工程项目实施全过程造价管理的对策

一、建筑工程项目投资决策阶段的造价管理对策

（一）在投资决策阶段做好基础资料的收集，保证翔实、准确

要做好项目的投资预测需要很多资料，如工程所在地的水电路状况、地质情况、主要材料设备的价格资料、大宗材料的采购地以及现有已建的类似工程的资料。对于做经济评价的项目还要收集项目设立地的经济发展前景、周边的环境、同行业的经营等更多资料。造价人员要对资料的准确性、可靠性认真分析，保证投资预测、经济分析准确。

（二）认真做好市场研究，是论证项目建设必要性的关键

市场研究就是指对拟建项目所提供的产品或服务的市场占有作可能性分析，包括国内外市场在项目期内对拟建产品的需求状况、类似项目的建设情况、国家对该产业的政策和

今后的发展趋势等。要做好市场研究，工程预算人员就需要掌握大量的统计数据和信息资料，并进行综合分析和处理，为项目建设的论证提供必要的依据。

（三）投资估算必须是设计的真实反映

在投资估算中，应该实事求是地反映设计内容。设计方案不仅技术上可行，而且经济上更应合理，这既是编制投资估算工作的关键，也是下阶段工作的重要依据。

（四）项目投资决策采用集体决策制度

为避免投资的盲目性，项目投资决策应采取集体决策制度，组织工程技术、财务等部门的相关专业人员对拟建项目的必要性和可行性进行技术经济论证。分析论证过程不仅要重视新设企业的经济效益的分析，还应立足节约，充分重视项目在市场中的领先地位，以减少项目建成后的运营成本和对企业今后发展的影响因素。

二、建筑工程项目设计阶段的造价管理对策

在工程设计阶段，做好技术与经济的统一是合理确定和控制工程造价的首要环节，既要反对片面强调节约，忽视技术上的合理要求，使项目达不到工程功能的倾向；又要反对重技术，轻经济，设计保守浪费，脱离国情的倾向。要采取必要的措施，充分调动设计人员和工程预算人员的积极性，使他们密切配合，严格按照设计任务书规定的投资估算，利用技术经济比较，在降低和控制工程造价上下功夫。工程预算人员在设计过程中应及时地对工程造价进行分析比较，反馈信息，能动地影响设计。主要考虑以下几个方面：

（一）加强优化设计

设计阶段是工程建设的首要环节。设计方案的优化与否，直接影响着工程投资，影响着工程建设的综合效益。例如，在公路工程建设中不应一味追求线性技术指标高、线性美观而不考虑经济因素，在民用建筑工程中不应一味追求外观漂亮而不考虑经济因素。当然，技术等级高，行车也较舒适、快捷，建筑物外观漂亮固然给人一种美的感觉，但如果它是以提高造价为代价则需要对该方案进行认真分析。对设计方案进行优化选择，不仅从技术上，更重要的是在技术与经济相结合的前提下进行充分论证，在满足工程结构及使用功能要求的前提下，依据经济指标和综合效益选择设计方案。

（二）设计招标制度的推行

设计招标制度的推行为开发企业在规划设计阶段提高设计质量，进行投资控制提供了契机。在设计招标过程中，业主有权对投标方案的合理性、经济性进行评估和比较。在满

足设计任务书的要求下，把设计的经济性也纳入评标条件。当前，一般评标所邀请的多为工程方面的专家，而懂建筑专业的经济师却很少参与，这就容易造成评标质量的偏差。所以，在确定中标方案后，乙方仍有必要招预算、工程管理和营销部门的专业人员，共同对中标方案再次提出优化意见，进一步提高设计的经济性和合理性。

设计是工程建设的龙头，当一份施工图付诸施工时，就决定了工程本质和工程造价的基础。一个工程在造价上是否合理，是浪费还是节约，在设计阶段大体定型。由设计不当造成的浪费，其影响之大是人们难以预料的。目前设计部门普遍存在“重设计，轻经济”的观念。设计概预算人员机械地按照设计图纸编制概预算，用经济来影响设计，优化设计，衡量、评价设计方案的优秀程序以及投资的使用效果只能停留在口头上。设计人员在设计时只负技术责任，不负经济责任。在方案设计上很多单位都能做到两个以上方案进行比较，在经济上是否合理却考虑很少，出现了“多用钢筋，少动脑筋”的现象。特别是在竞争激烈的情况下，设计人员为了满足建设单位的要求，为了赶进度，施工图设计深度不够，甚至有些项目（如装修部分）出现做法与选型交代不清，使设计预算与实际造价出现严重偏差，预算文件不完整。因此，推行设计招标，引进竞争机制，迫使竞争者对建设项目的有关规模、工艺流程、功能方案、设备选型、投资控制等作全面周密的分析、比较，树立良好的经济意识，重视建设项目的投资效果，用经济合理的方案设计参加竞赛。而建设单位通过应用价值工程理论等对设计方案进行竞选比较、技术经济分析，从中选出技术上先进，经济上合理，既能满足功能和工艺要求，又能降低工程造价的技术方案。

只有鼓励和促进设计人员做好方案选择，把竞争机制引入设计部门，才能激发设计者以最优化的设计、最合理的造价，赢得市场，从而有效地控制造价。

（三）实施限额设计

所谓限额设计，就是按照批准的设计任务书和投资估算来控制初步设计，按照批准的初步设计总概算控制施工图设计；同时各专业在保证达到使用功能的前提下，按分配的投资限额控制设计，严格控制技术和施工图设计的不合理变更，保证总投资额不超标。限额设计并不是一味地考虑节约投资，也绝不是简单地将投资砍一刀，而是包含了尊重科学，尊重实际，实事求是，精心设计和保证设计科学性的实际内容。投资分解和工程量控制是实行限额设计的有效途径和主要方法。“画了算”变为“算着画”，时刻想着“笔下一条线，投资千千万”。

要求设计单位在工程设计中推行限额设计。凡是能进行定量分析的设计内容，均要通过计算，技术与经济相结合用数据说话，在设计时应充分考虑施工的可能性和经济性，要和技术水平、管理水平相适应，要特别注意选用建筑材料或设备的经济性，尽量不用那些技术未过关、质量无保证、采购困难、运费昂贵、施工复杂或依赖进口的材料和设备；

要尽量搞标准化和系列化的设计；各专业设计要遵循建筑模数、建筑标准、设计规范、技术规定等进行设计；要保证在项目设计达到使用功能的前提下，按分配的投资限额控制设计，严格控制技术设计和施工图设计的不合理变更，保证总投资额不被超标。设计者在设计过程中应承担设计技术经济责任，以该责任约束设计行为和设计成果，把握两个标准，即功能（质量）标准和价值标准，做到二者协调一致。将过去的“画完算”改为现在“算着画”，力保设计文件、施工图及设计概算准确无误，保证限额设计指标的实施。

限额设计绝不是业主（建设单位）说个数就限额了，这个限额不仅仅是一个单方造价，更重要的是：第一步要将这个限额按专业（单位工程）进行分解，看其是否合理；第二步若第一步分解的答案合理，则应按各单位工程的分部工程再进行分解，看其是否合理。若以上的分解分析均得到满意的答案，则说明该限额可行，同时，在设计过程中要严格按照限额控制设计标准；若以上的分解分析（不论哪一步）没有得到满意的答案，则说明该限额不可行，必须修改或调整限额，再按上面的步骤重新进行分析分解，直到得到满意的答案为止，该限额才成立。限额设计的技术关键是要确定好限额，控制好设计标准和规模。在设计之前，对限额进行分解分析是万万不可缺少的一步。加强对设计图纸和概算的审查。概算审查不仅是设计单位的事，业主（建设单位）和概算审批部门也应加强对初步设计概算的审查，概算的审批一定要严，这对控制工程造价都是十分有意义的。设计阶段的工程造价管理任务，必须增强设计人员的经济观念，促使他们在工作中把技术与经济、设计与概算有机地结合起来，克服技术与经济、设计与概算相互脱节的状态。严格遵守初步设计方案及概算投资限额设计，既要有最佳的经济效果，又要保证工程的使用功能，这就需要设计者选择技术先进、经济合理的最优设计，从而保证质量，达到控制或降低工程造价的目的。

（四）改变设计取费办法，实行设计质量的奖罚制度

现行的设计费计算方法，不论是按投资规模计价，还是按平方米收费，没有任何经济责任，不管工程设计的质量好坏，不论投资超不超预算，甚至不管建设项目有没有实施，设计人员有没有到现场服务，只要出了图纸，就得给设计费。这种计费办法助长了设计单位只重视技术性，忽视科学性、经济性的观念。实际工作中经常会碰到设计过于保守或设计功能没有达到最优或在施工过程中随意变更，致使工程造价居高不下和决算价大大超出原概算，对建筑业的正常发展造成不良的影响的情况。因此，应对现行设计费的计费方法和审核办法进行改革，建立激励机制。试行在原设计计费的基础上，对因设计而节约投资，按节约部分给予提成奖励，因设计变更而增加投资也按增加部分扣除一定比例的设计费，实行优质优价的计费办法，这样将有利于激励设计人员精益求精地进行设计，增强设计人员的经济意识，时刻考虑如何降低造价，把控制工程造价观念渗透到各项设计和施工

技术措施之中。另外，对设计单位编制的概、预算实行送审后决算设计费的制度，对概预算编制项目不完整，估算指标不合理，没有进行限额设计，概预算超计划投资的责成设计单位重新编制；同时，设计费也预留一个百分数尾款，待工程竣工后再结清最后的尾款，这样就可防止设计人员在施工过程中不到现场进行技术指导的现象，同时迫使设计单位重视建设项目的投资控制，重视技术人员的工作。

我国现行的设计取费标准是按投资额的百分比计算，使得造价越高，收费也越多。这种取费办法，难以调动设计者降低造价、节约投资的积极性，更不利于对工程造价的控制。若在批准的设计限额内，设计部门能认真运用价值工程原理，在保证安全和不降低功能的前提下，依靠科学管理技术、优选新技术、新结构、新材料、新材料、新工艺所节约的资金，按一定的比例分配给设计部门以奖励，调动设计部门积极性是大有潜力的，也是控制工程造价行之有效的办法。

（五）通过提高设计质量控制造价

设计阶段是项目即将实施而未实施的阶段，为了避免施工阶段不必要的修改，避免设计洽商费用的增加，从而增加工程造价，应把设计做细、做深入。因为，设计的每一笔每一项都是需要投资来实现，所以在没有开工之前，把好设计关尤为重要，一旦设计阶段造价失控，就必将给施工阶段的造价控制带来很大的负面影响。现在，有的业主为了赶周期往往压低设计费，设计阶段的造价没有控制好，方案估算、设计概算没有或者就算有也不符合规定，质量不高，结果到施工阶段给造价控制造成困难。设计质量对整个工程建设的效益是至关重要的，设计阶段的造价控制对提高设计质量，促进施工质量的提高，加快进度，高质有效地把工程建设好，降低工程成本也是大有益处的。所谓建设工程全寿命费用包括工程造价和工程交付使用后的经常开支费用（含经营费用、日常维护修理费用、使用期内大修理和局部更新费用）以及该项目使用期满后的报废拆除费用等。

（六）加强施工图的审核工作

这是我们以往工作中的薄弱环节。审核的内容不仅仅是各专业图纸的交圈，更重要的是检验设计图纸与投资决策中相关内容是否吻合。由技术部门负责审核图纸的设计范围、结构水平、建筑标准等内容；由造价管理部门负责审核设计概算与施工图纸的一致性，设计概算与投资估算的协调性，如有超概算的项目，应与各部门之间全力配合，将突破投资的内容进行调整，为工程施工阶段的投资控制打下坚实的基础。

（七）严格控制设计变更，有效控制工程投资

由于初步设计毕竟受到外部条件的限制，如工程地质、设备材料的供应、物资采

购、供应价格的变化，以及人们主观认识的局限性，往往会造成施工图设计阶段甚至施工过程中的局部变更，由此会引起对已确认造价的改变，但这种正常的变化在一定范围内是允许的。至于涉及建设规模、产品方案、工艺流程或设计方案的重大变更时，就应进行严格控制和审核。因为伴随着设计变更，可能会涉及经济变更。图纸变更发生得越早，损失越小；反之则损失越大。因此，要加强设计变更的管理和建立相应的制度，防止不合理的设计变更造成工程造价的提高，在施工图设计过程中，要克服技术与经济脱节现象，加强图纸会审、审核、校对，尽可能把问题暴露在施工之前。对影响工程造价的重大设计变更，要用先算账、后变更的办法解决，以使工程造价得到有效控制。

（八）加强标准设计意识和相关的立法建设

工程建设标准设计，来源于工程建设的实践经验和科研成果，是工程建设必须遵循的科学依据。标准设计一经颁发，建设单位和设计单位要因地制宜积极采用，无特殊理由的一般不得另行设计。且在采用标准设计中，除了为适应施工现场的具体条件而对施工图进行某些局部改动外，均不得擅自修改原设计。

（九）加强工程地质勘察工作

在建筑工程项目实施过程中，基础工程部分在总造价中所占的比重往往较大，基础工程部分往往发生变更较多，是造成工程结算造价增加的重要原因。基础工程部分涉及的地质复杂、不确定的因素较多，一旦地质资料质量不高，缺乏科学依据，很容易造成设计不准确。例如，地质资料所提供的地基承载力不足，甚至严重偏低，就会造成设计中基础工程量过大，引起项目不合理，投资增加，造成浪费。另一种情况是，由于地质资料不准确，导致设计图纸与实际相差较大，不得不采取大量的工程设计变更，最终导致工程总造价难以控制。加强工程地质勘察这一环节，首先应当从业主抓起，提高他们对勘察工作重要性的认识，避免个别业主单位忽视勘察工作，不愿花钱，只委托勘察单位进行地质初勘或根本不勘察，利用不准确的地质资料进行设计，出现严重不合理甚至严重浪费现象。这是一种舍本逐末的做法，换来的只能是工程造价的提高，还可能引发工程安全、质量事故。

三、建筑工程项目招投标阶段的工程造价管理对策

（一）建筑工程项目招标前期造价的管理对策

根据国家有关规定，工程建设项目达到一定标准、规模以上的必须实行招投标，合同造价一般按中标价包死，到竣工结算时，实际上仅是对工程变更部分进行造价审核。因而

在招投标阶段对标底造价的控制显得十分重要。

（二）建筑工程项目招标中期造价的控制措施

1.规范招标投标行为

对于以市场为主体的企业，应具有根据其自身的生产经营状况和市场供求关系自主决定其产品价格的权利，而原有工程预算由于定额项目和定额水平总是与市场相脱节，价格由政府确定，投标竞争往往转为预算人员水平的较量，还容易诱导投标单位采取不正当手段去探听标底，严重阻碍了招投标市场的规范化运作。

把定价权交还给企业和市场，取消定额的法定作用，在工程招标投标程序中增加“询标”环节，让投标人对报价的合理性、低价的依据、如何确保工程质量及落实安全措施等进行详细说明。通过询标，不但可以及时发现错、漏、重等报价，保证招投标双方当事人的合法权益，而且还能将不合理报价、低于成本报价排除在中标范围之外，有利于维护公平竞争和市场秩序，又可改变过去“只看投标总价，不看价格构成”的现象，排除了“投标价格严重失真也能中标”的可能性。

2.强化中标价的合理性

现阶段工程预算定额及相应的管理体系在工程发承包计价中调整双方利益和反映市场实际价格及需求方面还有许多不相适应的地方。市场供求失衡，使一些业主不顾客观条件，人为压低工程造价，导致标底不能真实反映工程价格，招标投标缺乏公平和公正，承包商的利益受到损害。还有一些业主在发包工程时就有自己的主观倾向，或因收受贿赂，或因碍于关系、情面，总是希望自己想用的承包商中标，所以标底泄露现象时有发生，保密性差。

“量价分离，风险分担”，指招标人只对工程内容及其计算的工程量负责，承担量的风险；投标人仅根据市场的供求关系自行确定人工、材料、机械价格和利润、管理费，只承担价的风险。由于成本是价格的最低界限，投标人减少了投标报价的偶然性技术误差，就有足够的余地选择合理标价的下浮幅度，掌握一个合理的临界点，既使报价最低，又有一定的利润空间。另外，由于制定了合理的衡量投标报价的基础标准，并把工程量清单作为招标文件的重要组成部分，既规范了投标人的计价行为，又在技术上避免了招标过程中的弄虚作假和暗箱操作。

合理低价中标是在其他条件相同的前提下，选择所有投标人中报价最低但又不低于成本的报价，力求工程价格更加符合价值基础。在评标过程中，增加询标环节，通过综合单价、工料机价格分析，对投标报价进行全面的经济评价，以确保中标价是合理低价。

3.提高评标的科学性

当前，招标投标工作中存在着许多弊端，有些工程招标人也发布了公告，开展了登记、审查、开标、评标等一系列程序，表面上按照程序操作，实际上却存在着出卖标底，互相串标，互相陪标等现象。有的承包商为了中标，打通业主、评委，打人情分、受贿分者干脆编造假投标文件，提供假证件、假资料甚至有的工程开标前就已内定了承包商。

要体现招标投标的公平合理，评标定标是最关键的环节，必须有一个公正合理、科学先进、操作准确的评标办法。目前国内还缺乏这样一套评标办法，一些业主仍单纯看重报价高低，以取低标为主。评标过程中自由性、随意性大，规范性不强；评标中定性因素多，定量因素少，缺乏客观公正；开标后议标现象仍然存在，甚至把公开招标演变为透明度极低的议标。

工程量清单的公开，提高了招投标工作的透明度，为承包商竞争提供了一个共同的起点。由于淡化了标底的作用，把它仅作为评标的参考条件，设与不设均可，不再成为中标的直接依据，消除了编制标底给招标活动带来的负面影响，彻底避免了标底的跑、漏、靠现象，使招标工程真正做到了符合公开、公平、公正和诚实信用的原则。

承包商“报价权”的回归和“合理低价中标”的评定标原则，杜绝了建筑市场可能的权钱交易，堵住了建筑市场恶性竞争的漏洞，净化了建筑市场环境，确保了建设工程的质量和安全，促进了我国有形建筑市场的健康发展。

4.实行合理最低价中标法

最低价中标法是国际上通用的建筑工程招投标方法，过去中国政府一直限制这种方法的作用。现在，全国各地先后建立起有形建筑市场，将政府投资的工程招标活动都纳入其中进行集中管理，统一招投标程序和手续，明确招标方式，审定每项工程的评定标方法。但各地采用的评定标办法不同，主要有评审法、合理低价法、标底接近法、二次报价法、报价后再议标法、议标法、直接发包法，等等。它们的共同特点是招标设有标底，报价受到国家定额标准的控制，在综合评价上确定中标者，没有采取价格竞争最低者中标的方式。

（三）建筑工程项目招标后期造价的控制措施

加强合同语言的严谨性。招投标结束后，在与中标单位签订施工合同时，应加强对合同的签订管理，由专职造价工程师参与审定造价条款同条款的一词、一字及一标点符号之差，极可能引起造价的大幅上升。

1.重视社会咨询企业的作用

可选几个项目，对原项目审定标底造价进行全面计算，详细复审，编标单位应对所编标底质量负全责，审标单位应对经审查后计增或计减的造价负全责，并对原标底因编标单位原因引起的累计错误超出规定误差范围的情况负一定连带责任。

2.注重合同价款方式的选择

中标单位确定之后，建设单位就要与中标的投标单位在规定的限期内签订合同。工程合同价的确定有三种形式：固定合同价、可调合同价、成本加酬金确定的合同价。对于设备、材料合同价款的确定，一般来讲合同价款就是评标后的中标价格。固定合同价是指承包整个工程合同价款总额已经确定，在工程实施中不再因物价上涨而变化。因此，固定合同总价应考虑价格风险因素，也须在合同中明确规定合同总价包括的范围。对承包商来说要承担较大的风险，适用于工期较短的工程，合同价款一般要高一些。可调合同在实施期间可随价格变化而调整，它使建设单位承担了通货膨胀的风险，承包商则承担其他风险，一般适用于工期较长的工程。成本加酬金的合同价是按现行计价依据计算出成本价，再按工程成本加上一定的酬金构成工程总价。酬金的确定有多种方法，依双方协商而定，这种方法承发包双方都不会承担太大的风险，因而在多数工程中常被采用。

四、建筑工程项目施工阶段的造价管理对策

施工阶段造价控制的关键，一是合理控制工程洽商，二是严格审查承包商的索赔要求，三是做好材料的加工订货。由开发企业引起的变更主要是设计变更、施工条件变更、进度计划变更和工程项目变更。控制变更的关键在开发商，应建立工程签证管理制度，明确工程、预算等有关部门、有关人员的职权、分工，确保签证的质量，杜绝不实及虚假签证的发生。为了确保工程签证的客观、准确，我们首先强调办理工程签证的及时性。一道工序施工完，时间久了，一些细节容易忘记，如果第三道工序又将其覆盖，客观的数据资料就难以甚至无法证实，对签证一般要求自发生之日起20天内办妥。其次，对签证的描述要求客观、准确，要求隐蔽签证要以图纸为依据，标明被隐蔽部位、项目和工艺、质量完成情况，如果被隐蔽部位的工程量在图纸上不确定，还要求标明几何尺寸，并附上简图。施工图以外的现场签证，必须写明时间、地点、事由、几何尺寸或原始数据，不能笼统地签注工程量和工程造价。签证发生后应根据合同规定及时处理，审核应严格执行国家定额及有关规定，经办人员不得随意变动，要加强预见性，尽量减少签证发生。预算人员要广泛掌握建材行情，在现行材料价格全部为市场价的今天，如果对材料市场价格不清楚，就无法进行工程造价管理。

（一）慎重对待设计变更与现场签证

由于变更与签证不规范，不仅会造成工程造价严重失控，而且会使一些不该发生的费用也成了施工单位的合理结算凭证，使管理处于混乱状态，给工程结算带来难度。为了减少不必要的签证与变更，合理控制造价，变更签证手续必须完备，任何单位和个人不得随意更改和变更施工设计图。如确需变更，要经建设单位、监理单位、设计单位、施工单位

及主管部门的认可方为有效。

（二）认真对待索赔与反索赔

索赔是指在合同履行过程中对于并非自己的过错，而应由对方承担责任的情况造成的实际损失向对方提出经济补偿的要求，它是工程施工中发生的正常现象。引起索赔的常见因素有：不利的自然条件与人为障碍、工期延误和延长、加速施工、因施工临时中断和工效降低建设单位不正当地终止工程、物价上涨、拖延支付工程款、法规、货币及汇率变化、因合同条文模糊不清甚至错误等。建设单位反索赔的主要内容有：工期延误、施工缺陷、业主合理终止合同或承包商不正当放弃施工等。

（三）重视工程价款结算方式

工程价款结算也是施工阶段造价管理的一个重要内容，我国现行结算方法常见的有：月结算、分段结算、竣工后一次结算等。无论实行何种结算方式，结算的条件都应该是质量合格、符合合同条件、变更单签证齐全，特别是要实行质量一票否决权制度，不合格的工程绝不结算。

（四）严格编表预算管理的目的

编表预算管理的目的在于力求工程编标预算准确，合同造价科学合理。在决定工程造价高低的因素中，合同造价是最重要的一环，为达到合同造价的准确合理，预算编表中应严把关口。

（五）甲乙双方建立伙伴关系实施工程造价管理

伙伴关系定义：两个或多个组织之间的长期的互相承诺关系，目的是通过最大限度地利用每个参与者的资源，达到某一商业目的。这要求将传统的关系转变为一种共同认可的文化，而不考虑组织边界，这种伙伴是基于彼此信赖，致力于共同的目标，以及相互理解对方的期望与价值。

建筑工程实施中，建安工程造价是承发包双方经济合同的中心内容，也是工程造价管理中双方极为关注的焦点。在长期的工程实践中，人们从单纯的合约关系，发展为对双赢理念的认同。目前，国际上开始探讨一种新的合作关系，即“伙伴关系”。尤其是英国等地，正将这一理念贯穿于工程项目的造价管理工作中。

在工程造价管理工作中，订立合约的双方或当事人，通过各自的代表，商定共同的目标，找到解决争端的方法，分享共同的收益。通过研究制订一系列管理方法，提高各方的工作绩效。他们将合作视为一种共同行动，并非一种名词，而合作是以相互信赖为基础的。

五、建筑工程项目竣工结算阶段的造价管理对策

控制建安造价的最后一道关，是竣工结算。凡进行竣工结算的工程都要有竣工验收手续，从多年的工作经验来看，在工程竣工结算中洽商漏洞很多，有的是有洽商没有施工；有的是施工没有进行，应核减，却没有洽商；有的是洽商工程量远远大于实际施工工程量。诸如此类数不胜数。因此结算时，要求我们的人员要有耐心、细致的工作方法，认真核算工程量，不要怕麻烦，多下现场核对。同时，为了保证工作少出纰漏，应实行工程结算复审制度和工程尾款会签制度，确保结算质量和投资收益。通过对预结算进行全面、系统的检查和复核，及时纠正所存在的错误和问题，使之更加合理地确定工程造价，达到有效地控制工程造价的目的，保证项目目标管理的实现。具体对策如下：

（一）认真阅读合同，正确把握条款约定

熟悉国家有关的法律、法规和地方政府的有关规定，认真阅读施工合同文件，仔细理解施工合同条款的真切含义，是提高工程造价审核质量的一个重要步骤，凡施工合同条款中对工程结算方法有约定的，且此约定不违反国家的法律、法规和地方政府的有关规定的，那就应该按合同约定的方法进行结算。凡是施工合同条款中没有约定工程结算方法，事后又没有补充协议或是虽有约定，但约定不明确的，则应按国家建设部与地方政府的有关规定进行结算。

（二）认真审核材料价格，做好询价调研

认真审核材料价格，搞好市场调研，这是提高审核价格质量的一个重要环节，过去多数施工合同对材料价格的约定是：材料价格有指导价的按指导价，没有指导价的按信息价，没有信息价的按市场价。此时，审核工作的一个工作重心就是材料市场价的调研。首先应由施工单位提供建议方认可品牌的材料发票，亦可由施工单位提供供应商的报价单和材料采购合同，然后根据这些资料有的放矢地进行市场调研，则可提高询价工作效率。但审价人员应该清楚地知道，材料供应商的报价和材料合同价与实际采购价会有一定的差距，在审核实际工作中，应当找出“差距”按实计算。

需要特别提出，审价人员应对施工单位提供的材料发票仔细辨别，分清真伪。因为目前存在个别承包商为获取非法利润，通过开假发票冒高价格的案例。这也是审价人员在审价工作中需要特别重视的地方。

（三）认真踏勘现场，加强签证管理

在施工阶段踏勘现场，及时地掌握第一手资料有利于提高工程审价质量。施工现场签证是工程建设在施工期间的各种因素和条件变化的真实记录和实证，也是甲乙双方承包合同以外的工程量的实际情况的记录和签证，它是计算预算外费用的原始依据，是建设工程施工造价管理的主要组成部分。现场签证的正确与否，直接影响工程造价。

由于签证的特性，在施工中要求时间性、准确性。但有的签证人员失职，当时不办理，事后回忆补办，导致现场发生的具体情况回忆不清楚，补写的签证单与实际发生的条件不符，依据不准；还有的签证单条件和客观实际不符，导致审核决算人员难以确定该签证的真伪，没有可操作性；还有一些内容完整，条理清楚，但双方代表签字盖章不全，手续不完整亦属于合法性不足的签证。

第三节　建筑工程造价管理方法与控制体系

一、工程项目造价管理方法

（一）工程成本分析法

这种方法一般情况下用于对项目所需成本的管理与限制。也就是说在对工程进行成本管理的时候，针对已经开展的工程环节展开分析工作，并通过深入的分析寻求成本降低或者是产出成本规定的真实缘故，最终实现对项目前期结算的造价控制，为投资者创造更多的利润。这种方法可以细分为两种，即综合分析法和具体分析法。

建筑项目的综合分析法从综合分析法的角度来说，项目成本包括人力酬劳费用、建筑原材料费用、设备消耗费用、另外一些施工过程所需费用以及施工过程中的管理费用等。采取这种方法进行分析之后，能够很明确地反映出造成成本减少以及超出成本范围的关键因素，从而及时寻求有效的应对措施进行合理的补救，实现控制成本造价的目的。

（二）建筑项目的具体分析法

从具体分析法的角度来说，建设项目成本包括人工酬劳费用、建筑原材料费用、施工过程中设备消耗费用、另外一些施工过程所需费用等。

1.人工酬劳费用

会导致人工费用发生变化的事项包括工作期间发生变化和日薪发生变化。人工费用从根本上来讲其实就是项目工作期间乘以人均日薪所得出的数值，工程预算和实际所花费的差距越明显，所得到的数值就有越明显的偏差。再深入一点来说，导致项目工作期间延长的因素是存在于各个方面的，有施工企业的管理欠缺，施工技术不强，工作热情不高以及工作量超出预期等，以上问题都会导致工程成本的上升。经过这一环节的分析工作，我们能够根据成本预算与现实花费的偏差，掌握成本管理的基本情况，从而及时寻求有效的应对措施进行合理的补救，实现控制成本造价的目的。

2.建筑原材料费用分析

造成建筑原材料费用发生变动的原因包括：原材料使用量发生变化以及原材料的价格发生变化。随着成本预算和实际花费的差距拉大，建筑原材料所需费用的偏差也会增大，并且建筑原材料费用的偏差和工程建设中材料的使用量发生变化以及原材料的价格发生变化有关。工程建设过程中所使用的材料量发生变化一般情况下是由于施工单位在开展建设的时候过度节省或者是过度浪费，也有可能是工程量出现变动所造成的。而建筑原材料价格出现变化往往是因为在原材料采购、储存以及管理过程中出现成本变动而导致的，也有可能是原材料的市场价格出现变动。在对建筑原材料进行分析之后，要确定造成原材料费用发生变化的主要原因，尽可能地避免浪费，采取各种可行性措施来控制原材料成本的上升，加大原材料采购、储存，管理工作的重视力度，在确保工程质量的基础上实现对原材料费用的控制。

3.施工设备消耗费用分析

导致施工设备消耗费用发生变化的因素包括：机械设备使用台数及次数发生变化以及每台每次的使用费用发生变化。施工设备消耗费用的变化是由机械设备使用台数及次数发生变化以及每台每次的使用费用发生变化造成的。再深入一层来说，机械设备使用台数次数和设备完好情况、设备调度情况有直接的关联，也有可能是因为工程量出现变动而导致的。设备机械每台每次的费用发生变化一般是由油价、用电情况等导致的。经过以上的分析可以发现在设备使用上存在的问题，从而及时地寻求有效应对措施进行合理的补救，实现把控制成本造价的目的。

4.间接费分析

间接费分析通常是审查人力资源是否存在过多的现象，不用于工程建设的物品是不是存在超出成本范围，以及用于办公方面的费用有没有过度浪费的问题。对工程中直接费用以及间接费用的分析，能够得到避免浪费的应对措施，从而实现工程顺利进行，同时成本又可控制在适当的范围之内。

（三）责任成本法

责任成本是按照项目的经济责任制要求，在项目组织系统内部的各责任层次，进行分解项目全面的预算内容，形成“责任预算”，称为责任成本。责任成本划清了项目成本的各种经济责任，对责任预算的执行情况进行计量、记录、定期作出业绩报告，是加强工程项目前期造价管理的一种科学方法。责任成本管理要求在企业内部建立若干责任中心，并对他们分工负责的经济活动进行规划与控制，根据责任中心的划分，确定不同层次的“责任预算”，从而确定其责任成本，进行管理和控制。

1.工程项目责任成本的划分

责任成本的划分是根据项目责任中心而确定的：

（1）工程项目的责任成本

工程项目的责任成本即是项目的目标成本，即是项目部对企业签订的经济承包合同规定的成本，减去税金和项目的盈利指标。

（2）项目组织各职能部门的责任成本

各职能部门的责任成本主要表现为与职能相关的可控成本。

实施技术部门：制定的项目实施方案必须是技术上先进、操作上切实可行，按其实施方案编制的预算不能大于项目的目标成本。

材料部门：对项目所用材料的采购价格基本不超过项目的目标成本中的材料单价；材料的供应数量不能超过目标成本所需数量；材料质量必须保证工程质量的要求。

机械设备部门：机械组织施工做到充分发挥机构机械的效率；保证机械使用费不超过目标成本的规定。

质量安全部门：保证工程质量一次达到交工验收标准，没有返工现象，不出现列入成本的安全事故。

财务部门：负责项目目标成本中可控的间接费成本，负责制定项目分年、季度间接费计划开支，不得超过规定标准。

2.成本控制的技术方法

（1）成本控制中事先成本控制——价值工程

为了可以很好地实现价值工程这一功能，就必须运用最低的成本使该产品或者是作业发挥自身的价值。

（2）工程项目中的过程控制方法

时间控制、进度控制、成本控制、费用法控制这些方法可以说是过程控制，结合工程项目中的费用法的横道图法，工程中的计划评审法等，依照工程项目实施工程在时间这一问题的基本原理就是，在工程项目实施时可以分为开始阶段、全面实施阶段、收尾阶段这三个阶段。

（3）工程项目中成本差异的分析方法

成本单项费用的分析方法和因果分析图法这两个是工程项目成本差异分析方法。成本差异分析法中的因果分析图又称鱼刺图，这是一种分析问题的系统方法。

在发现成本差异，查明差异发生的原因之后，接下来的工作就是要及时制定措施和执行措施，可利用成本控制表，作为落实责任、纠正偏差的控制措施。

（4）工程项目成本控制中的偏差控制法

偏差控制法，就是在项目成本控制之前，要先制定出计划成本，在此基础上，为了能找出项目成本控制中计划成本和实际成本这两者之间的偏差和分析两者产生偏差的原因和变化就要采用成本方法，然后运用相应的解决措施解决偏差实现目标成本的一种方法。在成本控制中，偏差控制法可以分为实际偏差、计划偏差、目标偏差这三种，实际偏差指的是预算成本和实际成本的偏差；计划偏差指的是计划成本和预算成本之间的差别；目标偏差指的是计划成本和实际成本的差异。

在工程项目的成本控制中目标偏差越小，就越能证明它的控制效果，因此我们要尽量减少工程项目的目标偏差。我们要采取合理的办法杜绝和控制实施中发生的实际成本偏差。

工程项目的实际成本控制是根据计划成本的波动进行轴线波动的。在一般情况下，预算成本要高于实际成本，以下三个方面是如何运用偏差控制法的程序：

找出工程项目成本控制的偏差进行工程项目偏差控制，偏差控制法必须是在项目中定制，或者是按天或者是周来制定，我们要不停地发现和计算偏差，还要对目标偏差进行控制。我们要在实施的过程中发现并记录现实产生的成本费用，再把所记录的实际和计划成本进行对比，这样才能更好地发现问题。

实际成本是随着计划成本的变化而变化的，如果计划成本偏大，就会发生偏差，偏差值为正数，但是在项目中产生偏差会影响项目，因此，当出现问题时我们应该对其进行调整；如果比计划成本低，偏差值就会成为负数，这是对工程项目有好处的。

解析在工程项目中产生偏差的缘由：解析工程项目中产生偏差的缘由可以运用以下两种方式：第一，因素分析法。什么是因素分析法？就是把导致成本偏差的几个相关联的原因归纳一下，再用数值检测各种原因对成本产生偏差程度的影响。例如，在项目成本受到干扰的时候，我们可以先假设某个因素在变动，再计算出某个因素变动的影响额，然后再计算别的因素，这样就能找出各个因素的影响幅度。第二，图像分析法。什么是图像分析法？就是在工程项目描绘线图和成本曲线的形式，然后再把总成本和分项成本进行对比分析，这样就不难看出分项成本超支就会导致总成本发生偏差，这样就能及时地对产生的偏差运用合理的办法。

怎样纠正工程项目存在的偏差：在发现工程项目发生成本偏差时，我们应该及时通过成本分析找出导致产生偏差的原因，然后对产生偏差的原因提出相应的解决措施，让成本偏差降到最低，为了实现成本控制目标还必须把成本控制在开支范围内，这样才能实现纠正工程项目偏差的目的。

（四）工程项目中挣得值分析法

按照预先定制的管理计划和控制基准是项目部案例和项目控制的基本原理，我们要对实施工作进行不定时的对比分析，我们还要再对实施计划进行相应的调整。监控实际成本和进度的情况，这是有效地进行项目成本、进度控制的关键，同时，我们要及时、定期地跟控制基准进行对照，还要结合别的可能的变化，并且要对其进行相关的改正，修改和更新项目计划，对成本的预算进行预测，以应对进度的提前和落后。质量、进度和成本是项目管理控制的主要因素。在确保工程质量的前提下，确定进度和成本最好的解决方法，才能保证成本、进度的控制，这就是项目管理的目标。

因此，挣得值分析法是最合适的分析法。挣得值分析法一开始被用作评估制造业的绩效，然后被用作成本和计划控制系统标准中的各项目的进度评估标准。分别对成本、进度控制进行管理，在这两者控制中存在少许的联系。例如：在工程项目实施的某一个阶段，花费成本和计划预算进行累计相当，可是，在实际的工程中已经完成的工程进度不能达到原有的计划量，最后项目预算已经超过剩下工程量，为了完成项目就要增加工程费用，在这时，要在规定的预算内完成成本控制就为时已晚了。这一现象表明，累计实际成本和累计预算成本只是其中一面，这不是真正反馈项目的成本控制情况。在实际工程中成本和进度这两者之间的关系相当密切。成本支出的大小和进度的快慢、提前或者是退后有着密切的联系。通常情况下，项目进度和累计成本支出要成正比。可是，只是一味地观察成本消耗的程度并不会对成本趋势和进度状态做到准确的评估，进度超前、滞后，成本超支、节余都会直接影响成本支出的多少。也可以说，在实施工程项目过程的某个时间段，就只是监控计划成本支出和实际成本消耗，这样的做法是不能准确地判断投资有无超支和结余，进度超前是成本消耗量大的一种原因，另一种可能就是成本超出原来的预算。所以，我们要正确地进行成本控制，要每时每刻监督消费在项目上的资金量和工作进度，并且对其进行对比。这个问题可以被证得值分析法合理地解决。因为这个分析法是可以全面衡量工程项目进度、成本状况的方法，这种分析法通常是运用货币这一形式取代工作量来检测工程项目的进度，这种分析法不同于别的方法，它是把资金转化成项目成果，通过这一方法进行衡量的，挣得值分析法是一个完整有效的监控指标和方法。这种方法大多被运用在工程项目中。

（五）控制方法之间的比较

从投资者的角度来说，建筑工程项目的管理与控制主要包括工程造价的控制、工程进度的控制以及工程质量的控制这三个部分。相对来说，工程质量是处在静止状态的部分，工程造价和工程进度会在项目不断开展过程中随之改变的两个活动的部分。在之前较为保守的项目管理中，通常将工程进度以及工程造价当作两个独立的部分，彼此独立，在考量工程进度的过程中忽略了工程造价，同样在工程造价的过程中也往往忽略工程进度。其实，在现实的工程开展中，工程造价和工程进度这两个部分是紧密相连的。通常我们认为，假如工程进度比预期提前或者是建设时间拖后，都会造成工程造价的增高。假如降低工程造价的投入，同样也会对工程进度造成影响。

因此，在实际的实施过程中，为了同时提升这两个控制部分的指标，需要将两部分统一起来考量。而挣得值分析法相对于其他控制方法来说特别的地方就是用工程预算以及投入费用来综合考量工程项目的进度，是项目管理者在工程的实际工作中造价控制类型的最优选择方式，也是实现前期造价管理目标的最佳方法。

二、健全工程造价管理的控制体系

（一）造价管理与技术管理

1.工程技术管理方面

工程实施阶段，是最需要资金的一个阶段。这就需要工程技术管理人员尽量做好工程预算，避免在工程的实施过程中再产生重复的不必要的费用。依照目前的状况看，由于管理人员对合同要求不了解，甚至完全不知道合同写的什么，对于一些总承包费用中包括的费用，由于完全不了解合同内容，造成以不合理的方式处理，如经济签证，这样就带来了工程费用支出的增加。

设计变更传递不顺畅。很多时候，工程结算时由于预算人员没及时收到设计变更，施工单位就将变更导致增加的费用加到设计总价内，而对于减少的费用，签证、变更都没有体现在结算的材料里。

很多工程技术管理人员工作马虎不细致，缺乏经济预算能力，而且对工程造价不了解，责任心不强，工作难以深入。在工程施工的施工现场，变更、经济签证等时常发生变化，像施工现场问题的处理，垃圾的清运，土方的外部购买等。有时由于施工单位责任感不强，不摸清现场的工作量，凭个人经验感觉判断，甚至有意增大工作量，就像运输渣土的工作，运输完后没有人可以证明核实。另外，签证、变更传达不准确也造成了增加费用投入。

2.防范措施：提高施工技术、组织管理，确保工程能准时交付投入使用

努力加强工程技术人员的职业素养和专业知识培训，不断提高管理人员的专业素质。做好施工单位监督检查工作，根据施工设计方案的情况做好费用审查工作。鼓励工程技术管理人员创新，积极使用新技术，对施工单位好的建议和意见，如改善设计、采用新工艺、节约成本等，要采取奖励政策，做好资金与技术工作的密切联合。

（二）造价管理与法律服务

随着国家经济的发展和政策的进步，在“依法治国”的指引下我国法律制度不断完善，随着一系列法律的出台，如建筑法和招投标法，我国对于工程项目的建设和管理都做出了明确规定，这对于建筑业的发展是件大好事，对于建设行业内的管理也有了明确的规章制度，有法可依。建设工程项目整个过程造价管理中的法务管理成了至关重要的一节。从多种角度分析法务管理的两大方面是法律的事务和服务管理，建设工程项目的全过程造价管理中，法务管理可以促进项目规范管理和建设的顺利推进。不论我国还是其他国家出现的问题都是招标工程中工程双方对于合同的内容理解和意见不一致，管理上难以达成统一。因此，法律知识对于建设工程双方，无论是投资人还是工程施工管理者都有重要的作用，要清楚看到工程造价管理法律事务和服务管理的重点和核心。一般来说，工程法律事务管理就是在法律的保护下做到经济和工程管理的有效衔接。法律事务管理贯穿于工程造价管理的始终，下面就将对法律管理的内容和具体实施做详细讨论。

1.法律服务的目标

根据法律的规定，要在法律规定的范围内利用合同保障委托人的个人利益；以法律服务者的合约管理经验，依据实际状况，保证工程顺利竣工的同时，寻找出发点和突破点，保证项目的速度、质量和合理预算，促使项目保质保量地完工投入使用；要尽量保障项目投资人的个人权益，避免由合同带来的不必要的纠纷和赔偿，即便出现纷争，也要尽力保护投资方的利益；尽最大努力使参与建设施工项目的双方都能享受应有的权利和义务，以合同为依据，将项目管理中的各种问题放到法律事务管理的范围内。

2.法律服务的内容

工程施工建设中工程造价管理的法律服务内容包括：辅助项目管理人前期审核投标人的投标资格，辅助项目管理人起草、更改合同的内容，参与工程施工承包的招标及合同的磋商。对于合同里的内容和相关规定进行量化管理，依据此重点不同分成不同的模块，以合同内容为依据，合理公平地保障双方的合法权益，要保障项目管理人的收入，监督检查承包商履行合同的情况，保证项目在法律许可和合同的监护下完工。向银行及保险公司处理约定担保及保险。针对合同要开展及时跟踪管理，在整个过程中，快速整理及掌控时间进程、工程设计变更、资金出入管理、项目质量管理、工程分包情况等内容资料，保证工

程项目进度在管控中。

在合同实施的过程中，如果合同内容有增减项目发生，那么项目管理人要协助甲乙双方签署补充协议或补充合同条款。对于双方各单位的工程款、签证有关文件、往来信函、质量检查记录、会议记录等要进行统一归档管理。项目管理人要辅助处理乙方即承包单位的赔偿事项，并且根据依据和计算方法等辅助甲方拟定反索赔申请；审核索赔依据、理由和合理合法性，项目管理人要辅助项目管理进行谈判商议，要规避不必要的经济纠纷发生在最后工程结算过程中。

另外，还要及时督促监理单位组织协调参与此次工程项目的建设双方的关系，明确各自的职责范围和对执行工作如何开展的理解，为双方召开专门的协调会议，研讨合适的方式，使双方能融洽工作，协调共事，以最后保质保量地完成工程项目为计划，在法律规定的范围内，在合同内容的要求前提下，辅助管理者在必要时实行担保或合同保险，以降低工程风险做好转移风险分析工作，最后以报告的形式定期全面地检查和审核合同执行情况。

（三）法律服务的具体措施

1.合约管理的规划阶段

合约管理规划是建设工程造价管理整个过程中合同管理的基础构架和基本合同体系。法律工作者要根据整个项目目前的客观情况，整个项目工程建设的标准要求，在工程的不同阶段将合同管理系统合理分解，制定出最科学、系统、符合法律规范的计划框架。通过委托人实行计划管理。确定好管理计划后，为了使合约计划顺利保障项目管理思路和调度管理，必须使管理任务融合到合约管理计划中实现最大化，这是能顺利完成整个建设工程项目的关键。

合约管理计划需要的文件有：把项目管理的任务分解为各个阶段的任务空间和任务关键点；对整体项目工程文件做出探讨，根据国家法律规定和工程项目法律工作者的管理经验，向管理人员提出工程承包意见；维护各方利益，包括：供货商、投资单位、施工单位、委托人及设计单位之间的关系。

管理计划特定的目标：要保证工程设计整体连贯性，保证各个环节都能充分衔接，确保计划实施起来有可实践性。以方便协商管理、降低任务界面、减少造价、提升效率为关键原则。在建设工程项目过程中，应该依照项目的进度情形对合约规划逐步地进行整理和完善，做好项目的整体规划和要求。

整个过程造价管理都能用到的合同类别是：合同承包，主要包括：工程承包合同（工程承包合同从合同类型上又可分为工程施工的总承包合同，分包合同、承包合同）；委托合同，其中主要有监理委托合同、招标代理委托合同、技术咨询服务委托合同等；购销合同，可分为材料购销合同和设备、仪器仪表购销合同，协调、配合合同（协议），另外还有建设过程中须签订的其他合同，如拆迁补偿合同、拆迁施工合同等。

2.合约管理的起草阶段

在开始的招标阶段，法律事务工作人员应当在招标文书中起草具体的合同内容条款，在起草合同内容条款时，应该注意合约管理规划中对合同的具体要求和定位标准，要考虑到工程项目的需要和特点，投标人在投标时要注意相应合同内容条款要求，法律工作人员应明确甲乙双方和其他单位的工作合作关系。最大限度地确保避免法律风险、管理风险，运用自身工程项目服务经验，保障委托人的合法权益。

工程承包合同包括：委托人在合同中对承包内容、工程质量的具体要求、对整个工程工期的要求、在工程完工后对工程质量以何种标准验收的要求、对整个工程项目的资金工程预算并确认支付时间和大体额度，等等。

工程购销合同内容包括：给货的方式、时间，对货物的质量要求，价格，货物包装及其他技术标准的要求等。

配合协议合同的内容包括：协调配合内容、配合条件、配合的费用及支付方式、配合的具体明细，或其他规定的内容。

建设中其他合同应包含的条件：如拆迁补偿合同的费用核算，合同中对于拆迁具体计划和费用时间等，都是合同要列明的。

3.合约谈判过程的原则和措施

依据对工程的了解和委托人对合同的要求，要在合同谈判前做出相应的条款，再根据承包商的具体情况制定相应的合同条款，确保合同的履行和约束情况，再制定相应的谈判策略，制定我方谈判的底线，再根据合同的底线做出相应的策略，要掌握谈判的灵活性和原则性，在确保公司利益的前提下把握好谈判的幅度，在磋商时尽量保证最高利益，根据掌握的对方资料提前考虑磋商中可能出现的情况并做出相应的谈判措施。

作为法务工作者应多方面思考并作出具体的磋商计划，使合同谈判有条不紊地按照计划顺利进行，及早地促成有效合同的签订，在招标项目磋商前只要评估结果出来就要和委托人及投标单位负责人进行磋商，客观公正地记录谈判内容，把有利的方案写进拟签订的合同条款中；帮助委托人梳理投标报价、施工方案和签订合同的具体条款，确保委托人的最大利益；然后根据磋商记录制作出详细的条款，为了合同的周密性要交由委托人再次商定审核。语言确凿、严谨完善，明确权利和义务，确保合同的完善保障项目实施过程中不会出现漏洞，有效地保障委托人的合法权益。

以上为在项目管理中法务服务的目标、内容和具体措施，经过专业、细化、全面概括的法律服务，将法务服务与造价管理有机结合，确保投资人规避合约风险，在项目造价管理中取得最大的收益。

结束语

目前，我国社会主义市场经济正处于初级发展阶段，各个方面也在逐步调整和完善的过程中。传统的建筑施工管理存在许多问题，因此在施工过程中，必须认真贯彻绿色施工管理，合理利用资源，以实现企业和社会的经济效益。总之，建筑设计与建设工程管理在整个建筑施工过程中起着至关重要的作用。为确保建筑工程行业的整体发展，我们必须不断提高建筑项目管理和建筑设计水平。

参考文献

[1]兰凤林，黄恒振.建筑工程资料管理[M].第2版.武汉：华中科技大学出版社，2019.

[2]于欣波，任丽英.建筑设计与改造[M].北京：冶金工业出版社，2019.

[3]郭屹.建筑设计艺术概论[M].徐州：中国矿业大学出版社，2019.

[4]杨龙龙.建筑设计原理[M].重庆：重庆大学出版社，2019.

[5]宗轩著，华耘，江岱.图说山地建筑设计[M].第2版.上海：同济大学出版社，2020.

[6]何培斌，李秋娜，李益.装配式建筑设计与构造[M].北京：北京理工大学出版社，2020.

[7]张文忠.公共建筑设计原理[M].北京：中国建筑工业出版社，2020.

[8]陈思杰，易书林.建筑施工技术与建筑设计研究[M].青岛：中国海洋大学出版社，2020.

[9]李琰君.绿色建筑设计与技术[M].天津：天津人民美术出版社，2021.

[10]刘涛，袁建林，王晓虹.建筑设计与工程技术[M].天津：天津科学技术出版社，2021.

[11]王的刚.建筑设计与环境规划研究[M].长春：吉林科学技术出版社，2021.

[12]时宗伟，郭玮.建筑设计与美术教育研究[M].天津：天津人民美术出版社，2021.

[13]朱文霜，梁燕敏，张欣.建筑设计教程[M].长春：吉林人民出版社，2021.

[14]赵杰.建筑设计手绘技法[M].武汉：华中科技大学出版社，2022.

[15]艾学明.公共建筑设计[M].第4版.南京：东南大学出版社，2022.

[16]尹飞飞，唐健，蒋瑶.建筑设计与工程管理[M].汕头：汕头大学出版社，2022.

[17]沈迪，张俊杰，姜海纳.20世纪80年代上海典型高层建筑：华东建筑设计院口述记录[M].上海：同济大学出版社，2023.

[18]邹志兵，张伟孝.公共建筑空间设计[M].北京：北京理工大学出版社，2023.

[19]毕昕.建筑方案的五个灵感来源从构思到设计[M].北京：机械工业出版社，2023.

[20]林永洪.建筑理论与建筑结构设计研究[M].长春：吉林科学技术出版社，2023.